地表过程与资源生态丛书

生物多样性的形成与维持机制

张大勇　葛剑平 等　编著

科学出版社

北　京

内 容 简 介

本书较为系统地阐述了生物多样性的形成与维持机制，尤其是较为系统地总结了北京师范大学地表过程与资源生态国家重点实验室生物多样性研究团队在该领域所取得的一些成果，分析了当前生物多样性领域的前沿热点，并展望未来的发展方向。全书分3篇共12章，对生物多样性领域内一些重要新理论（如区域群落理论）、新概念（如全共生体）、新技术（如环境DNA、生物多样性基因组学）进行了较为系统的介绍，特别注重生态与进化的整合与交叉。

本书可供生物多样性科学及与生态学、进化生物学、生物地理学等交叉领域的研究生、科研工作者参考，也可为生命科学研究领域的学者提供借鉴。

图书在版编目(CIP)数据

生物多样性的形成与维持机制 / 张大勇等编著. 北京 ：科学出版社，2025. 6. -- (地表过程与资源生态丛书) . -- ISBN 978-7-03-082585-8

Ⅰ. Q16

中国国家版本馆CIP数据核字第2025D238Y2号

责任编辑：王　倩 / 责任校对：樊雅琼
责任印制：赵　博 / 封面设计：无极书装

科学出版社出版
北京东黄城根北街16号
邮政编码：100717
http://www.sciencep.com
北京建宏印刷有限公司印刷
科学出版社发行　各地新华书店经销
*
2025年6月第　一　版　开本：787×1092　1/16
2025年10月第二次印刷　印张：14
字数：330 000

定价：198.00元

“地表过程与资源生态丛书”编委会

总　　序

2017 年 10 月，习近平总书记在党的十九大报告中指出：我国经济已由高速增长阶段转向高质量发展阶段。要达到统筹经济社会发展与生态文明双提升战略目标，必须遵循可持续发展核心理念和路径，通过综合考虑生态、环境、经济和人民福祉等因素间的依赖性，深化人与自然关系的科学认识。过去几十年来，我国社会经济得到快速发展，但同时也产生了一系列生态环境问题，人与自然矛盾凸显，可持续发展面临严峻挑战。习近平总书记 2019 年在《求是》杂志撰文指出："总体上看，我国生态环境质量持续好转，出现了稳中向好趋势，但成效并不稳固，稍有松懈就有可能出现反复，犹如逆水行舟，不进则退。生态文明建设正处于压力叠加、负重前行的关键期，已进入提供更多优质生态产品以满足人民日益增长的优美生态环境需要的攻坚期，也到了有条件有能力解决生态环境突出问题的窗口期。"

面对机遇和挑战，必须直面其中的重大科学问题。我们认为，核心问题是如何揭示人–地系统耦合与区域可持续发展机理。目前，全球范围内对地表系统多要素、多过程、多尺度研究以及人–地系统耦合研究总体还处于初期阶段，即相关研究大多处于单向驱动、松散耦合阶段，对人–地系统的互馈性、复杂性和综合性研究相对不足。亟待通过多学科交叉，揭示水土气生人多要素过程耦合机制，深化对生态系统服务与人类福祉间级联效应的认识，解析人与自然系统的双向耦合关系。要实现上述目标，一个重要举措就是建设国家级地表过程与区域可持续发展研究平台，明晰区域可持续发展机理与途径，实现人–地系统理论和方法突破，服务于我国的区域高质量发展战略。这样的复杂问题，必须着力在几个方面取得突破：一是构建天空地一体化流域和区域人与自然环境系统监测技术体系，实现地表多要素、多尺度监测的物联系统，建立航空、卫星、无人机地表多维参数的反演技术，创建针对目标的多源数据融合技术。二是理解土壤、水文和生态过程与机理，以气候变化和人类活动驱动为背景，认识地表多要素相互作用关系和机理。认识生态系统结构、过程、服务的耦合机制，以生态系统为对象，解析其结构变化的过程，认识人类活动与生态系统相互作用关系，理解生态系统服务的潜力与维持途径，为区域高质量发展"提质"和"开源"。三是理解自然灾害的发生过程、风险识别与防范途径，通过地表快速变化过程监测、模拟，确定自然灾害的诱发因素，模拟区域自然灾害发生类型、规模，探讨自然灾害风险防控途径，为区域高质量发展"兜底"。四是破解人–地系统结构、可持续发展机理。通过区域人–地系统结构特征分析，构建人–地系统结构的模式，综合评估多种区域发展模式的结构及其整体效益，基于我国自然条件和人文背景，模拟不同区域可持续发展能力、状态和趋势。

自 2007 年批准建立以来，地表过程与资源生态国家重点实验室定位于研究地表过程及其对可更新资源再生机理的影响，建立与完善地表多要素、多过程和多尺度模型与人–地系统动力学模拟系统，探讨区域自然资源可持续利用范式，主要开展地表过程、资源生态、地表系统模型与模拟、可持续发展范式四个方向的研究。

实验室在四大研究方向之下建立了 10 个研究团队，以团队为研究实体较系统地开展了相关工作。

风沙过程团队：围绕地表风沙过程，开展了风沙运动机理、土壤风蚀、风水复合侵蚀、风沙地貌、土地沙漠化与沙区环境变化研究，初步建成国际一流水平的风沙过程实验与观测平台，在风沙运动–动力过程与机理、土壤风蚀过程与机理、土壤风蚀预报模型、青藏高原土地沙漠化格局与演变等方面取得了重要研究进展。

土壤侵蚀过程团队：主要开展了土壤侵蚀对全球变化与重大生态工程的响应、水土流失驱动的土壤碳迁移与转化过程、多尺度土壤侵蚀模型、区域水土流失评价与制图、侵蚀泥沙来源识别与模拟及水土流失对土地生产力影响及其机制等方面的研究，并在全国水土保持普查工作中提供了科学支撑和标准。

生态水文过程团队：研究生态水文过程观测的新技术与方法，构建了流域生态水文过程的多尺度综合观测系统；加深理解了陆地生态系统水文及生态过程相互作用及反馈机制；揭示了生态系统气候适应性及脆弱性机理过程；发展了尺度转换的理论与方法；在北方农牧交错带、干旱区流域系统、高寒草原–湖泊系统开展了系统研究，提高了流域水资源可持续管理水平。

生物多样性维持机理团队：围绕生物多样性领域的核心科学问题，利用现代分子标记和基因组学等方法，通过野外观测、理论模型和实验检验三种途径，重点开展了生物多样性的形成、维持与丧失机制的多尺度、多过程综合研究，探讨生物多样性的生态系统功能，为国家自然生物资源保护、国家公园建设提供了重要科学依据。

植被–环境系统互馈及生态系统参数测量团队：基于实测数据和3S 技术，研究植被与环境系统互馈机理，构建了多类型、多尺度生态系统参数反演模型，揭示了微观过程驱动下的植被资源时空变化机制。重点解析了森林和草地生态系统生长的年际动态及其对气候变化与人类活动的响应机制，初步建立了生态系统参数反演的遥感模型等。

景观生态与生态服务团队：综合应用定位监测、区域调查、模型模拟和遥感、地理信息系统等空间信息技术，针对从小流域到全球不同尺度，系统开展了景观格局与生态过程耦合、生态系统服务权衡与综合集成，探索全球变化对生态系统服务的影响、地表过程与可持续性等，创新发展地理科学综合研究的方法与途径。

环境演变与人类活动团队：从古气候和古环境重建入手，重点揭示全新世尤其自有显著农业活动和工业化以来自然与人为因素对地表环境的影响。从地表承载力本底、当代承载力现状以及未来韧性空间的链式研究，探讨地表可再生资源持续利用途径，构筑人–地关系动力学方法，提出人–地关系良性发展范式。

人–地系统动力学模型与模拟团队：构建耦合地表过程、人文经济过程和气候过程的人–地系统模式，探索多尺度人类活动对自然系统的影响，以及不同时空尺度气候变化对自然和社会经济系统的影响；提供有序人类活动调控参数和过程。完善系统动力学/地球系统模式，揭示人类活动和自然变化对地表系统关键组分的影响过程和机理。

区域可持续性与土地系统设计团队：聚焦全球化和全球变化背景下我国北方农牧交错带、海陆过渡带和城乡过渡带等生态过渡带地区如何可持续发展这一关键科学问题，以土地系统模拟、优化和设计为主线，开展了不同尺度的区域可持续性研究。

综合风险评价与防御范式团队：围绕国家综合防灾减灾救灾、公共安全和综合风险防范重大需求，研究重/特大自然灾害的致灾机理、成害过程、管理模式和风险防范四大内容。开展以气候变化和地表过程为主要驱动的自然灾害风险的综合性研究，突出灾害对社会经济、生产生活、生态环境等的影响评价、风险评估和防范模式的研究。

丛书是对上述团队成果的系统总结。需要说明，综合风险评价与防御范式团队已经形成较为成熟的研究体系，形成的“综合风险防范关键技术研究与示范丛书”先期已经由科学出版社出版，不在此列。

丛书是对团队集体研究成果的凝练，内容包括与地表侵蚀以及生态水文过程有关的风沙过程观测与模拟、中国土壤侵蚀、干旱半干旱区生态水文过程与机理等，与资源生态以及生物多样性有关的生态系统服务和区域可持续性评价、黄土高原生态过程与生态系统服务、生物多样性的形成与维持等，与环境变化和人类活动及其人–地系统有关的城市化背景下的气溶胶天气气候与群体健康效应、人–地系统动力学模式等。这些成果揭示了水土气生人等要素的关键过程和主要关联，对接当代可持续发展科学的关键瓶颈性问题。

在丛书撰写过程中，除集体讨论外，何春阳、杨静、叶爱中、李小雁、邹学勇、效存德、龚道溢、刘绍民、江源、严平、张光辉、张科利、赵文武、延晓冬等对丛书进行了独立审稿。黄海青给予了大力协助。在此一并致谢！

丛书得到地表过程与资源生态国家重点实验室重点项目（2020–JC01~08）资助。

由于科学认识所限，不足之处望读者不吝指正！

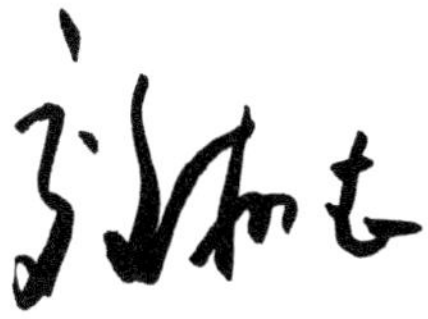

2022 年 10 月 26 日

前　言

生物多样性是人类生存和社会发展的基础，是生态文明建设和可持续发展的保障。当前地球生物圈发生的最重要的变化之一就是生物多样性的大规模丧失，因其速度之快被称为“第六次生物大灭绝”，其中一个至关重要的因素是人类活动。生物多样性科学具有高度综合性和交叉性的特点，它植根于生物学、生态学、环境科学和地理学等多个学科。生物多样性主要涉及基因多样性、物种多样性与生态系统多样性三个层次，这意味着该领域的研究会涉及分子、个体、种群、群落与生态系统、景观、区域乃至全球生物圈。人们在长期的自然保护实践中也已经深切体会到，要保护物种多样性和基因多样性必须保护生态系统及其生态过程，同时，各个物种及其所拥有的基因在生态系统中的功能作用是多种多样的，在生物多样性维持中发挥着各自不可替代的作用。有关物种多样性的研究曾被 *Science* 杂志列为 21 世纪亟待解决的 125 个重大科学问题之一，为生物多样性的有效保护和利用奠定了坚实的科学基础。近年来，北京师范大学地表过程与资源生态国家重点实验室的生物多样性研究团队围绕生物多样性的起源、维持以及丧失机制和生态后果等方面开展了一系列研究，特别是初步提出了一个关于物种多样性维持的理论框架，建设了一个天空地一体化的生物多样性监测体系和大数据平台，从理论与实践两方面为生物多样性科学研究提供了一个立足点。

对于生物多样性的起源问题，北京师范大学地表过程与资源生态国家重点实验室的生物多样性研究团队利用分子标记并结合大尺度的谱系地理学揭示了东亚北方干旱带对温带森林重要树种的生物地理隔离作用，为“东亚植被区系分成南北两支”的假说提供了证据；整合基因组学方法与大数据分析策略，首次提出普通（栽培）核桃的古老杂交起源假说，凸显了杂交与多倍化在植物进化中的重要作用；发现温带森林物种的种群历史动态受冰期气候变迁和种间相互作用的共同影响，阐明了互利共生种间生态关系的协同多样化后果。在多样性梯度格局与进化速率关系上，研究团队率先提出了高温强化有利突变的适合度后果并加速自然选择的观点，改进了进化速率假说；实验证明了高温加速突变、突变率与代谢速率高度相关；通过野外和室内实验揭示了温度如何影响协同进化进而决定种群分化速率、物种共存和群落组装，发现降水、增温和施肥等因素对病原体–宿主系统的稳定性具有至关重要的作用。生物多样性形成和维持机制的研究离不开野外监测平台的建设。研究团队创新和发展了“科技基础资源调查和野外科学观测”的理论和实践，在中国东北温带针阔混交林区构建天空地一体化的生物多样性监测体系和大数据平台，实现了野生动物和人类活动等监测数据的实时传输、云端存储、在线访问和人工智能识别，以及野生生物的跨境保护，更好地服务于以国家公园为主体的自然保护地建设和生物多样性科学研究。

展望未来的生物多样性科学研究，发展生物多样性科学的统一理论框架必然是重中之重。生物多样性是进化的产物，同时，多样化的生态系统作为环境背景也决定了进化的模式。这样一个反馈关系可以发生在长期时间尺度，也可以导致短期时间尺度上的进化–生态动态。在已有的生物多样性维持机制中纳入多样性起源、形成以及快速丧失等多尺度过程，构建一个整合生态与进化的理论框架，预测生物多样性时空分布格局以及对未来环境变化的响应，这不仅是生物多样性科学的需要，还有利于更好地保护生物多样性和生态系统功能。未来研究团队的工作重点将包括：①环境适应性进化与多样性形成速率。对无机环境的进化适应并非简单的填充生态位促进多样性，同时会影响进化速率和分化速率，例如高温环境会通过加速突变等途径提升进化速率。使用模式微生物系统建设长期进化实验，对解释生物多样性格局的进化速率假说进行实验验证；通过挖掘原核和真核生物的组学数据，提取进化速率、生态位保守性等特征，检验温度、氧含量等若干无机环境因子对多样性形成速率的影响；以北方林木物种为对象，在属、科乃至更高阶分类单元的水平上，结合组学、形态学和表观遗传学等途径，开展木本植物基因组结构变异和基因渐渗的系统性研究，探索反映网状进化与生命之树构建的新策略。②种间协同进化与生态系统功能。种间互作可以成为多样性形成与维持的推动力或者限制因素，甚至也可以成为物种灭绝的肇因。使用若干包含不同类型种间关系的研究系统（包括榕–榕小蜂系统、蚂蚁–共生微生物系统），重建生物类群物种分化历史，评估对抗性型和互利型种间关系系统进化的系统发育信号，进而阐述生物多样性形成过程中种间协同进化关系的关键作用；把进化拯救研究拓展到群落水平，探讨快速变化环境中生态–进化动态如何影响多样性维持和生态系统功能；探讨互利共生、捕食者与猎物、微生物与宿主等种间相互作用在维持多样性和生态系统营养关系中可能产生的影响，同时通过长期进化实验阐明营养级互作等因素对物种适应和进化拯救的作用机制。③人工智能在生物多样性监测领域内广泛应用。从自动化的物种监测和精确的物种识别，到利用卫星影像和无人机识别植被变化、栖息地破坏，再到生态系统变化的动态实时预测以及公众参与机制的革新（如 iNaturalist、eBird）和保护地适应性管理决策等，人工智能的应用正逐渐渗透到生物多样性领域的各个方面，不仅提供了强大的工具，还改变了人们对保护问题的思考方式和保护行动的实践。环境 DNA（eDNA）技术使得人们可以通过采集水、土壤或空气样本中的 DNA 片段快速检测区域内的物种分布，尤其适用于监测隐秘物种（如深海生物或濒危动物）。

生物多样性形成与维持机制的研究从微观分子变异到宏观生态系统动态，揭示了生命复杂性的根源。其意义不仅在于填补生物多样性科学认知的空白，更在于为应对物种灭绝、气候变化和生态系统服务功能退化提供解决方案。理解这些机制，本质上是在解码地球生命系统的“操作系统”，为人类与自然和谐共存指明发展方向。本书写作的目的就是系统总结研究团队过去取得的主要成绩，分析当前本领域的前沿热点，并展望未来的发展方向。

全书分 3 篇共 12 章，每章的作者均为来自北京师范大学地表过程与资源生态国家重点实验室生物多样性团队的教师及研究生。首先是理论篇，主要介绍关于生物多样性形成与维持机制的一些重要理论和概念，包括 4 章：第 1 章系统介绍全功能体概念，并从这个更高生物组织层次重新思考生物多样性的形成与维持机制的科学问题；第 2 章对谱系（亲缘）地理学的过去、现在与未来进行简要的阐述；第 3 章着重讨论物种概念、物种形成机制和种间相互作用对物种形成的影响；第 4 章介绍区域群落生态学理论，并分析它与生态位理论和中性理论的异同。其次是技术与方法篇，包括 4 章：第 5 章和第 6 章分别介绍如何利用基因组数据重建物种系统发育关系和种群历史动态；第 7 章系统阐释和探讨多样性起源与维持的实验进化途径；第 8 章介绍环境 DNA 这一生物多样性领域内的新兴技术，并系统评估其在生物多样性和生态系统功能研究方面的应用。最后是应用与成果篇，包括 4 章：第 9 章围绕东北虎豹监测及其保护生物学研究详细介绍中国东北温带针阔混交林区生物多样性科学监测体系和大数据平台的建设情况；第 10 章对主要在内蒙古草地开展的土壤细菌群落的研究工作进行阶段性总结；第 11 章全面回顾对于决定生物多样性分布格局的进化速率假说所开展的实验验证工作；第 12 章系统总结针对中国北方森林主要树种所开展的历史生物地理学和杂交进化历史等研究取得的主要成果。

感谢各章作者的倾心付出，同时感谢北京师范大学地表过程与资源生态国家重点实验室对本书出版所给予的大力支持。考虑到生物多样性形成与维持机制是一个日新月异的快速发展领域，新概念、新理论、新技术、新成果层出不穷，本书可能有不足或疏漏之处，望读者能够不吝赐教，以便将来有机会修订时加以改进。

张大勇　葛剑平

2025 年 3 月

目　　录

理　论　篇

技术与方法篇

应用与成果篇

理　论　篇

第1章 全功能体：解析生物多样性的形成和维持的一个新视角*

在全球生物多样性快速丧失的背景下，生物多样性全球格局的形成和维持机制是目前生态学和进化生物学中的核心问题（Hubbell，2001；Chase and Leibold，2003）。近些年来，由于DNA测序技术和其相关的生物信息学技术的快速发展，人们逐渐意识到真核生物的进化、生态与多样性不仅取决于自身的遗传物质，其共生的微生物在这个过程中也同样发挥了关键的作用。因此，自然选择的对象可能不再是一个单独的生物个体，而是宿主与其共生微生物构成的共生生物体，人们称其为全功能体（holobiont）(Rosenberg et al.，2007；Zilber-Rosenberg and Rosenberg，2008)。微生物学与生态学及进化生物学不断交叉与融合引发了人们从全功能体的角度重新思考关于生物多样性形成和维持机制的科学问题。

1.1 全功能体和全基因组概念

全功能体这个概念是1991年由著名进化生物学家林恩·马古利斯提出的，用于描述宿主及其内共生微生物组成的系统（Margulis，1991）。2002年Rohwer在研究珊瑚全功能体时，将这个概念扩展到宿主与其所有共生微生物（包含细菌、古细菌、原生动物和病毒）所构成的系统（Rohwer et al.，2002）。Zilber-Rosenberg和Rosenberg（2008）随后把全功能体的概念进一步扩展到所有动植物与其互作的共生微生物。同时，Rosenberg和Zilber-Rosenberg（2016）、Theis等（2016）也引入了全基因组（hologenome）的概念，其是指宿主与其共生微生物群落所携带的遗传物质的总和，其中微生物群落的所有遗传物质统称为微生物组（microbiome）。

自Zilber-Rosenberg和Rosenberg（2008）详细论述全功能体和全基因组之后，越来越多的科学家采用了这些新的观点，但同时也存在着一些争议。我们在这里首先明确界定这些概念（图1-1），以避免因概念不清而产生的一些麻烦。全功能体是指一个宿主个体及其共生微生物群落的集合，其中个体较大的多细胞真核生物通常被认为是宿主，与其共生

---

* 本章作者：胡仪。

的所有微生物构成的群落被称为微生物群落。

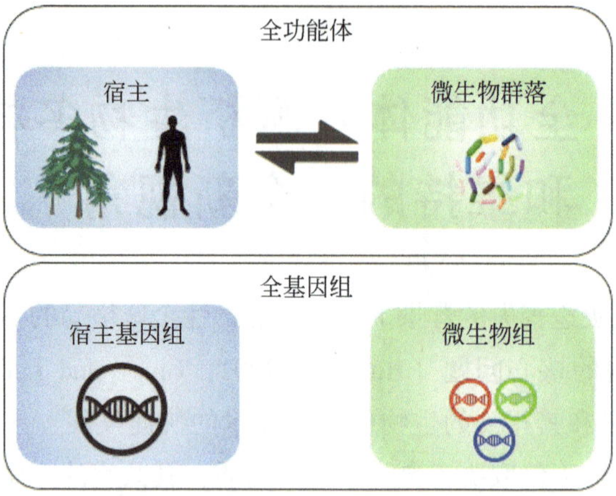

图 1-1　全功能体和全基因组概念解析

全功能体的概念虽然目前已经被广泛接受，但是在最初提出的时期却遭到了一些质疑。这些质疑声音主要包括微生物组并不能像宿主一样精准地向下一代传递遗传物质使全功能体成为一个连续的进化实体。已经有越来越多的证据表明，虽然共生微生物在不同全功能体中的传递方式有很大差异，但核心微生物群落及其功能会被高保真地传递到下一代，这种核心微生物组传递的高保真为全功能体被认为是一个独特的生物实体奠定了坚实的基础。之后，Zilber-Rosenberg 和 Rosenberg（2008）重新审视了他们最初提出的理论，在大量实验数据的基础上对全基因组的进化特性进行了完善，提出全基因组理论的四条基本原则：①所有的动植物都是全功能体，含有丰富且多样的微生物群落。②宿主与其共生微生物群落构成了全功能体，在解剖、代谢、免疫等方面以及在发育和进化过程中都表现为一个生物学实体。③共生微生物群落基因组（微生物组）中发挥重要作用的核心部分可以与宿主基因组一样被稳定地从上一代传递到下一代，以便延续这个全功能体的特性。④宿主基因组和共生微生物群落基因组（微生物组）的变化可以引起全基因组的遗传变异。相比于宿主的基因组，微生物组会更快并通过更多途径应对不断变化的环境条件，在全功能体适应和进化中发挥重要的作用。

如今已经有越来越多的证据支持全基因组理论的四条基本原则，不断积累的研究结果也表明动植物的进化受到共生微生物间和共生微生物同宿主间协同作用的自然选择驱动。因此，我们应当把全功能体当作进化的一个层次看待，这将引起人们对遗传变异和进化模式的重新思考，为生物多样性形成与维持的进化生物学研究提供了新的视角和维度。

1.2 共生微生物群落影响全功能体的适合度

近些年来，随着 DNA 测序技术及其相关的生物信息学技术的发展，人们逐渐意识到微生物分布广泛、无处不在，其直接或间接地参与了很多生命活动。它们在漫长的生命演化过程中与动植物结成联盟，在动植物的生长、营养、免疫等诸多方面都起到非常重要的作用。

几乎所有的动植物都拥有丰富且多样的共生微生物。例如，人类的肠道中有 1000 ~ 10 000 种微生物（Sankar et al., 2015），其数量高达 1 万亿个（Rosner, 2014）。植物根际微生物群落中有近 30 000 种微生物（Berendsen et al., 2012），每克土壤中约有 10 亿个细菌和 100 万个真菌（Foster, 1988）。这些共生微生物中有些可以在宿主体内永久或长期居住，人们称其为核心微生物群落；有些则是短暂停留，它们的去留取决于宿主外界环境条件（如饮食、健康等）的变化。虽然微生物群落中有一部分是宿主从环境中直接获取的，但是其中一部分重要的共生微生物是宿主通过各种各样的方式实现了代际传递，包括细胞质遗传（Dawid and Blackler, 1972）、产卵（Baumann et al., 1995）、食粪行为（Engel and Moran, 2013）、交哺行为（Lanan et al., 2016）、媒介昆虫（Azambuja et al., 2005）等，以此保证这些独特的全基因组能够延续下去，推动宿主动植物的进化。

相比动植物，微生物繁殖迅速，具有高度的基因多样性和极快的演化速度，很多动植物与微生物建立"联盟"，借此拓展它们在新陈代谢、生理和行为上的功能（Zilber-Rosenberg and Rosenberg, 2008）。线粒体和叶绿体可谓全功能体中"最特殊的共生微生物"，它们作为动植物的关键细胞器，对动植物进化的影响意义深远（Emelyanov, 2003; Gould et al., 2008）。共生微生物还能够帮助动植物宿主抵御病原菌和天敌（Oliver et al., 2003; Cytryn and Kolton, 2011）、降解有毒物质（Monachese et al., 2012; Sato et al., 2021）、提供营养补给（Dubilier et al., 2008; Hansen and Moran, 2011; Oldroyd et al., 2011; Hu et al., 2018）、消化食物中难以分解的成分（Russell et al., 2009; Watanabe and Tokuda, 2010）、影响宿主的生长发育（McFall-Ngai et al., 2012）和免疫系统（Duan et al., 2010; Lee and Mazmanian, 2010）等。这些微生物进一步扩大了动植物宿主的遗传组成和代谢潜能，成为宿主一系列基础生命支撑系统中的重要成员。

1.3 全功能体的遗传变异与进化

全基因组概念对生物学研究最大的影响就是引入了新的遗传变异和进化模式。之前，人们认为动植物的遗传变异仅来自有性繁殖、染色体重组、突变和表观遗传带来的遗传变异。自全基因组的概念形成之后，共生微生物带来3种额外的遗传变异，包括共生微生物的扩增与减少、从环境中获取新的微生物以及微生物之间及微生物与宿主之间的基因水平转移（HGT）（图1-2）。这些过程可以在短时间迅速发生，贯穿于动植物的进化史中。

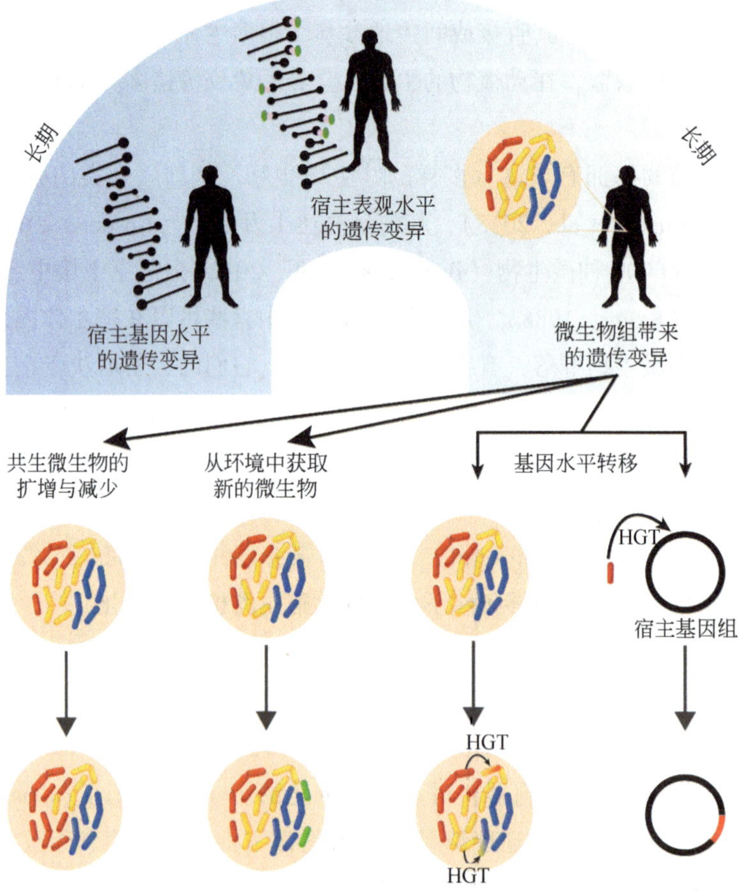

图1-2 全功能体的遗传变异模式

全功能体中宿主在自身基因水平和表观水平的遗传变异是缓慢且随机的，而由于全功能体中共生微生物繁殖迅速，并且具有高度的基因多样性和极快的演化速度，因此全功能体能够通过微生物组带来的遗传变异快速响应变化的环境。共生微生物带来的遗传变异包括共生微生物的扩增与减少、从环境中获取新的微生物，以及微生物之间及微生物与宿主之间的基因水平转移（HGT）

全功能体中由微生物带来的第一种遗传变异是微生物的扩增与减少。面对变化的环境，宿主自身基因的改变是非常缓慢且随机的，而共生微生物可以快速地响应这种环境的转变。例如，人类婴儿从母乳转变为辅食时，肠道内拟杆菌门的细菌丰度升高，这与婴儿饮食中摄入更多的纤维有很大的关系（Koenig et al., 2011）。由于全功能体中微生物群落蕴含着大量的遗传信息，因此微生物相对丰度的变化是宿主适应新环境的重要机制。从环境中获取新的微生物是全功能体获取新的遗传变异的第二种机制。新获取的微生物如果能够克服宿主的免疫系统，找到一个合适的生态位，将有可能在宿主体内定殖。而这一新获取的微生物可以为宿主带来新的遗传物质和潜能。例如，白蚁从环境中获取了可以降解植物纤维素和半纤维素的微生物，这些微生物定殖在白蚁的后肠中成为宿主分解这些植物大分子的“发酵工厂”（Dietrich et al.，2014）。全功能体中产生遗传变异的第三种有效机制是基因水平转移，这种基因的水平转移可以发生在不同的细菌之间。其中一个有趣的例子是日本人群具有消化日本特色食物海苔的能力，这是因为他们的肠道微生物通过基因水平转移的方式从海苔上分离出的一种海洋微生物那里获取了分解海苔中多糖的琼脂糖酶（Hehemann et al.，2010）。在人类的微生物群落中这种微生物间的基因水平转移是比较普遍的现象。此外，自然界中也有不少基因水平转移发生在微生物与动植物宿主之间。例如，蚜虫通过真菌获得了类胡萝卜素的生物合成基因（Moran and Jarvik，2010），许多沃尔巴克氏体的基因被水平转移到昆虫宿主的染色体上（Nikoh et al.，2008）。

众所周知，遗传变异是进化的原材料。全基因组概念的提出让人们对遗传变异的形成与维持机制有了新的认识，包括共生微生物的扩增与减少从环境中获取新的微生物，以及在微生物之间或微生物与宿主之间的基因水平转移等。这些由共生微生物群落带来的遗传变异可以使全功能体在快速变化的环境中适应和生存，它们在动植物的适应性与进化过程中发挥着重要的作用。自然选择的单元不再是单独的动植物个体，而是一个由宿主和多种微生物组成的生物实体。动植物宿主与微生物的相互作用关系一旦建立起来，进化不仅可以通过宿主基因的突变和选择进行，更重要的是利用从共生微生物获取的遗传信息来进行选择。因此，从全基因组的角度来看，共生微生物将在动植物新物种起源中发挥关键作用，动植物的进化主要是由微生物与宿主之间及微生物之间合作的选择驱动的。

1.4 小　　结

生物学正在经历一个研究范式的改变。动植物不应再被认为是单独的个体，而是由宿主与共生微生物群落构成的全功能体。全基因组的概念将会促使进化生物学的研究方式发生转变以及促进许多尚未解决问题的研究。

结合目前对全基因组的研究现状，该领域面临的主要亟待解决的问题包括：①对微生物多样性测定方法以及对稀有微生物检测技术的改良。目前采用的基于 16S rRNA 基因序列的方法在属和更高的分类级别上是比较准确的，但是在种的层面上解析度有限（Chan et al.，2012），需要用理论和实验进一步厘清微生物种的概念。②拓宽对动植物宿主相关的病毒和真核微生物的研究。亟须不断积累对全功能体中病毒和真核微生物的研究数据，以促进对这类微生物如何影响全功能体的适应性和进化的认识。③加深关于宿主免疫系统与共生微生物互作的了解。全功能体的适合度在很大程度上取决于宿主免疫系统对微生物的辨别能力，研究过程中应当注意宿主与共生微生物免疫共生的相关问题。④进一步探究共生微生物对动植物进化的影响。可以通过分析全基因组来跟踪在进化过程中宿主基因组和微生物组的变化，推动进化生物学领域的发展并开启新的研究范式。

全功能体和全基因组相关的研究已经成为当今生物多样性研究领域的热点。如果不考虑共生微生物的影响，对动植物的研究是不完整的。对这一领域的深入研究将进一步丰富和完善对共生微生物如何推动动植物生态适应和进化机制方面的认识。

第 2 章　谱系（亲缘）地理学*

新生代以来，特别是第四纪剧烈的全球气候变化以及冰期和间冰期的反复交错，对现代生物区系的地理分布格局和遗传结构产生了极为深刻的影响（Hewitt，2000，2004）。欧洲和北美洲是受第四纪冰期-间冰期环境波动影响最为严重的地区，这些地区很多重要类群（特别是森林树种）的遗传结构和种群分化、物种形成和绝灭、冰期和间冰期分布区的收缩与扩张、迁移路线和避难所的位置等问题引起了研究者的广泛关注，并取得了一系列重要成果（Taberlet et al.，1998；Hewitt，2000，2004；Petit et al.，2003；Eckert et al.，2008），从而也带来了一个新兴研究领域——谱系（亲缘）地理学（phylogeography）（Avise，2000，2009；Hickerson et al.，2010）的快速发展。

谱系（亲缘）地理学的正式命名源自美国生态学家 John Avise 在 1987 年发表的综述（Avise et al.，1987），用来描述动物线粒体 DNA 种内基因树的支系结构所表现出的显著地理格局。为了解释这些格局，人们试图用遗传漂变、迁移（如花粉流、种子流）、种群数量变动（如瓶颈效应）、自然选择等进化力量和外部环境条件（如地质事件、气候变迁等）来解释它们对基因谱系（gene genealogy）空间分布的作用。谱系（亲缘）地理学由于体现了种群遗传学、系统发育重建、生物地理学等多学科的有机综合与交叉（Avise，2000；Hewitt，2000），在生物多样性研究领域中一直处于较为核心的位置（Avise，2009）。谱系（亲缘）地理学重点研究种下或近缘物种内基因谱系的空间格局及其形成过程［古老的遗传多态如何在隔离的后代种群中从多系（polyphyly）到并系（paraphyly）再到单系（monophyly）的过程］，追溯种群的进化历史，探讨生物类群对地质事件和气候变迁等环境因素的响应，从而理解现有生物类群的地理分布格局以及种群分化的历史成因（Hickerson et al.，2010）。目前，谱系（亲缘）地理学利用叶绿体/线粒体以及核基因序列，同时结合模型统计学和生态位模型分析，已经在物种形成、种的界定、杂交渗入等研究方面发挥了巨大潜力。

---

* 本章作者：白伟宁。

2.1 谱系（亲缘）地理学研究中常用的分子标记

合适的分子标记是谱系（亲缘）地理学研究的基础。20 世纪 80 ~ 90 年代，由于动物线粒体 DNA 具有包括母系单亲遗传、无重组、通用性好、突变率高（在哺乳动物中约为核 DNA 的 10 倍）以及较小的有效种群（在随机交配的动物种群中仅为核 DNA 的 1/4）等诸多优势，谱系（亲缘）地理学研究主要利用线粒体 DNA 序列（Avise et al., 1987；Avise, 2000, 2009）。植物谱系（亲缘）地理学研究则主要选用叶绿体 DNA，这是因为植物线粒体 DNA 的基因排序（gene order）变化较大（Aizawa et al., 2007），但核苷酸序列的进化速率是动物的 1/100 左右，不适用于谱系（亲缘）地理学研究。叶绿体 DNA 在大多数植物中母系遗传（少见双亲遗传），在一些植物中（尤其是裸子植物）则是父系遗传。需要指出的是，虽然叶绿体 DNA 核苷酸序列的进化速率比线粒体快 3 ~ 4 倍，但仍然比动物线粒体 DNA 慢很多（Avise, 2009）。在谱系（亲缘）地理学诞生之后的前 20 年，线粒体和叶绿体的 DNA 序列信息由于给出了清晰的谱系信号，得到了极为广泛的应用，但由于它们仅代表了高度随机的种群溯祖过程的一次“简单抽样”，无法准确反映种群的进化历史，因此人们逐步意识到采用多个基因座数据开展谱系（亲缘）地理学工作的必要性，许多研究逐步开始利用单拷贝或低拷贝核基因标记（Carstens et al., 2012；McCormack et al., 2013）。但是，单拷贝核基因序列在植物中由于引物的通用性较差较难获得，为了弥补这一缺陷，大量植物谱系（亲缘）地理学研究随后采用了微卫星标记技术。然而，该技术不适合于建树分析，只能从基因频率的角度对种群进行地理聚类分析。因此，严格来讲，依赖微卫星标记技术开展的工作不属于 Avise 最初定义的谱系（亲缘）地理学研究。但恰当使用微卫星标记技术，能够帮助人们推断种群地理格局的成因，与叶绿体片段的序列数据形成很好的互补。因此，已有许多研究采用了具有双亲遗传特征的微卫星分子标记和叶绿体 DNA 序列（或线粒体 DNA 序列）相结合的方法进行谱系（亲缘）地理学研究，展示了微卫星标记技术在解决植物谱系地理问题中发挥的重要作用。此外，近几年随着二代测序（next-generation sequencing）技术的发展，人们也开始采用基于酶切的简化基因组测序（restriction-site associated DNA sequence, RAD-Seq）和全基因组重测序（whole genome re-sequencing）的手段，以获取基因组信息来研究谱系（亲缘）地理学。

2.2 谱系（亲缘）地理学的概念模型

最经典的谱系（亲缘）地理学模型比较简单，如南方避难所模型（southern refugia model）(Bennett et al., 1991)。根据这个模型，第四纪冰期来临时温带物种幸存于南部或者低海拔的避难所，间冰期气温回暖，温带物种开始由南向北扩张或者由低海拔向高海拔迁移。温带物种在从南方的末次冰期避难所向北方回迁的过程中，其前缘扩张种群的遗传多样性通常会随纬度的升高而下降（Hewitt，2000，2004，2011），这是因为向北扩张的种群通常只能携带避难所种群中的一部分遗传多样性，加之它们通常要经历奠基者效应和种群瓶颈效应。南方避难所一般不止一个（例如，欧洲包括伊比利亚半岛、巴尔干半岛和意大利半岛等），不同避难所种群由于冰期时长期的地理隔离而可能产生遗传漂变导致的种群分化。因此，来源于不同避难所的基因谱系常常表现出明显的空间分布结构，这也是冰期避难所存在的进一步证据。

经典的南方避难所模型并没有考虑更大尺度上的历史因素或其他复杂性，研究者也提出了避难所中的避难所（refugia within refugia）（Lovette and Bermingham，1999）模型，以及北方隐形避难所存在的可能性（Stewart and Lister，2001；Stewart et al.，2010），即冰期时温带树种除向南退却外，还可能以斑块化小种群的状态存活于高纬度北方地区。北方隐形避难所如果确实存在，那么我们需要对温带生物冰期后的迁移历史、遗传多样性的空间分布格局、需优先保护的地点（以维持长期稳定的温带生态系统）等进行重新审视。但也有研究学者认为至少在最大末次盛冰期时温带树种在欧洲存在北方避难所的假说，各方证据尚不充分（Tzedakis et al.，2013）。但是，东亚地区的温带森林植物可能并不符合典型的南方避难所模型（Qiu et al.，2011）。东北温带针阔混交林一些主要优势种，如红松（*Pinus koraiensis*）（Aizawa et al.，2012）、蒙古栎（*Quercus mongolica*）（Zeng et al.，2011）、水曲柳（*Fraxinus mandshurica*）（Hu et al.，2008）、核桃楸（*Juglans mandshurica*）（Bai et al.，2010）等，在冰期时可能都是在东北“原地避难”（长白山地区可能是它们共同的避难所），并在冰期后只表现出有限的空间扩张，并未经历一个大幅度的“（冰期时）南退—（间冰期时）北迁”过程。我国南方山地的温带森林树种则更接近避难所中的避难所模型（Gómez and Lunt，2007）。例如，Lei 等（2012）对分布于我国南方的 25 个米心水青冈（*Fagus engleriana*）种群进行研究，发现至少存在 5 个独立的冰期避难所；Chen 等（2012）在化香树（*Platycarya strobilacea*）的 27 个种群中共检测到 35 个叶绿体单倍型，并显著分成 4 组，因此推断至少存在 4 个独立的冰期避难所；在银杏（*Ginkgo biloba*）的谱系（亲缘）地理学研究中，研究者也推断在我国西南以及亚热带东部各存在一个冰期避难所（Gong et al.，2008）。

从不同避难所扩张出来的种群可能在北方相遇，形成杂交带，杂交带内的种群可能具有很高的遗传多样性（Petit et al.，2003），在这一点上可能与避难所种群无法区分。但是杂交带种群的单倍型（或等位基因）应该均来自避难所种群，而避难所种群却可能包括许多未能参与冰期后扩散的私有单倍型（private haplotype）。鉴定私有单倍型需要我们在避难所区域采集足够多的样本，否则会低估避难所种群的私有单倍型，同时高估杂交带内的私有单倍型（Provan and Bennett，2008）。还有一个有效区分避难所和杂交带的方法是基于这样的假设：避难所内的单倍型在谱系关系上应该更近一些，而避难所之间的单倍型在谱系关系上相对更远。Petit 等（2002）设计了只依赖单倍型频率的种群遗传多样性指标（h_T）和既依赖单倍型频率，又依赖单倍型间遗传距离的多样性指标（v_T）。如果在某个区域计算出的两个多样性指标关系为 h_T 显著大于 v_T，那么这个区域就极有可能是避难所，因为该区域内的单倍型倾向于隶属相同的遗传谱系；如果一个区域虽然单倍型数量很多，但 h_T 小于 v_T，那么它更可能是一个杂交区。

2.3 谱系（亲缘）地理学的分析方法

最初期的谱系（亲缘）地理学分析只是定性的，通过直接检视判断基因谱系与地理分布的相关性。由于直接检视无法评估样本大小、取样地点和范围等因素对谱系（亲缘）地理学推断的影响，巢式支系亲缘地理学分析（nested clade phylogeographic analysis，NCPA）法应运而生，被用来鉴别哪些历史或现代的种群动态过程决定了遗传变异的空间分布（Templeton and Sing，1995）。NCPA 法整合了基因谱系、单倍型频率和地理位置的信息，将统计检验引入了谱系（亲缘）地理学分析的大部分环节中，在很大程度上避免了肉眼主观判断问题，因而在较长一段时间内成为谱系（亲缘）地理学最流行的分析方法（Hickerson et al.，2010）。NCPA 法虽然最初仅用于单个基因座的质体（线粒体、叶绿体）DNA 数据，但后来被扩展到多个基因座的情形（Templeton，2009）。NCPA 法的核心是将近缘的单倍型彼此相连并进一步形成高阶的支系（组巢），借助这样的一阶套一阶的单倍型巢式连接关系并结合谱系的地理分布，推论种群在不同地质年代所经历的进化事件。NCPA 法首先利用置换检验（permutation test）方法来检验“单倍型随机分布”的零假设；如果拒绝了这个零假设，那么下一步需要鉴别造成单倍型具有显著地理格局的具体因素是什么。为了方便进行单倍型地理格局形成过程的推测，Templeton 和 Sing（1995）设计出了一套检索表，查检索表确实可以让人们方便地解释当前遗传变异地理格局的各种原因，但 NCPA 法因为忽视了溯祖过程中必定存在的很大随机性（以及由此产生的过度解读），所以近年来受到了严厉的批评（Knowles and Maddison，2002；Knowles，2009；Nielsen and Beaumont，2009）。

此后，人们越来越倾向于使用基于模型的统计推断方法，即所谓的统计亲缘地理学（Knowles and Maddison，2002；Nielsen and Beaumont，2009），它使人们从对格局的后验解释转换到了基于先验模型的假说检验。在统计亲缘地理学中，一类常见方法是，首先根据设定的模型分别模拟出数据集，然后计算某个归纳统计量，得出在每个模型情景下该统计量的理论分布，进而用统计量的实际观测值来判断各个模型成立的可能性（Hickerson et al.，2010）。另一类常见方法，如 MIGRATE（Beerli and Felsenstein，2001）和 IMa（Hey and Nielsen，2004，2007），假定只有一个模型，但考虑各类参数（如迁移率、有效种群大小、种群分化时间等）的所有可能性。根据贝叶斯统计，人们首先为参数设定一个先验分布，然后根据数据计算这些参数的后验分布；这些参数的先验分布和后验分布概括了研究者在观察数据之前和之后所具备的知识。这类方法的主要缺点是当需要估计的模型参数较多时往往需要太长的计算时间（Hickerson et al.，2010）。近似贝叶斯计算（approximate Bayesian computation，ABC）（Beaumont et al.，2002；Beaumont，2010）把数据压缩为一组归纳统计量，并对其进行大量的模拟，某种程度上可以解决上述计算时间过长的问题（Beaumont，2010）。如果所选择的归纳统计量能够很好地抓住数据的相关属性，ABC 方法的似然值（得到归纳统计量观察值的概率）的一个近似估计就能够给出“接近于”归纳统计量观察值的模拟数据集的数量。统计亲缘地理学极大地推动了本学科的发展，但如何整合独立于遗传学数据的多方信息（如孢粉、古气候、化石、古 DNA）以形成尽可能合理的假说和模型，尤其是对于近期分化的种群如何处置好溯祖过程造成的内在随机性，是统计亲缘地理学研究所面临的一个严峻挑战（Templeton，2009）。

传统的种群遗传学把种群作为基本研究单元，分析变量通常是种群的基因频率和基因型频率，研究视角属于前瞻性的，即预测种群基因频率达到平衡时的状态。经典亲缘地理学主要关注基因谱系关系，基本研究单元不再是种群，而是个体或单倍型；研究视角也属于回顾性的，即建立起基因（单倍型）之间的历史传承关系。这种转变使人们很自然地把系统发生研究方法引入种内进化问题中，利用溯祖理论（coalescence theory）来推测单倍型间的谱系关系，进而推广到种群或物种。这种以单倍型关系代表种群关系的做法实际上隐含了一个重要前提假设，即种群非常小（Edwards and Beerli，2000），而这个前提假设在现实中大多不能满足，常常造成严重误读。如果种群相对于分化时间很大，就会出现不完全谱系分选（incomplete lineage sorting），即同一种群（物种）内的基因谱系未能形成单系群，而是某些基因谱系先与其他种群（物种）的谱系聚在一起。不完全谱系分选在温带和北方森林树种身上可能是一个较为普遍的现象，因为这些物种的有效种群往往非常大。例如，根据序列数据计算得到的核苷酸多样性（Chen et al.，2010），云杉属植物的有效种群大小大为 $N_e=1\times10^5\sim2\times10^5$；即使云杉世代时间按照 50 年保守计算，种内基因谱系的共祖时间也预期达到 $4N_e\times50=20\sim40$Ma（百万年），远早于大部分云杉属物种的分化时间。在这样的情形下，种群遗传学和系统发育重建研究的时间尺度几乎完全重叠。

不完全谱系分选导致基因树在时间和拓扑结构上不等同于种群（物种）树。如果祖先种群很大或者种群分化时间很近，那么用基因共祖时间代表种群分化时间将会导致种群分化时间被严重高估（Edwards and Beerli，2000）。由于溯祖过程的随机性，不同基因座的基因树在拓扑结构上可能不一致；即使一致，基因谱系的共祖时间也大于其所在种群的分化时间。当种群较大或者物种分化时间较近时，基因树与物种树拓扑结构发生冲突的概率就会比较大。以 3 个种为例，如果我们只建立一个基因树，得到错误物种树推断的概率为 (2/3) $e^{(-T/2N)}$，其中 T 为种 1 和种 2 的祖先种持续存在时间，N 为其有效种群大小；除非 $T/2N$ 这个比值很大，否则我们就有较大可能性得出一个错误的物种树估计。如果我们建立了多个基因树，那么某些基因树与物种树拓扑结构关系一致，某些则不一致。在 3 个种的情形下，最可能出现基因树与物种树拓扑结构一致。但是，当物种数在 4 个或 4 个以上时，最可能出现的基因树在某些情形下与物种树的拓扑结构并不一致；这时，简单地采取"民主投票"原则确定物种树就会得到错误的结论（Degnan and Rosenberg，2009）。这些结果提示我们，不完全谱系分选可能是普遍现象，仅仅依据单个或极少数基因座来构建植物种群进化历史是有很大风险的。即使我们拥有许多个基因座的数据，正确推断物种树也仍然面临很大挑战（Degnan and Rosenberg，2009）。除种群大小导致的不完全谱系分选之外，还有许多其他因素，如种群间杂交（水平基因转移）和基因重复（或丢失）等，也会造成基因树与种群树在拓扑结构上的不一致（Maddison，1997）。当前谱系（亲缘）地理学研究的一个主要目标就是如何有效地整合来自多个核基因座相互矛盾的信息，以给出一个统一的关于种群进化历史的推断。

2.4 谱系地理式样

欧洲和北美洲的亲缘地理学研究比较成熟，相关的文献综述发表了很多（Comes and Kadereit，1998；Hewitt，2000，2004；Aizawa et al.，2007；Bai et al.，2016，2018；Wang W T et al.，2016；Zhang B W et al.，2019；Chen et al.，2021）。欧洲和北美洲大陆在冰期时被大面积冰川覆盖，所以动植物向南迁移，并幸存于南部避难所内。在冰后期和间冰期，随着温度回升，大量的生物从避难所向北迁移（Dumolin-Lapegue et al.，1997；Comes and Kadereit，1998；Petit et al.，2003；Gonzales et al.，2008；Chen et al.，2010；Burbrink et al.，2016）。然而，由于多种原因，也不是所有的物种都遵循这种基本的南方避难所模型。例如，在同一区的不同物种由于具有不同的生活史、栖息地生境以及扩散能力，它们常常表现出不同的冰期隔离和间冰期地理扩张式样（Burbrink et al.，2016；Fan et al.，2016）。在一些高海拔地区，生物可以通过海拔迁移来寻找合适的生境（Petit et al.，2003；Bennett and Provan，2008；Fan et al.，2016）。许多研究者证实了隐形避难所的存在（Provan and Bennett，2008），例如某些温带类群（包括寒温带生物）在欧洲北部与东部以及北美洲北部的一些无冰川覆盖的高纬度地区存在隐形冰期避难所（Stewart and Lister，2001；Bennett and Provan，2008；Provan and Bennett，2008）。在盛冰期，欧洲的阿尔卑斯山几乎全被冰川覆盖，但在山顶仍存留一些小的无冰区，同样被证实是耐寒的高山生物的隐蔽避难所（Stehlik，2003）。

尽管欧亚大陆的东南部没有被第四纪冰期的大陆冰川覆盖（Shi et al.，1986），但气候的剧烈动荡和地质变迁是目前东亚植物物种地理分布模式和异域物种形成的重要因素（Axelrod et al.，1996；Millien-Parra and Jaeger，1999；Harrison et al.，2001）。中国拥有世界上最丰富的温带动植物区系，但亲缘地理学研究只是在 2000 年以后才迅速增多，集中在青藏高原及其附近地区分布的动植物。研究者发现，青藏高原台面植被主要是冰后期由东部与东南部的“避难所”种群快速扩张形成的（Zhang et al.，2005；Meng et al.，2007；Yang et al.，2008），一些耐寒与耐旱的高山植物种类无论在冰期还是间冰期都长期居留于青藏高原台面，在高海拔地区形成多个隐形避难所（Wang et al.，2009；Li et al.，2010；Shimono et al.，2010）。此外，亲缘地理学家也开始关注中国–日本植物区系，发现该地区的温带动植物类群存在多个“避难所”，尤其是北方微避难所（Gao et al.，2007；Gong et al.，2008；Qiu et al.，2009；Tian et al.，2009；Bai et al.，2010；Ding et al.，2011）。综合中国现有的亲缘地理学研究，除青藏高原与中国喜马拉雅森林亚区外，由于研究案例的不足，温带、亚热带以及热带地区不同森林植被下生物类群谱系进化的式样与规律仍不清楚（Qiu et al.，2011）；大多数研究基于叶绿体和线粒体序列对单一种进行研究，缺少核基因的相关数据，而且对近缘种和同一地区的物种进行比较亲缘地理学研究还较少；人们常将末次冰期–间冰期循环作为影响物种谱系地理结构的最重要因素，而忽略末次冰期以前的地质气候事件对物种进化历史的影响，但事实上，目前大部分报道的种内谱系分化时间都要比末次冰期–间冰期久远得多。

2.5 小　结

谱系（亲缘）地理学进入了一个崭新的发展阶段。在数据分析方面，从早期的描述性阶段发展为使用溯祖模型来估算参数，以及基于先验模型进行假说检验，并对空间历史动态进行精确估测。与此同时，技术手段的不断更新使人们可以快速获得大量的分子和生态数据。随着大数据的累积和分析方法的发展与进步，研究者可以区分近期（如末次冰期–间冰期）和远期（末次冰期以前甚至新近纪）的气候变化过程和人类活动对物种种群动态历史的影响。

首先，随着二代测序技术的发展与成熟，亲缘地理学分子数据的获取会更加快速、全面（Carstens et al.，2012；Lammers et al.，2013；Lexer et al.，2013；McCormack and Faircloth，2013；McCormack et al.，2013）。对于模式植物或少数具有基因组信息的类群，可以直接方便地获取整个基因组的单核苷酸多态性（SNP）位点。对于大部分缺少参考基因组信息的类群来说，研究者通过转录组序列信息和简易基因组技术［如 RAD-Seq、基因分型测序（GBS）等］来获取大量SNP位点。转录组测序的优点是快速和低成本，缺点是仅包括基因编码区信息，容易受到选择力量的影响，并且数据的多态性有一定的限制。RAD-Seq和GBS等方法虽然回避了转录组序列多态性低和易受选择的弊端，但它们只代表了整个基因组1%～2%的信息，并且研究者对它们的重复性和可靠性问题还存有争议（Arnold et al., 2013）。随着二代测序技术成本的不断降低，越来越多的物种有望获得全基因组信息，亲缘地理学的工作也必将全面走入基因组时代。

其次，随着越来越多核基因数据的获取，解释这些非连锁的核基因在物种历史中如何变化，需要发展出相应的多基因座溯祖理论。对于核基因，来自父母的两套基因组可能分别有不同的迁移历史，不同基因座之间甚至同一基因座内部都有重组问题，而且基因组不同区域的突变率也可能差异很大、受到的选择压力也不尽相同，以及随机溯祖过程导致的基因树与物种树结构冲突等，这些问题需要利用多基因座溯祖理论来进一步解决。同时，由于杂交在动植物进化历史中具有重要作用，在进行多基因多物种溯祖时，要考虑基因流的影响。

再次，要将对单一物种的亲缘地理学研究扩展为对同一地区或者同一属内的多个物种进行比较亲缘地理学研究。通过对多个物种进行比较研究，可以了解共同地质历史事件对其种群进化历史的影响，识别进化的特殊地区，从而为群落结构的形成提供历史视角。只有整合亲缘地理学和群落组建研究，才能回答群落生态学中关于群落组建机理（如中性假说、生态位假说、历史假说等）和生物地理学中关于扩散与地理隔离的争论问题，刻画出某区域谱系地理的整体模式。

最后，生态位模型以及地区性植被与气候的古记录数据应该作为基因组学数据的有力补充，在谱系（亲缘）地理学中得到越来越多的应用（Alvarado-Serrano and Knowles, 2014），从而更好地理解生物区系的形成过程以及生物多样性形成的机制。

第 3 章 物种形成机制与协同进化*

达尔文在其历史巨著《物种起源》一书的后记中以非常优美的文字抒发了对五彩缤纷的生物界的赞叹。“如此来看，生命是极其伟大的。最初，生命的力量只赋予了一种或寥寥几种形式。地球按照一成不变的重力法则周而复始地运动，在如此简单的开端中却迸发出了无穷无尽的不同生命形式，而且大多美丽而精彩。所有这些生命形式都是经由演化而来的，并且仍将继续演化下去”（Darwin，1858）。诚如达尔文所言，地球上的生物并不是孤立地生存着，而是与其他多个类群的生物种群相互作用而延续着（Wang et al.，2019；Hembry and Weber，2020）。因此，我们对自然界中出现的各种生物类群总是充满了无尽的兴趣。我们试图弄清楚我们是谁，我们从哪里而来，今后又将去向何方；我们所赖以生存的地球上到底有多少生物类群，这些丰富多彩的生物类群又是怎样形成的；在物种亿万年的共处过程中，物种之间的相互作用对新物种的形成又有怎样的影响。

本章将着重讨论物种的概念、物种的形成方式以及种间关系对物种形成的影响。对物种概念和物种多样性的理解有助于我们构建人与自然的和谐环境，实现对资源的可持续利用。而物种多样性主要受到物种形成和物种灭绝的影响，在局域尺度上还会受到物种迁移的影响，其中，物种形成对物种多样性有着非常重要的影响。

3.1 物种的概念

物种在拉丁语中就是“kind”的意思，因此，朴素地讲，物种就是指不同类型的生物有机体。自然界的生命形式丰富多彩，人们在对这些与我们共处于地球上的生命形式不断认知的过程中，形成了诸多物种概念。早在公元前 4 世纪的古希腊时期，亚里士多德就开始对自然界的生物进行了区分，并开始使用“genus”和“species”这两个术语，当然亚里士多德对这两个术语的定义与现在广为采用的卡尔·冯·林奈对这两个术语的定义并不一致。亚里士多德认为物种是不变的，不同物种具有不同的性状，物种内亲代的变异可以遗传给子代。1686 年，英国博物学家约翰·雷强调了种子在物种延续中的重要性，首次从生物学的角度定义了物种这一概念。他认为从一种植物的种子发育而来的个体都是同一物

---

* 本章作者：王蔼英、杨小凤、廖万金。

种。18 世纪，瑞典科学家卡尔·冯·林奈发明了双名法，同时从个体间的变异和共有的性状来区分物种（Linnaeus，1753）。他认为物种不是固定的，性状是可以改变的，但这种改变仍然局限在种内，一个物种不会改变为另一个物种。随着地质学的发展，人们认识到地球的历史足够长，这为物种的演化提供了足够长的时间。进化论的先驱让·巴蒂斯特·拉马克 1809 年在 *Philosophie Zoologique*（《动物学哲学》）首次提出了物种可变这一观点。1859 年，达尔文和华莱士创立的自然选择理论对新物种的形成进行了详细的阐释（Darwin，1858；Darwin and Wallace，1859）。达尔文认为，物种就是“一群彼此相似的个体”。从亚里士多德到达尔文，人们对物种的理解在逐渐深入，也发展出了诸多物种概念。

3.1.1 形态学物种概念

形态学物种概念（morphological species concept）主要根据动植物的形态性状进行物种划分，一般将形态性状相近的个体划分为同一物种（Regan，1926）。鉴定形态学物种所用到的性状一般都来自保存的动植物标本。分类学家往往需要对大量动植物标本的形态性状如叶片形态、大小、叶序进行鉴定和测量，有时甚至需要细微到叶片上毛的形态和分布，花的形态、大小、花序类型，果实类型、大小，种子形态等。根据形态性状的相似性，将形态性状相似的个体归为同一物种（Regan，1926）。例如，在我国四川巴朗山中高海拔山坡上广泛分布着藜芦科（Melanthiaceae）藜芦属两种植物——藜芦（*Veratrum nigrum* L.）和毛叶藜芦（*Veratrum grandiflorum*（Maxim. ex Baker）Loes.）。藜芦包裹茎基部的叶鞘具有纵脉和横脉，枯死后残留为纤维网；叶片大，两面无毛，茎上部的叶具短柄；花黑紫色。毛叶藜芦包裹茎基部的叶鞘只具平行纵脉，枯死后残留为纵的纤维束；叶无柄，叶片背面密生褐色短柔毛；花绿白色（Liao et al.，2007）。根据物种之间的形态差异，利用检索表、图志等工具书能够快速鉴定物种。

形态学物种概念易操作，在动植物分类学中广泛应用，但是在各大生物类群中，尤其是植物界，物种之间通常存在程度不一的杂交（Abbott，2017；Zhang B W et al.，2019），种间杂交往往会模糊种间形态学性状分化，造成物种分类的混乱。壳斗科（Fagaceae）栎属已经被证实存在高频率的种间杂交，我国东北和华北地区广泛分布的两种栎树——辽东栎（*Quercus liaotungensis* Koidz.）和蒙古栎（*Quercus mongolica* Fisch. ex Ledeb.）在东北的长白山和老爷岭一线存在着一个古老的杂交带，该区域这两种栎属长期共存（Zeng et al.，2011）。在该古老杂交带，两种栎树花期重叠，种间授粉不可避免，但进化出了合子后隔离机制，在种子成熟过程中，种间杂交受精产生的胚胎大多败育（Liao et al.，2019），所以在我国东北辽东栎和蒙古栎的古老杂交带，这两种栎树存在比较分明的种间形态学分化（Zeng et al.，2010）。但是，在我国华北太行山北段，这两个物种在第四纪冰期后二次接触形成了一个新近的杂交带，在该新近杂交带上，这两种栎树共存历史短，还没有形成种间生殖隔离机制，所以二者之间存在非常普遍的种间杂交，种群中有大量的种间杂交个体。这些种间杂交个体有些性状与辽东栎接近，如植物志上用于区分这两个物种的叶片侧脉对数；有些性状与另一亲本蒙古栎的性状接近，如叶片中裂片夹角；而有些性状介于辽东栎和蒙古栎之间，如壳斗上是否具有瘤状突起这一区分两个物种的主要性状。因此，在该新近杂交带，由于杂交个体的普遍存在，辽东栎和蒙古栎的种间形态性状分化被淡化，从而造成了该区域这两个物种分类上的混乱（Wei et al.，2015）。

3.1.2 生物学物种概念

由于杂交通常模糊物种间的形态分化，恩斯特·迈尔于 1942 年提出了生物学物种概念（biological species concept）。根据生物学物种概念，物种是指在群体内实际或潜在能彼此交配但与其他群体的个体之间不能交配的一个自然群体（Mayr，1942）。生物学物种概念特别强调物种之间的生殖隔离或遗传隔离。由于不同物种有各自独立的基因库，如果种间能彼此交配，那么两个物种之间就会存在基因交流，并因而不能维持各个物种独有的性状。生殖隔离对于物种的维持非常重要，在物种形成的理论和实验研究中也基本都是从种间生殖隔离来展开研究的，因此生物学物种概念有着非常重要的理论意义。

在实际的研究中，很难简单衡量两个物种之间是否存在生殖隔离。一般认为，亲缘关系非常远、形态差别特别大的物种之间存在生殖隔离。例如，马和驴杂交产生不具有生殖能力的骡，因此马和驴是两个独立的物种。但是对于更多的类群，往往很难直接判断生殖隔离是否存在。开展杂交实验验证生殖隔离是否存在也很难施行。第一，多年生植物和生殖成熟年龄大的动物基本不可能通过杂交处理判断是否存在生殖隔离。第二，生物类群尤其是近缘植物类群之间杂交非常常见，生物学物种概念对植物分类学有很大的冲击。由于地理阻隔，分布于中国的鹅掌楸［*Liriodendron chinense*（Hemsl.）Sarg.］和分布于北美的北美鹅掌楸（*Liriodendron tulipifera* L.）在自然界没有杂交的可能，二者是形态性状分化明显的两个独立物种（洪德元，2016）。但北美鹅掌楸引入我国后，两种鹅掌楸发生了杂交，形成了大量的种间杂交个体。南美洲瓢唇兰属（*Catasetum*）4 种植物同域分布，由于非常精巧的传粉过程，这 4 个物种在自然界中也几乎没有发生种间杂交，但人工授粉实验表明，这 4 个物种彼此杂交都能产生可育后代（Hills et al.，1972）。此外，生物学物种的概念着重从有性繁殖甚至更准确地说是异交的角度定义，对于无性生殖的物种以及自交的物种不太适用（Futuyma，2013），而植物界有许多物种如竹子以无性繁殖为主（Liao and Harder，2014；Barrett，2015）。因此，在实际的分类学和生物多样性研究中，很少采用生物学物种概念。

3.1.3 系统发生物种概念

系统发生物种概念（phylogenetic species concept）强调生物物种的发生历史，是指根据祖先–后裔的亲缘关系彼此关联的可鉴别的最小生物群体（Cracraft，1983）。在系统发育上，同一个物种的个体构成一个单系群，这些个体享有共有衍征，并因此与其他物种相区别。系统发生物种概念对有性繁殖和无性繁殖的生物类群都适用，是一个操作性较强的物种概念（Aldhebiani，2018），但是这一概念并未确定同一物种的单系群应该有多少个共有衍征（洪德元，2016）。此外，根据系统发生物种概念，如果种群固定了一个新的遗传变异，只要这个遗传变异可将该种群与其他种群相区别，就可以认为是新的物种形成。在这个物种形成过程中，形成的两个物种在这个位点上完成了彻底的遗传分化，但是基因组其他的大量位点可能并没有完成彻底的遗传分化，即不完全谱系分选，并因而会导致基因树和物种树拓扑结构不一致（Degnan and Rosenberg，2009；Blair and Ané，2020）。因此，不完全谱系分选可能会使系统发生物种概念不适用于近期形成的物种。

3.1.4 形态–生物学物种概念

上述三种物种概念大多存在一定的缺陷、有一定的适用范围，并且可操作性不强。中国科学院洪德元院士于2016年提出了形态–生物学物种概念。根据这一概念，物种是由一个或多个自然种群组成的生物类群，种内呈现形态性状的多态性和变异的连续性，而种间则有两个或多个独立的形态性状显现变异的间断或统计上的间断（洪德元，2016）。首先，形态–生物学物种概念强调种内的变异，同一物种的个体共享一个基因库，不同种群不同个体之间存在基因流。这一点既反映了物种在系统发生上应该是单系这一特点，又承认了种内变异和基因流的存在。此外，形态–生物学物种概念强调了种间的生殖隔离，不同谱系单独进化；同时说明单一性状和连续性变异的数量性状不能作为划分物种的依据（洪德元，2016）。洪德元院士提出的形态–生物学物种概念与流行的强调可操作性的形态学物种概念、强调生殖隔离的生物学物种概念、强调单系群且独立进化的系统发生物种概念等高度相融，更重要的是，这一新的物种概念还有高度的可操作性。这是我国学者对物种概念、生物多样性科学研究做出的重要贡献。利用这一概念，洪德元院士对芍药属（*Paeonia*）5个存在争议的类群进行了辨析，明确了滇牡丹复合群（*Paeonia delavayi* Franch. complex）包括大花黄牡丹（*Paeonia ludlowii*）和滇牡丹（*Paeonia delavayi*）两个物种（Hong et al.，1998；Zhou et al.，2014）；*Paeonia japonica* 应作为草芍药（*Paeonia obovata*）的一个类型（Hong et al.，2001）；同时明确了欧美分布的几个争议的类群应作为独立的物种处理（洪德元，2016）。

3.2 物种形成的理论模型

3.2.1 Dobzhansky-Muller 模型

物种形成是生物进化过程的一个重要问题。根据生物学物种概念，当一个种群由于合子前隔离或合子后隔离机制而与其他种群形成生殖隔离时，新的物种就会形成（Dobzhansky，1937；Alexander，1963），因此，物种形成机制的研究主要是从生物学物种概念出发探讨生殖隔离机制的形成。

Dobzhansky-Muller 模型考虑了两个存在相互作用的基因位点。该模型假设在某二倍体类群的祖先种群中，考虑存在相互作用的两个位点 A 和 B，祖先种群在这两个位点上的基因型分别为 A_0A_0 和 B_0B_0，由于位点 A 的 A_0 基因和位点 B 的 B_0 基因长期共存，所以二者协同完成生命活动。如果由于扩散、地理隔离、生态隔离等因素的作用，该祖先种群分割为两个亚种群，经过长期的独立进化，在亚种群 1 中，位点 A 上的基因发生了突变，固定了一个新的等位基因 A_1，在位点 A 和 B 上的基因型分别为 A_1A_1 和 B_0B_0；由于新的等位基因 A_1 是在亚种群 1 中被自然选择固定下来的，因此位点 A 的 A_1 基因和位点 B 的 B_0 基因也能协同完成生命活动。类似地，如果亚种群 2 中，位点 B 上的基因发生了突变，固定了一个新的等位基因 B_2，在位点 A 和 B 上的基因型分别为 A_0A_0 和 B_2B_2；而且这两个位点上的 A_0 基因和 B_2 基因也能协同完成生命活动。当这两个独立进化的种群二次接触时，种群间个体交配形成的受精卵在这两个存在相互作用的位点上的基因型为 A_0A_1 和 B_0B_2。如果两个种群各自固定的基因 A_1 和 B_2 组合，个体就不能存活或不育（图 3-1），那就意味着这两个独立进化的种群之间形成了生殖隔离，因而不再是同一物种的两个种群，而是已经演化为两个独立的物种（Nei，2013）。水稻两个亚种中的两个连锁位点 *SaF* 和 *SaM* 的进化改变很好地支持了 Dobzhansky-Muller 模型（Long et al.，2008）。

Dobzhansky 和 Muller 没有解释为什么在亚种群 1 中基因 A_1 被固定，而在亚种群 2 中基因 B_2 被固定，Nei（1976）构建了一个数学模型，对此给出了解释。此外，在能够大量获取基因组数据的时代，Dobzhansky-Muller 模型还被进一步发展用来解释核质基因组不相容（cyto-nuclear incompatibility）导致物种形成。在 Dobzhansky-Muller 模型中，位点 A 来自核基因组，位点 B 来自细胞质基因组，祖先种群在这两个位点的基因型分别为 A_0A_0 和 B_0。如果亚种群 1 在核基因组的位点 A 固定了一个新的基因 A_1，亚种群 2 在细胞质基因组的位点 B 上固定了一个新的基因 B_2，而且 A_1 和 B_2 一旦组合就导致个体不能存活或不育，那么就会因细胞核和细胞质基因组不相容而形成新的物种（Chou et al.，2010）。

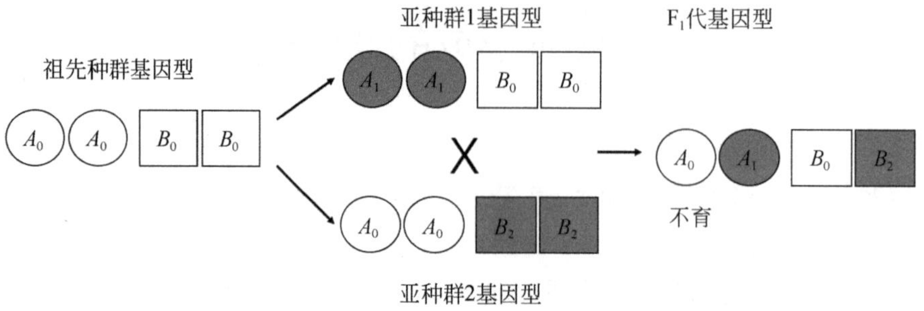

图 3-1 Dobzhansky-Muller 模型

A 和 B 是非重复基因。A 和 B 是原始的正常的等位基因，A_1 和 B_2 是致死突变。白色圆形框和方框代表两个原始非等位基因，灰色圆形框和方框代表两个突变非等位基因。基因型为 $A_0A_0B_0B_0$ 的祖先种群独立进化后，分化为基因型为 $A_1A_1B_0B_0$ 和 $A_0A_0B_2B_2$ 的亚种群，两个亚种群产生基因型为 $A_0A_1B_0B_2$ 的不育的 F_1 代

3.2.2 Oka 模型

Oka 模型考虑在重复基因中发生的致死突变。该模型假定二倍体生物的祖先种群存在两个重复的位点 A 和 B，这两个位点上的基因功能等同或类似，祖先种群在这两个位点上的基因型分别为 A_0A_0 和 B_0B_0。如果该祖先种群分割为两个亚种群，经过长期的独立进化，在亚种群 1 中，位点 A 上的基因发生了突变，固定了一个新的等位基因 A_1，在位点 A 和 B 上的基因型分别为 A_1A_1 和 B_0B_0；由于位点 A 和 B 上的基因功能等同或类似，虽然 A_1 是突变基因，但 B_0 仍能正常行使功能，维持正常生命活动。类似地，如果亚种群 2 中，位点 B 上的基因发生了突变，固定了一个新的等位基因 B_2，在位点 A 和 B 上的基因型分别为 A_0A_0 和 B_2B_2，亚种群 2 的个体也能维持正常生命活动。当这两个独立进化的种群二次接触时，种群间个体交配形成的受精卵在这两个存在相互作用的位点上的基因型为 A_0A_1 和 B_0B_2。如果这两个位点不连锁，杂交个体在这两个位点上会进一步形成 A_0B_0、A_1B_0、A_0B_2、A_1B_2 4 种类型配子，并且各类型配子的频率为 1/4。其中，配子 A_1B_2 含有的两个等位基因都是致死的，因此配子 A_1B_2 是不能存活的（图 3-2），这也意味着这两个独立进化的种群之间形成了生殖隔离（Oka，1953，1957；Nei，2013）。

如果基因组中有多个这样基因重复位点，那么 Oka 模型预期的生殖隔离就更容易发生（图 3-3）。当有 1 个这样的基因重复位点时，不育配子比例为 1/4 ［1-(3/4)］；当有 n 个这样的重复位点时，而且这些位点彼此独立时，那么不育配子比例则为 $1-(3/4)^n$；当有 11 个这样的重复位点时，不育配子比例就高达 96%，当 n 增加到 15 时，不育配子比例升高至 99%（Nei and Nozawa，2011；Nei，2013）。随着基因组数据的广泛获取，越来越多的研究都表明基因加倍是生物进化过程中比较普遍的事件，而且基因加倍在物种多样化过

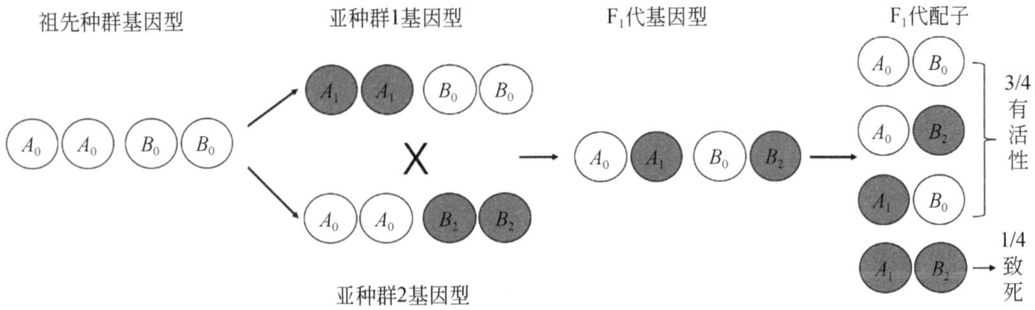

图 3-2　Oka 模型

A 和 *B* 是重复基因。*A* 和 *B* 是原始的正常的等位基因，A_1 和 B_2 是突变基因。白色圆形框代表原始基因，灰色圆形框代表突变基因。基因型为 $A_0A_0B_0B_0$ 的祖先种群独立进化后分化为基因型为 $A_1A_1B_0B_0$ 和 $A_0A_0B_2B_2$ 的亚种群，两个亚种群产生基因型为 $A_0A_1B_0B_2$ 的 F_1 代，杂交个体在这两个位点上会进一步形成各占 1/4 的 A_0B_0、A_1B_0、A_0B_2、A_1B_2 4 种类型配子，其中 A_1B_2 致死

程中发挥了重要的作用（Redon et al.，2006；Guo et al.，2020；Zhang L S et al.，2020）。此外，在多倍化物种形成过程中，这样的基因重复事件应该非常容易发生，Oka 模型可能从遗传上解释了多倍化物种形成的机理。与 Dobzhansky-Muller 模型不同，Oka 模型不要求两个位点具有相互作用并协同行使生理功能，只需要在重复的基因中产生致死突变，这一模型解释的物种形成可能比 Dobzhansky-Muller 模型更常见（Nei，2013）。

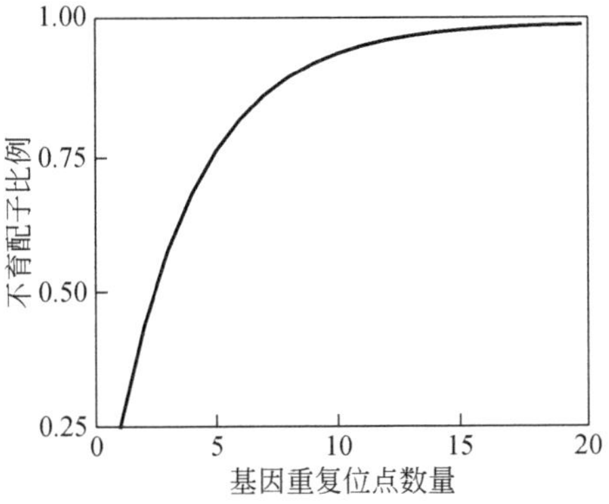

图 3-3　Oka 模型中不育配子比例随基因重复位点数量的变化

3.3　生殖隔离机制与物种形成

物种形成的理论模型基本都从生物学物种概念出发，强调物种间存在生殖隔离，即物

种之间的基因流存在隔离障碍，所以生殖隔离机制的研究是物种形成研究的一个核心内容（Baack et al.，2015）。生物之间可以通过种群地理分割形成空间上的隔离，也可以通过开花时间分化形成时间上的分化，还可以通过传粉者访问行为的隔离产生机械隔离（mechanical isolation）。按照生殖隔离发生在合子形成前后可以分为合子前隔离和合子后隔离两大类，也有人根据生殖隔离发生在交配前后分为交配前隔离（premating isolation）和交配后隔离（postmating isolation）。由于交配后隔离还包括交配后但合子形成前的隔离，如果交配时行为不当或雌性生殖器官未得到适宜刺激而受精失败，交配后隔离作用的对象不仅仅是受精卵或胚胎，这里仍然采用合子前隔离和合子后隔离的分类标准。合子前隔离机制主要是指各种隔离障碍阻止合子的形成，包括地理隔离、生态隔离（如开花时间分化、传粉者隔离）、机械隔离、配子竞争等；而合子后隔离机制主要是对种间杂交受精卵、胚胎或者发育的个体进行选择，表现为种间杂交后代死亡或者适合度下降，如杂交后代不能存活、杂交后代不育等现象。

3.3.1 合子前隔离

1. 地理隔离

地理隔离通常指同一物种的不同种群之间存在地理屏障并因此产生的生殖隔离。海峡、河流、高山、峡谷等都可能成为某些物种种群间交流的屏障，例如连接南北美洲的巴拿马地峡将太平洋的巴拿马湾和大西洋的加勒比海分隔开来。自上新世巴拿马地峡形成以来，很多海洋生物都被分隔为太平洋种群和大西洋加勒比海种群，其中一些种群已经形成生殖隔离而成为不同的物种（Knowlton et al.，1993）。我国南北纬度跨度大，虎榛子（*Ostryopsis davidiana*）广泛分布在我国北方地区，而在我国西南地区分布着同属的滇虎榛子（*Ostryopsis nobilis*）（Liu B B et al.，2014）。这两个物种在长期的独立演化过程中已经形成了显著的性状分化。滇虎榛子具有比虎榛子更强的铁离子耐受性，而虎榛子的开花时间明显早于滇虎榛子（Wang et al.，2021）。这就意味着虎榛子属这两个物种由于对土壤铁离子耐受性的差异而很难同域分布；即使同域分布，也会因开花时间的明显分化而很难发生种间基因流。

从上述两个研究案例中可以看到，存在地理隔离的两个种群发生了明显的遗传分化。这种遗传分化可能有多个来源。第一，当一个种群由于地理隔离而形成两个种群时，绝大多数情况下，两个隔离种群从祖先种群获得的遗传组成是不一样的。因此，两个隔离种群在遗传上存在一定程度的分化。如果两个隔离种群独立演化过程中遭遇不同的环境选择压力，那么这两个隔离种群可能就会出现分裂选择，进而形成不同的物种。上述两种虎榛子的分化过程中，就伴随着铁离子耐受基因和花期相关基因的高度分化（Wang et al., 2021）。第二，当一个种群由于地理隔离形成两个种群时，这两个种群独立演化过程中就会产生新的突变。在某个位点上，如果一个种群产生了一个新的有利突变，这个有利突变编码的表型性状就会在该种群中扩散，并最终使得该种群几乎所有个体都具有这一新的表型性状。同理，在其他位点上也可能发生类似的过程。经过长时间的独立演化，两个地理隔离种群之间就会在大量的性状上发生形态和生理的分化，以至于即使再次相遇，也不可能杂交产生后代，因而形成两个独立的物种。

地理隔离这种生殖隔离机制往往对应着异域物种形成。异域物种形成被认为是非常重要的物种形成方式，加拉帕戈斯群岛达尔文雀是经典的异域物种形成案例（Lamichhaney et al., 2018）。异域物种形成通常包括地理隔离、独立演化、生殖隔离机制形成 3 个过程［图 3-4（a）］。

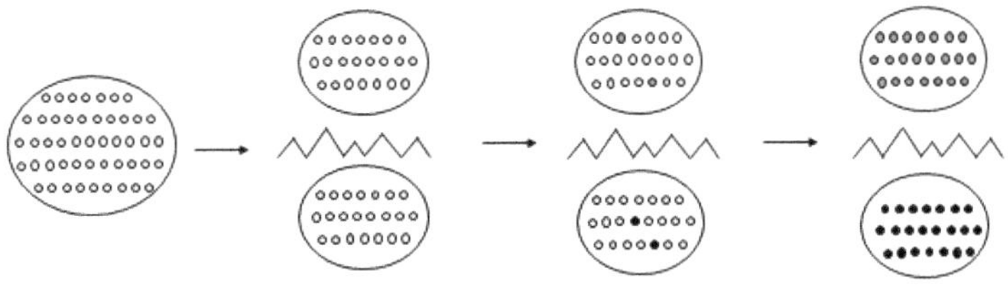
(a)异域物种形式

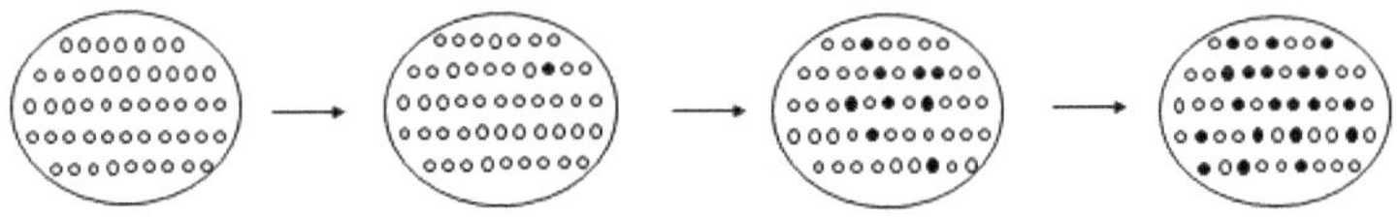
(b)同域物种形式

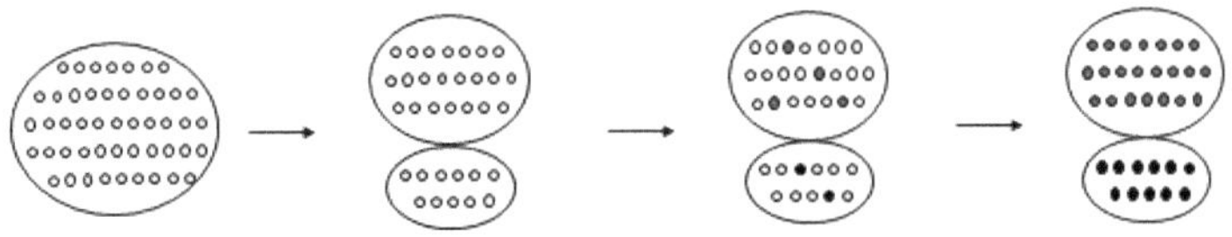
(c)邻域物种形式

图 3-4　物种形成模型

小空心圆代表原始基因型，灰色实心圆和黑色实心圆代表突变后的基因型，椭圆代表种群，折线代表地理隔离。异域物种形成（a），一个具有一种原始基因型的种群，经过地理隔离后形成两个种群，两个种群各自演化形成不同的基因型，之后两个种群即使再次相遇，也不能产生后代，此时物种形成。同域物种形成（b），一个具有一种原始基因型的种群，在同一区域，一些个体突变形成不同的基因型，最终导致群体之间因基因型不同而不能交配产生后代，形成不同的物种。邻域物种形成（c），一个具有一种原始基因型的种群，处于边缘的群体分化产生新的基因型，边缘的种群与其余的种群基因型不同，相遇后不能产生后代，此时物种形成

2. 生态隔离

除了山川河流等地理屏障能阻碍种群间基因流外，许多生态因子，如气候、土壤、传粉媒介、捕食者、寄主等，也能直接或间接阻碍种群间基因流。不同植物种群开花时间不同或者具有不同的传粉类群，或者不同种群寄生在不同宿主上，都可能直接阻碍种群间基因流。土壤、气候等生态因子则可能通过改变植物的分布区、生长和繁殖性状而间接阻碍种群间基因流。

植物开花时间分化在自然界中经常发生。广布种不同地理种群面临不同的环境，通常都会发生开花时间的分化。高纬度种群更有可能发生开花时间提前的演化，提高适合度。入侵北美的植物千屈菜（*Lythrum salicaria* L.）分布区向北扩张的过程中就发生了显著的开花时间提前的演化（Colautti and Barrett，2013）。从北美入侵我国的普通豚草（*Ambrosia artemisiifolia* L.）也表现出了显著的开花时间的分化，我国南方种群和北方种群的开花时间相差高达 40 天（Li et al.，2015a）。伴随着开花时间的分化，不同种群往往会产生对各自所处环境的局域适应，产生一系列遗传上的分化，即使在同质生物园（common garden）实验中也仍然表现出了显著的遗传分化（Li et al.，2015a，2015b）。发生了开花时间显著分化的这些种群即使发生二次接触，也会因为花期分化而丧失种群间基因流的机会。澳大利亚豪勋爵岛上两种近缘的棕榈科植物——平叶棕（*Howea forsteriana*）和拱叶豪爵椰（*Howea belmoreana*）的开花时间也发生了明显分化，开花时间分化是这两个物种之间主要的合子前隔离机制（Hipperson et al.，2016）。植物的开花时间受到光照、温度、植物激素等多方面的调控，从遗传调控的角度来看，在不同的环境选择压力下，不同种群相对比较容易发生开花时间的分化（杨小凤等，2021）。事实上，中东地区的大麦（*Hordeum vulgare*）携带 *Ppd-H1*（光周期相关基因，促进大麦在长日照下开花），导致大麦在春季迅速开花，以应对漫长的白天和夏季干旱；而北欧大麦的 *Ppd-H1* 等位基因发生了突变，减少了其对长日照的反应，从而使该植物能够在该地区较温和的夏季生长，并产生较高的种子产量（Turner et al.，2005）。此外，生态因子对植物的开花时间也有显著影响，捕食者压力和传粉者扰动都被证明能显著改变植物种群的开花时间（Schemske，1984；Pashalidou et al.，2020）。

虫媒传粉的植物还可以通过传粉者分化实现生殖隔离。即使两个物种同域分布且同时开花，若传粉者组成不同，也能阻碍种间基因流。在北京西部山区，毛茛科乌头属的两个物种，草乌（*Aconitum kusnezoffii* Reichb.）的主要传粉者是红光熊蜂（*Bombus ignitus*），而同域开花的牛扁（*Aconitum barbatum* var. *puberulum* Ledeb.）的主要传粉者是朝鲜熊蜂（*Bombus koreanus*）。生物学中被广泛接受的榕树与其传粉榕小蜂之间的一一对应关系也揭示了桑科榕属（*Ficus*）植物不同的物种具有不同的传粉者，二者之间存在长达数千万年的协同进化（Wang et al.，2019）。此外，传粉者隔离还包括同种传粉者利用身体的不同部位为多种植物传粉的现象。南美洲兰科瓢唇兰属（*Catasetum*）4 种近缘植物同域分布，同时开花，并且由同种蜂进行传粉。令人非常惊奇的是，这 4 种兰花的花粉块分别黏附在传粉者的头部、背部、腹部和左前足。详细的传粉过程观察结果表明，即使传粉者访问了上百朵花，传粉者身上黏附的花粉块也没有发生种间授粉（Hills et al.，1972）。

寄生生物很大可能因为寄主等的不同而产生生态隔离。日本的两种植食性瓢虫 *Henosepilachna niponica* 和 *Henosepilachna yasutomii* 取食的植物种类比较特异。*Henosepilachna niponica* 以菊科蓟属（*Cirsium*）植物为食，而 *Henosepilachna yasutomii* 以小檗科红毛七属（*Caulophyllum*）植物为食。这两种瓢虫仅在自己的宿主植物上交配，因而没有种间交配的机会（Katakura and Hosogai，1994）。

生态隔离导致的物种形成并不要求两个类群存在地理隔离，可以在没有地理隔离的情况下发生，称为同域物种形成［图 3-4（b）］；也可以在仅有部分地理隔离的相邻分布区发生，称为邻域物种形成［图 3-4（c）］。同域物种形成过程中，两个群体的个体理论上都有相遇的可能，但主要通过宿主、食物、生境、传粉者、植物花期等分化阻碍群体间基因流的发生。植物通过多倍化形成新的物种几乎都是同域物种形成。邻域物种形成过程中，两个群体占据的空间彼此相邻，在相邻区域个体有相遇的可能。邻域物种形成多见于植物和活动能力较弱的动物。

3. 交配后合子前隔离

第一，动物交配成功也并不意味着一定会形成受精卵（Futuyma，2013）。果蝇属（*Drosophila*）的 3 个近缘种雄性个体的生殖拱后叶存在形态上的差别，如果近缘种间交配，雌性个体受到的雄性生殖器官触觉刺激不匹配，雌性个体会终止交配并阻止精子进入（Eberhard，1996）。第二，即使种间交配，精子进入雌性个体体内也并不一定有机会形成受精卵。某些动物类群中存在同种精子优先的现象，当种间交配和种内交配产生的精子都存在时，往往只有同种雄性精子能成功受精（Howard，1999）。第三，即使不同种的雄性精子能接触卵子，有些类群中还可以通过卵子表面蛋白决定精子是否可以进入卵子。鲍鱼精子的蛋白溶解酶和卵子的卵黄膜蛋白的氨基酸序列在鲍鱼物种之间出现了高度分化，因此鲍鱼精子蛋白溶解酶只溶解同种卵子的卵黄膜，从而阻止种间基因流（Galindo et al.，2003）。

植物在传粉过程完成后需要经历传粉后过程（包括花粉-柱头识别、花粉管生长、雄配子体发育、双受精过程）才能形成合子。藜芦科延龄草属两个近缘种延龄草（*Trillium tschonoskii* Maxim.）和吉林延龄草（*Trillium camschatcense* Ker Gawl.）种间授粉时都表现出了同种花粉优先的现象（Ishizaki et al.，2013）。花粉-柱头之间的不亲和性主要体现在种间不亲和与种内自交不亲和两方面，现在研究比较深入的是种内自交不亲和机制。虽然我们对种间不亲和机制的认识还比较零散，但种间花粉到达柱头后，可能会发生花粉不能萌发、花粉管不能正常生长或者生长速度低于种内花粉管、雄配子体发育畸形等过程，从而导致种间传粉不能产生合子。

3.3.2 合子后隔离

合子后隔离通常是指种间能形成受精卵但杂交产生的受精卵存活率和繁殖力降低的现象。两个物种之间遗传差异相对较大，一个位点上两个等位基因之间或者不同位点之间可能存在较大的遗传冲突，表现出生理或表型性状上的不兼容，因而导致杂交胚胎或后代在存活和繁殖上的劣势。黑腹果蝇（*Drosophila melanogaster*）和同属的拟果蝇（*Drosophila simulans*）杂交产生的胚胎通常都会败育，主要是核孔蛋白基因与其他基因互作导致的。植物里也有类似的杂交胚胎败育的现象。在中国东北温带落叶阔叶林中分布的辽东栎和蒙古栎花期重叠，种间授粉能成功形成受精卵，但杂交产生的胚胎在发育为成熟种子的过程中有更高的败育率，从而阻止了种间基因流（Liao et al.，2019）。有些近缘种间杂交能产生子代，但是杂交后代可能在生长、繁殖方面的表现要比种内交配产生的后代弱，杂交后代甚至可能不育。马和驴杂交能产生骡，但骡不具有繁殖能力。壳斗科栎属两个近缘种夏栎（*Quercus robur*）和无梗花栎（*Quercus petraea*）杂交产生的种子萌发率低（Abadie et al.，2012）；藜芦科延龄草属以延龄草为母本，以吉林延龄草为父本的杂交后代不能存活至繁殖年龄（Ishizaki et al.，2013）。

3.3.3 合子前隔离和合子后隔离发生的相对频率

合子前隔离和合子后隔离屏障对近缘种之间的生殖隔离具有积极作用。一般认为，自然种群中，合子前隔离减少了种间花粉传递，因此降低了资源浪费并能提高适合度，所以合子前隔离更有可能发生，并且对完全生殖隔离的贡献更大（Baack et al.，2015）。强化（reinforcement）选择还会不断增强合子前隔离机制（Hopkins，2013；Baack et al.，2015），但是物种分布区变化可能会扰乱合子前隔离并增加种间杂交可能，尤其在全球变化情景下，合子前隔离比合子后隔离更容易被打破（Vallejo-Marín and Hiscock，2016）。当近缘物种二次接触时，地理障碍和物候障碍很有可能被打破，这可能降低合子前隔离障碍。另外，由于种间遗传分化，合子后隔离在遗传上可能更容易形成，并且遗传分化越大的物种之间的合子后隔离机制可能更强（Moyle et al.，2004；Scopece et al.，2007）。物种之间的生殖隔离通常都不是依靠某个隔离障碍形成的，而是多个隔离障碍共同作用的结果。

3.4 种间关系与协同进化

在自然界中没有一个物种可以绝对孤立地存在，而是不可避免地与其他物种产生相互作用。这种群落中不同物种之间的生态相互作用（ecological interactions）即为种间关系。对于不同的种间关系，可以通过参与者的适合度收益进行区别。最主要的种间关系包括对双方都有利的互利共生（mutualism）关系、仅对一方有利而对另一方有害的敌对（antagonism）关系、对双方都有害的种间竞争（interspecific competition）关系。物种之间的相互作用在自然界中非常普遍，它们在全球范围内广泛分布，并且对种群动态、自然选择和短期的进化有着重要的影响（Hembry and Weber，2020）。

种间关系会互相影响彼此的进化进程即发生协同进化（coevolution）。协同进化的理念最初是达尔文用来描述开花植物长距彗星兰（*Angraecum sesquipedale* Thouars）和其传粉昆虫之间的相互进化关系（Darwin，1862）。随后 Ehrlich 和 Raven（1964）在描述植物和食草昆虫之间的相互进化关系时提出了“协同进化”这一术语。从此之后，物种间协同进化关系开始受到广泛关注，协同进化也被广泛地认为是提升和维持地球生物多样性的一个驱动力（Thompson，1994；Thompson and Cunningham，2002；Masri et al.，2015）。协同进化可能发生在两个特定的物种之间，也可能发生在多个物种之间。进化生物学家利・范・瓦伦于 1973 年借用小说《爱丽丝镜中奇遇记》中红皇后的言论提出了红皇后假说（Red Queen hypothesis）——“你必须尽力地不停地跑，才能使你保持在原地”，恰如其分地描绘了自然界中生物的生存状态，为了生存下来，必须不停歇地进化到更好的状态（van Valen，1973）。了解物种间的相互作用及其对协同进化模式的影响有助于理解物种多样性的维持，并有助于我们构建人与自然的和谐环境，实现对资源的可持续利用。

3.4.1 互利共生与协同进化

互利共生关系是指在种间相互作用中，参与者都能从相互关系中获利，从而提高自身的适合度。常见的互利共生关系有植物与传粉者互利共生（榕树-传粉榕小蜂、丝兰-丝兰蛾等）、植物与微生物互利共生（豆科植物-根瘤菌）等。在互利共生关系中，任何一方都不能离开另一方而单独地存活下来。例如，榕树与其传粉榕小蜂互利共生系统是最经典的专性互利共生系统之一：榕树具有独特的花结构（称为隐头花序），只有传粉榕小蜂才能通过苞片口进入榕果，为这种特殊的花进行传粉。同时，传粉榕小蜂也以榕果的部分组织为食并利用榕果完成其生活史。榕树和传粉榕小蜂相互作用的循环起始于交配过的雌蜂找到一棵寄主榕树，并且进入榕树的隐头花序。这些亲本雌蜂在花序内产卵，同时对雌花授粉。通常亲本雌蜂会死在隐头花序里，之后传粉榕小蜂的后代开始发育，与此同时，榕树的种子也在发育。子代传粉榕小蜂发育成熟之后在隐头花序内交配，然后交配过的雌蜂收集花粉，离开它们出生的隐头花序，飞出去寻找处于可以接受花粉阶段的榕树，再一次开始生命的循环（Weiblen，2002）。两者在形态结构、气味信号等方面相适应，已经协同进化了 7500 万年（Cruaud et al.，2012）。

互利共生的双方能够提高这种相互关系的发生频率和效率，如果其中一方或者双方在互利共生关系中变得特化，那么这两者的谱系关系将会变得紧密，一方发生物种形成伴随着另一方的协同物种形成，特别是这种互利共生关系有利于一方或者双方的繁殖，将会增强物种的生殖隔离，更有利于发生协同物种形成（cospeciation）(Silvieus et al.，2008；van der Niet et al.，2014)。例如，在榕树与其传粉榕小蜂间的宏进化研究中，不论研究的地理尺度是单一地点、某地理区域或者是全球的生物群，大多数研究都能推断出较多的协同物种形成事件（Cruaud et al.，2012；Wang et al.，2019）。

3.4.2 敌对与协同进化

敌对关系是指在种间相互作用中，一方的适合度增加，而另一方的适合度降低。常见的敌对关系包括猎物与捕食者间的捕食（predation）关系、寄主与寄生者间的寄生（parasitism）关系和植物与食草动物间的食草（herbivory）关系等。早在 1964 年，Ehrlich 和 Raven 就利用植物和以之为食的蝴蝶研究了物种间的协同进化关系，发现植物和食草昆虫之间的相互关系通过“逃离-辐射协同进化”（escape-and-radiate coevolution）提高了支系的多样化速率（Ehrlich and Raven，1964）。

Dawkins 和 Krebs（1979）在探讨捕食者与猎物的生态关系时，提出了生态学的“进化军备竞赛”（evolutionary arms race）理论，捕食关系中捕食者会不断提高发现和捕获猎物的效率，而猎物也会不断改进其发现和逃避捕食者的能力。在进化军备竞赛的情况下，物种间存在较专一的适应和反适应的关系，参与者的协同谱系关系中，协同物种形成事件将较为普遍。然而，对于特化敌对者与宿主之间的相互关系，如寄生者或植食的昆虫，当宿主需要通过一连串防御抵抗多种敌对者时，这种相互关系将会产生不同的模式（Wang et al.，2019）。虽然宿主对单个生物个体的敌对会促进其对防御的选择，但是在面对广泛的敌对者时，个体间的相互作用可能对物种形成的影响较弱。相反地，当一个目标宿主对特定的敌对者产生响应时，敌对者可能会转移到其他更容易利用的宿主上（Silvieus et al.，2008），从而反过来促进敌对者的物种形成（Jermy，1984；Janz，2011；Hardy and Otto，2014）。

3.4.3 竞争与协同进化

竞争关系是指在种间相互作用中，参与者的适合度均有所降低。竞争关系可以发生于同一物种不同个体间，也可以发生于不同物种之间，这里我们主要讨论种间竞争关系。种间竞争可能发生在不同物种共享同一资源有限的区域，有限的资源不能同时满足多个物种的生存需要，就会产生种间竞争。例如，在同一片草原上，不同植物物种之间会竞争阳光、水分、养料等；同一片区域，猎豹和狮子之间会竞争相似的猎物。生态学家 Chapman（1935）在研究两种草履虫之间的竞争关系时提出了“竞争排除原理”（competitive exclusion principle），即两个具有相同生态位的物种不会长期共存，必然会发生一个物种将另一物种完全排除的情况。

一般认为，竞争关系能够促进支系的多样化（Fisher，1930；Mayr，1942；Lack，1947；Schmalhausen，1949；Wang et al.，2019）。Dobzhansky（1950）提到竞争、捕食和寄生都能驱动自然选择和物种形成。但是到目前为止，竞争对物种多样化的作用还存在一定争议。有人认为竞争不利于物种多样化，反而会造成物种的灭绝（Rensch，1959；van Valen，1973）。在竞争中具有优势的物种能够占据更多的生态资源，从而阻碍别的物种在同一生态位实现多样化。最经典的一个例子就是白垩纪末期恐龙灭绝之后，哺乳动物开始出现多样化（Simpson，1953；Jablonski，2008）。

互害的竞争双方之间出现更多的是谱系关系的分离（Barraclough，2015；Nuismer and Harmon，2015）。如果竞争是对称的，那么二者对有限资源的利用是相同的且没有直接的冲突，在有其他替代选择的情况下，一方的适应转变将会减少相互作用的频率和强度，从而对双方都有利，这种情况将不会导致一方对另一方的进化响应。因此，具有对称竞争关系双方的谱系一致性低于互利共生的双方。如果竞争是不对称的，一方始终具有主导地位，这种竞争的压力将会促使竞争关系解体，在竞争双方的谱系中独立发生物种形成（Wang et al.，2019）。

第 4 章 区域群落生态学理论*

4.1 群落生态学发展简史

在生态学教材中，群落（community）通常被简单定义为共存于同一时空内的生物集合，而群落生态学（community ecology）则是研究群落内物种分布与多样性维持格局以及非生物因子和种间互作怎样影响这些格局的学科（Begon et al.，2006）。传统的群落生态学研究通常限定在一个较小的时空范围内，主要探讨群落内部局域（local）生态过程（如竞争、捕食、扰动等）对局域物种多样性的影响。不同群落之间的区域（regional）生物地理过程（如长距离扩散、成种、物种大范围内的灭绝等）的作用基本不予考虑。局域和区域分别指不同的空间尺度，前者以生态过程占主导地位，而后者则以生物地理过程占主导地位。区域尺度常常指大陆或次大陆，而局域尺度通常随研究对象的生物个体大小扩大而增加（张大勇和姜新华，1997）。例如，对于草地植物群落来说，可能是 1 ~ 100m^2 的草地，而对于森林植物群落却至少需要数公顷的林地。

20 世纪初，生态学家之间展开了关于群落本质的激烈争论。以 Frederic Clements 为代表的超有机体论强调了群落是高度有组织的物种组合，边界清楚，可像物种那样进行自然的分类，强调种间相互作用等确定性过程的重要性（Clements，1916）。与超有机体论相反，以 Henry Gleason 为代表的个体论则认为各个物种在群落内独立地出现与消失，而不是相互紧密地连锁在一起；群落没有明确的边界，随机性过程在群落构建中起重要作用（Gleason，1926）。起初，生态学家对个体论不屑一辩甚至完全忽视，这种态度可能导致了 Henry Gleason 产生挫败感并最终放弃了生态学研究而转向植物分类学领域（en. wikipedia. org/wiki/Henry_ A. _ Gleason_（botanist））。20 世纪 50 年代以来，不断涌现的野外观测证据表明，植被在环境梯度上分布是连续过渡的而非离散的，不同群落之间不存在明确的边界（Whittaker，1953，1956，1967）。个体论和群落结构的随机性逐渐被普遍接受，然而生态学家并没有摒弃超有机体论。超有机体论与个体论两者之间的争论一直持续至今，并且影响了后续群落生态学理论发展。当前群落生态学理论之间的争论其实从

* 本章作者：席念勋、张大勇。

根本思想上体现了 Frederic Clements 和 Henry Gleason 之间有关群落本质的争论，或者说超有机体论和个体论的争论以不同的外在形式贯穿于群落生态学整个发展过程中。

Mark Vellend 的理论是群落生态学发展的一个里程碑（Vellend，2010）。他构建了一个基于过程的统一化理论框架，将生态学过程分为发生在局域尺度的选择（指隶属不同物种的个体具有不同的适合度，适合度可以定义为种群增长速率）和漂变（由于出生、死亡和后代生产都是内在的随机过程，因此在个体数量有限的群落内每个物种数量的改变都必然包含的随机成分）与发生在区域尺度的成种（指新物种的形成，通常发生在很大的时间尺度上，影响区域物种库的物种组成）和扩散（指生物个体在栖息地或者种群之间迁移）4 类。这 4 个过程与种群遗传学中的 4 个过程（选择、漂变、突变和基因流）类似，只不过种群遗传学研究的对象是等位基因，而群落生态学研究的对象是物种（Antonovics，1976；Hubbell，2001；Hu et al.，2006；Vellend and Orrock，2009）。人们所观察到的各式各样的群落模式都是这 4 个过程作用的结果。然而，这个理论框架没有预测这些过程在群落中的相对重要性。至今，我们仍然面临最初要回答的问题——群落结构与物种多样性维持主要受哪种过程驱动呢？

依据对不同生态学过程的重视和发展源头，当前的群落生态学理论可大体分为以下 3 个流派（图 4-1）：生态位理论（niche theory）只强调选择在群落构建中的作用；中性理

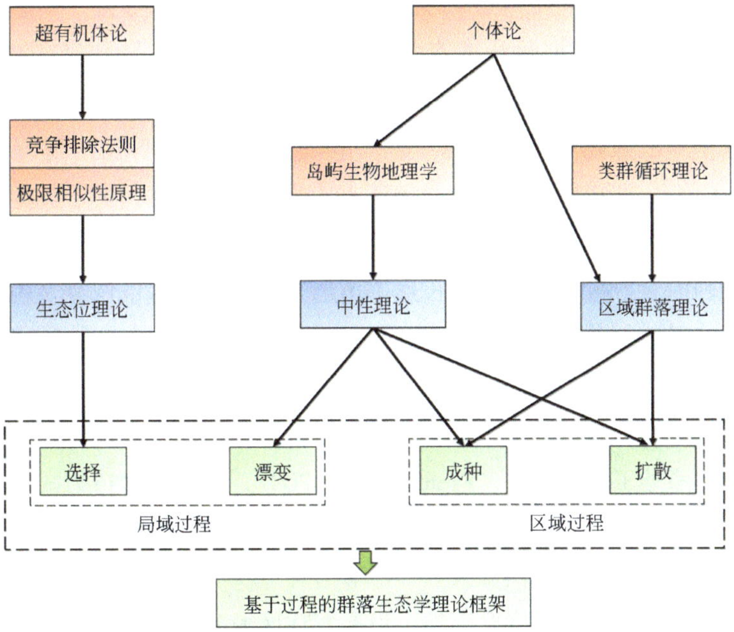

图 4-1　生态位理论、中性理论和区域群落理论的理论源头及其所强调的生态学过程

生态位理论本质上是超有机体论思想的体现，直接理论源头是竞争排除法则（Gause，1934）和极限相似性原理（MacArthur and Levins，1967）。中性理论和区域群落理论均包含了个体论思想。中性理论（Hubbell，2001）源自岛屿生物地理学（MacArthur and Wilson，1967）。区域群落理论的直接理论源头则是 Wilson（1961）的类群循环理论。这 3 个理论对影响群落结构的 4 个基本过程（Vellend，2010）的侧重点不同

论（neutral theory）强调漂变、成种和扩散的作用；区域群落理论（regional community theory）则强调成种和扩散的作用，并且成种和扩散主要受宿主-病原体协同进化驱动（朱璧如和张大勇，2011）。进入21世纪以来，生态位理论和中性理论之间爆发了激烈而广泛的论战，其结果是群落生态学家大体接受了生态位理论和中性理论均很重要，至少是不能全盘否定。相比而言，Robert E. Ricklefs 提出并不断完善的区域群落理论在生态学家中的熟悉程度则相对较低（Ricklefs，1987，2008，2012，2015）。相较于中性理论，区域群落理论则完全摒弃了局域群落这一概念，认为区域物种库和区域过程决定了局域尺度内物种多度和多样性，并且非常明确地强调宿主-病原体协同进化是物种库动态和物种扩散的驱动力。本章的目的是介绍区域群落理论，在这之前我们将首先简要介绍生态位理论和中性理论，便于读者厘清三者之间的区别和关联。

4.2 生态位理论和中性理论

超有机体论带给生态学家一个根深蒂固的信念：群落是物种通过相互作用组成的实体，或者说整体大于部分之和［所谓的整体论（holism）］。这种思想自始至终主导了生态位理论的发展与兴盛。强调种间相互作用尤其是竞争的重要性，导致了生态位概念的产生及竞争排除法则的提出。根据传统的竞争排除法则，具有相同生态位的物种不能共存（Gause，1934）。该法则进一步发展为极限相似性的概念，即共存物种间的相似性存在一个上限，超过这个阈值后物种不能共存；物种若要共存，必须保持一定程度的种间差异（MacArthur and Levins，1967）。对每个物种而言，当种群增大时，由于其生态位空间的限制，种内竞争加剧，种群大小受到限制；相反，当种群减小时，由于其他物种不能占用其特有的生态位，种内竞争减弱，种群增长速率增加，种群大小得以恢复。因此，每个物种的生态位大小决定了该物种在群落中的多度，而群落中包含的生态位数量决定了有多少物种可以共存。或者说，局域气候或土壤条件的环境特征通过影响竞争和其他种间互作的结果而决定了群落内的物种数量。这种观念催生了大量的分析物种多样性与当地气候以及其他环境变量之间关系的工作。例如，Kreft 和 Jetz（2007）将数百个植物区系的物种丰富度与气候建立起了联系，同时考查了这些联系是否因地区而异。他们发现，局域环境特征，特别是潜在的蒸散量和一年中的潮湿天数，能够解释70%的物种丰富度变异。除了众所周知的南非好望角植物区物种丰富度升高外，没有发现区域效应——显然，这些物种丰富度模式是由局域环境条件所塑造的。

沿袭这种局域环境决定论的思路，20世纪中后期生态学家发展了很多模型来解释物种如何通过生态位分化而共存，如资源比率模型（resource ratio model，Tilman，1982）、储藏效应（storage effect，Chesson，2000）、Janzen-Connell 假说（Janzen-Connell hypothesis，Janzen，

1970；Connell，1971）、中度干扰假说（intermediate disturbance hypothesis，Connell，1978；Roxburgh et al.，2004）、竞争–拓殖权衡（competition-colonization trade-off）假说（Tilman，1994）以及植物–土壤负反馈（negative plant-soil feedbacks，Bever et al.，1997）等。

这些理论之间并不完全排斥，它们的共同点在于宣称生态位分化促进物种共存，群落中的每个物种都能从稀有状态（小种群）中恢复，从而避免在局域群落内灭绝（所谓的“稀有种优势”）。然而，生态位理论至少面临两个关键挑战。第一，它很难解释物种多样性极为丰富的群落（如浮游生物、热带雨林、高山草甸等），层出不穷的理论模型和实验结果都只是特定群落中的特定结果，这使得群落生态学产生了很多混乱（Lawton，1999）。面对这种困局，有的生态位理论学家把目光聚集于更为复杂的局域过程，如多物种之间的互作和高阶互作（Levine et al.，2017）。然而，这不仅没有显著提升生态位理论的预测能力，还极大地增加了模型的复杂程度。第二，它存在内在的逻辑不自洽性。事实上，很多有关生态位理论的研究只是观察到了不同物种在某时空内共存于同一个栖息地中，并且物种之间存在生理、形态、物候和生态的差异以及性状之间的权衡，然后把这些差异和权衡作为生态位分化的证据，进而简单地认为这些差异促进了物种共存。然而，这些研究并未证明生态位分化是如何导致物种稳定共存的。这种生态位理论常用的研究范式虽然很早以前就受到了批评（Silvertown，2004；Siepielski and McPeek，2010），但是直到最近才受到“主流”生态学家关注（Hülsmann et al.，2021）。严格说明生态位分化和物种共存之间的因果关系需要证明：当生态位分化被屏蔽掉时，物种不能共存（Silvertown，2004）。Lawton（1999）认为，这些混乱是由过分关注局域群落中物种间以及物种与环境间的相互作用造成的，我们应该把注意力集中在更大尺度上，即从宏生态学（macroecology）的角度来解释局域群落结构。

1967 年，Robert MacArthur 和 Edward O. Wilson 创建的岛屿生物地理学可被看成生态学中性理论的源头，它只考虑了更大尺度上的一个过程——扩散，并没有考虑其他大尺度过程和局域选择过程（MacArthur and Wilson，1967）。Hubbell 早在 1979 年就提出了最初版本的生态学中性理论（Hubbell，1979）；Caswell（1976）和 Bell（2000）也提出了各自版本的中性理论，但这些早期的中性理论均只包括扩散和漂变两个过程，并未引起生态学家的广泛关注。

现代生态学中性理论诞生的标志为 2001 年 Hubbell 出版的《生物多样性与生物地理学的统一中性理论》一书。在该书中，Hubbell 借鉴种群遗传学的中性理论完善了生态学中性理论，综合考虑了漂变、扩散和成种这 3 个基本过程对群落多样性的影响，即所谓的“统一中性理论”。Hubbell 的中性理论有两个基本假设：①中性假设（生态等同性），即每个个体，不管属于哪个物种，都具有相同的出生、死亡、迁移和成种的概率；②零和假设（群落总个体数量保持恒定），即某物种个体数量的增加必然伴随着其他物种个体数量的减少。中性假设相当于假设不同物种的个体具有相同的适合度，即没有选择过程，而在个体总数有限的群落内只要有个体出生、死亡就会导致漂变。在此基础上，群落中性理论解释了不同尺度的物种多样性：在大尺度的集合群落中，物种多样性取决于出生、死亡、物种灭绝和物种形成之间的动态平衡，而在小尺度的局域群落中，物种多样性则由出生、死亡和从集合群落的迁入决定。零和假设则意味着种间竞争作用不仅存在，还非常激烈：每个种多度的增加必然以群落内其他种多度的减少为代价。从这个意义上说，中性理论同样重视局域种间相互作用（如竞争等）。

在解释热带雨林树种的相对多度分布以及种数-面积关系等方面，中性理论获得了巨大的成功（Hubbell，2006）。对中性理论的批评集中在生态等同性的假设（Chave，2004；Harpole and Tilman，2006）。虽然在绝大多数情况下不同物种不可能有生态等同性，并且Hubbell也承认他所研究的雨林树种在生长速率和耐阴能力等方面存在着显著差异，但是他认为这些差异对群落结构的形成并不重要，而发生在个体水平上的统计随机性将成为最主要的决定因素（Bell，2000，2001；Hubbell，2001）。生态位理论和中性理论体现出两种不同的研究范式：①从格局推导理论，即用模型来拟合观测数据，并依据拟合度的高低来评判模型的优劣，此类“理论”可谓多如牛毛；②从过程推导理论并做出预测，多出现于物理学等成熟的自然科学中，在生态学中则属凤毛麟角，中性理论即采用这种范式。此外，生态学中的化学计量学（ecological stoichiometry，Sterner and Elser，2003）和代谢理论（metabolic theory，Brown et al.，2004）也是这种研究范式的典型案例。

生态学家在承认随机性过程的同时试图发展中性理论如生活史权衡中性理论（Lin et al.，2009；Zhou et al.，2015）、生态位-中性连续体概念（Gravel et al.，2006）、随机生态位理论（Tilman，2004）、近中性理论（Zhou and Zhang，2008；He et al.，2012）等使其更符合实际。然而，无论是哪种理论，都是或者放松了绝对意义上的中性假设，即不再假设所有个体都具有相同的出生率、死亡率、迁移率等，但不同物种仍然具有相同的适合度，或者掺入了选择过程，即考虑了局域群落中物种间以及物种与环境间的相互作用而可能产生的影响。

4.3 区域群落生态学

虽然Gleason早在1926年就提出局域群落只不过是各种分布重叠的物种碰巧出现在同一地点的产物（Gleason，1926），但在很长一段时间内人们认为局域过程是局域群落多样性的主要决定因素，因此可以忽略大尺度上进化、历史以及地理因素对局域群落多样性的影响。大量解释生物多样性的理论也只关注局域过程（Palmer，1994），事实上把群落当成了不受外界影响的封闭系统。然而，越来越多的证据表明，区域过程，如物种扩散、进化、历史事件等，是影响局域群落多样性的一个重要因素（MacArthur，1965）。在这样一个背景下，生态学家提出了许多局域与区域过程共同作用影响局域群落多样性的假说，如早期版本的中性理论和区域群落理论（Hubbell，1979；Ricklefs，1987）。

不同于中性理论的发展历程，区域群落理论的发展经历了从质疑“局域群落”到完全摒弃这个概念的过程（Ricklefs，1987，2008，2012，2015）。Ricklefs 认为局域过程决定论（也就是传统生态位理论所坚持的观点）必然会导致 3 个预测：①群落结构在相同环境下趋同；②局域群落可以抵抗外来物种的入侵；③局域物种多样性独立于区域物种多样性。然而，这些预测都遇到了明显的反例（Ricklefs，1987）。许多生态学家发现区域特征经常会对区域和局域多样性产生非常大的影响（Ricklefs and Schluter，1993）。例如，红树林是在世界热带地区基本相同的浅海环境中发展起来的，但在区域和局域物种数量方面差异很大：澳大拉西亚和印度西太平洋地区的红树林多样性远远超过大西洋和加勒比地区（Ricklefs et al.，2006）；温带森林虽然生活在相似的气候下并共享许多相同的树木属，其物种丰富度从欧洲到北美洲东部和东亚却显著增加，可能是由于新近纪晚期气候变冷引起的欧洲物种灭绝（Svenning，2003）以及东亚和北美洲东部之间显著不同的物种形成速率（Qian and Ricklefs，2000）。如果局域环境条件决定了群落内物种多样性，那么区域物种库大小的变异就不会影响局域多样性。Cornell 和 Lawton（1992）总结了各方面的证据，发现局域群落往往是非饱和的，即多样性随区域物种库增大而上升，即群落多样性的高低与地理扩散和物种历史累积等区域历史过程高度相关，并非由当地环境条件唯一决定。由于局域过程决定论的理论预测与事实有相当大的偏差，因此有越来越多的生态学家开始对局域决定论产生怀疑，并开始接受更大尺度上的区域过程（如扩散、成种等）和历史因素（如气候变迁、生物迁移障碍和通道的变动等）可能决定了群落的结构与功能（Ricklefs，1987）。

对区域过程的重视以及进一步否定局域过程的解释力最终导致 Ricklefs（2008）提出应该彻底放弃“局域群落”的概念而直接在区域尺度上分析群落多样性。需要注意的是，Ricklef 并没有抛弃“群落”这个词汇，而是在时间和空间尺度上拓展了这个概念，即所谓的“区域群落”。此时，研究的对象不再是人为划定的局域群落，而是各个物种在整个区域内的分布（图 4-2）。只有理解了物种分布的成因，才能理解局域尺度上物种多样性格局，而对影响物种分布的进化、历史及生态因素的探索将会为群落生态学的发展注入新的活力。虽然 Ricklefs（2008）认为物种分布受到成种、扩散、历史因素以及区域尺度种群之间互作的综合影响，但是哪种过程是主导物种分布或者种群动态的主要驱动力呢？或者说，这些过程之间存在怎样的内在联系呢？

1972 年，Ricklefs 将 Wilson 的类群循环概念（Wilson，1961）运用于研究西印度群岛的鸟类种群动态（Ricklefs and Cox，1972），运用谱系地理学的分析手段进一步揭示不同

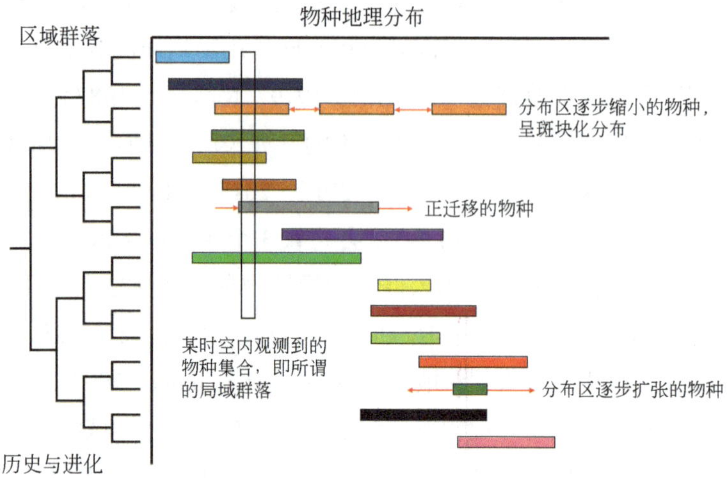

图 4-2　区域群落理论认为局域群落结构取决于区域过程

资料来源：Ricklefs，2016

的鸟类物种，即便是近缘种，其种群可以处于完全不同的状态中，即种群扩张或收缩（Ricklefs and Bermingham，2002）。Ricklefs（2011）发现北美洲东部森林鸟类的种群分布主要由鸟类与专化病原体间的相互作用决定。专化病原体可以专一地影响宿主种群，病原体感染力强时，宿主种群处于收缩状态，分布区缩小，局域密度降低；宿主种群进化出更强的抵抗力后，种群处于扩张状态，分布区扩大，局域密度逐渐增加；随后病原体进化出更强的感染力，促使宿主种群重新进入收缩状态（Ricklefs and Cox，1978；Ricklefs and Bermingham，2002）。宿主-专化病原体协同进化驱动宿主始终处于动态的扩张-收缩循环中。这种情况下，宿主种群动态将不受同营养级其他物种（包括近缘种）种群动态的影响，与区域内近缘种的数目也没有关系（Gaston，1998；Ricklefs，2012）。

Ricklefs（2015）提出：①大多数物种具有相似的生态需求（或者说生态位广泛地重叠），利用资源的能力大致相当，因此种间竞争是广泛存在但非关键的过程（否定了竞争等局域过程的重要性）；②种群大小和地理分布主要受宿主-专化病原体协同进化驱动，进化不稳定；③种群扩张-收缩循环可驱动异域物种形成；④种群内在循环与区域内气候、地理特征共同决定了该区域的多样化速率（diversification rate）和物种多样性的上限。以上是 Ricklefs 区域群落理论的主要观点，其核心思想（或者灵魂）是区域群落动态的内在性（intrinsic dynamics of the regional community）。“内在性”是指区域群落本身所固有的特征，体现了系统内种间互作的遗传和种群动态结果，与气候、地理等外在因素无关（Ricklefs，2015）。区域群落动态的内在性包括 8 个论点，下面我们结合研究证据对它们逐一进行详细介绍。

1. 物种多样性是区域特征

区域物种多样性通常与影响物种形成和灭绝的区域大小和其他地形特征有关（Kisel et al., 2011；Wagner et al., 2014）。局域与区域物种多样性呈正相关，表明区域过程可直接影响局域尺度（Ricklefs, 1987；Cornell and Lawton, 1992；Harrison and Cornell, 2008）。化石记录表明尽管物种更替持续发生，许多高等分类群在物种数量上却表现出长期、区域内的稳定性（Alroy, 2000；Jaramillo et al., 2006），这表明物种的形成和灭绝在区域内是相对平衡的。

2. 物种具有相似的生态需求，生态位可广泛地重叠

Hutchinson（1959）和 MacArthur（1958）认为共存物种必须通过生态位多样化以减少竞争。然而，物种多样性与资源数目没有明显关系。例如，1hm^2 热带森林可能长有数百个树种，但所有物种竞争或者分享仅有的几类资源，如光、水分和养分。物种的生态位和地理分布可以广泛地重叠（图 4-2）。尽管生态位分化是当代许多生态学理论（生态位理论）的主导思想，但物种多样性是否与可用生态位空间或其分割方式有关，以及每个物种是否单独占据某部分生态位空间，从而维持种群的延续，仍是悬而未决的问题。

大部分生态学家继承达尔文的观点，认为亲缘关系更近的物种之间具有更相似的生态需求或者生态位重叠更大，因而种间竞争及其对种群的抑制作用应该更强。然而，不断增加的证据表明种间竞争结果难以用谱系关系来解释（Cahill et al., 2008；Mayfield and Levine, 2010；Fritschie et al., 2014）。例如，在分析了局域尺度内树木和鸟类群落后，Ricklefs 发现物种丰富度与局域内近缘种（尤其是同属或同科物种）数目之间没有明显的关系（Ricklefs, 2010, 2011, 2012）。这些证据表明近缘种之间可能不存在更强的竞争关系，种间竞争是发散的，每个物种均受其他物种（无论是近缘种还是远缘种）所引起的资源量下降的影响（Siepielski et al., 2010；McGill, 2010）。竞争不太可能是决定局域生物多样性格局的关键因子。

3. 物种可侵入适宜生境，与是否存在潜在竞争者无关

外来种在适宜的新环境中获取资源，建立种群并扩张，成为“入侵种”（Sax et al., 2007；Bellemain and Ricklefs, 2008；Schaefer et al., 2011）。入侵种的成功说明它可能并不受入侵地潜在竞争者如近缘种（同属或者同科的物种）的影响，或者说本地群落并不能有效抵抗外来种的入侵。那么，入侵种群扩张的关键驱动因子是什么呢？Ricklefs 认为缺乏专化病原体可能是入侵成功的主要因素。例如，大陆群落的物种多样性比岛屿群落高得多，生态位空间被本地种充分占据，但如果岛屿物种脱离了原产地专化病原体的影响，其

就可以在新栖息地快速扩张并成为入侵种（Bellemain and Ricklefs，2008）。此外，针对本地种群落的研究表明物种的局域丰富度与种内互作的强度有关。例如，Comita 等（2010）发现在巴拿马巴罗科罗拉多岛的热带森林中相邻树木对同种幼苗存活有强烈影响，但对异种幼苗没有影响，并且样地中每个物种的丰富度与种内效应的强度成反比，但与其他物种的相对丰富度无明显关系。Mangan 等（2010）则运用实验手段证明这种种内互作的主要媒介是专化土壤病原体。随着到达入侵地时间的延长，若原产地的专化病原体成功地扩散到入侵地，或者新的专化病原体在入侵地进化产生，入侵种群的扩张可能会减弱甚至开始收缩。

4. 历史上物种分布范围和多度是不断变化的

生态学家通常认为进化上保守的性状在决定物种生态地理分布方面的重要性（Cavender-Bares et al.，2009）。然而，很多研究在分析了物种的地理分布和局域丰富度后发现，虽然同属物种具有更相似的进化特征，但是它们之间的差异解释了物种间分布范围和局域丰富度方面的大部分差异（Gaston，1998；Ricklefs，2011；Sheth et al.，2014）。大陆内物种的平均分布区大小与该大陆所能提供的适宜栖息地大小以及气候的稳定性（没有冰川作用）有关，但大陆内各物种的分布范围与环境因子没有明显联系（Morueta-Holme et al.，2013）。例如，哺乳类食肉动物的平均分布范围受每个物种所处大陆大小的限制，但大陆内各物种分布却显示出很低的系统发育保守性（Machac et al.，2011）。姐妹种（sister species）在分化形成后，分布区的变化是彼此独立的（Barraclough and Vogler，2000）。例如，Anacker 和 Strauss（2014）对加利福尼亚州植物区系内 71 对姐妹种进行分析，发现物种间分布区变化没有系统发育信号，80% 的姐妹种分布区部分重叠，但分布区大小却可以相差 10 倍。

5. 种群大小变化是宿主与专化病原体协同进化的结果

近缘种之间存在种群大小和分布范围的差异，意味着除了随机因素外专一性因子（只对特定物种有影响）也会造成物种间分布和种群大小的差异。虽然生态学家通常认为物种对环境胁迫的适应性变化导致了物种分布和种群大小的变化，但是专化病原体也可以导致这种格局。专化病原体通常会感染一种或几种亲缘关系相近的宿主（Poulin et al.，2011），并能够对种群产生毁灭性影响［如牛瘟、夏威夷蜜橘中的禽疟疾、榆树荷兰病、栗疫病等（Ricklefs，2010）］。当专化病原体降低了宿主种群增长率时，宿主种群收缩并被限制在最适宜物种存活和生长的生境中。在宿主获得新突变而增强了对病原体的抵抗力或在病原体受到自身病原体的影响后，宿主种群则开始扩张并增加其分布范围。宿主–病原体协同进化可以解释区域群落中物种间分布和种群大小的差异和进化不稳定性（Pimentel，1968；

Ricklefs and Cox, 1972)。

6. 种群大小改变发生在很长时间尺度上，是稀有突变所致

突变是遗传变异的重要来源，大多数突变对种群是有害的，提升种群的感染力或者抵抗力的有益突变产生速度缓慢且数量非常稀少。但在有益突变产生后，宿主–病原体相对平衡的状态被打破，一方相对于另一方处于优势地位，推动种群扩张–收缩循环（Blount et al., 2012）。亲缘地理学分析揭示在西印度群岛的鸟类中，种群扩张和收缩阶段以很长的间隔出现，长达数十万年（Ricklefs and Bermingham, 2007；Bellemain et al., 2008）。

7. 种群扩张和收缩驱动生物多样化

异域物种形成（allopatric speciation）是生物多样性化的主要途径。在地理屏障阻断了个体在种群之间的迁移后，相互隔离的种群独立进化，性状逐渐分化并最终产生遗传不兼容性（genetic incompatibility)，形成了新物种（姐妹种)。持续的低速率扩散也许可以跨越隔离屏障维持种群，但不足以阻止它们分化，尤其是当不同基因在屏障两侧处于强选择时。物种扩散速率受它与病原体协同进化的动态影响。当种群处于扩张状态时，物种的扩散能力很强，不太可能受隔离障碍的影响，但当种群处于收缩状态时，物种的扩散能力很弱，隔离障碍会有效地阻隔个体的迁移，导致分布区不连续分布，产生互相隔离的种群（图4-2)（Smith et al., 2014)。种群扩张–收缩循环可能促进了异域物种形成过程（Ricklefs, 2015)。

8. 宿主–病原体协同进化有时可使整个进化分支坍塌

如上一个论点所述，宿主种群的周期性扩张和收缩可以导致新物种的产生，增加同一个进化分支上的物种数目。同理，某分支的物种如果受一种和一类专化病原体的影响且专化病原体的感染力极强，就会阻碍宿主种群的分化和持续，整个分支的物种可能灭绝，从而导致分支坍塌（clade collapse)。例如，Ricklefs 和 Jønsson（2014）发现来自南亚和非洲的两个雀形目鸟类姐妹分支（类似姐妹种）经历了相似的物种多样化过程，但却通过两种不同的机制突然降低物种多样性，而这种变化极有可能是由专一影响进化分支的特异性病原体导致的。专一影响整个宿主分支的病原体家系在动物和植物中多有记录（Gilbert and Webb, 2007)，它们的进化和多样化速率可能比宿主快得多。

4.4 小结

如 Ricklefs 所讲，区域群落理论以及群落动态内在性的主要论点仍然是尚未被充分检

验的假说（Ricklefs，2015）。这些假说大多是大时间和空间尺度的生态学过程，因而可以预料不易被检验。在当今大数据时代，由于数据测量和分析手段的不断进步，洲际甚至全球尺度的生态数据、分子遗传数据、地理数据和分类学数据（尤其是微生物）大量积累，提供了前所未有的契机和便利来检验大尺度区域过程的发生和结果。区域群落理论显然会受到“主流”生态学家的批评（但很容易被进化生物学家和生物地理学家接受），因为它否定了局域过程的重要性和局域群落的概念，而这些恰恰是生态位理论的基础。然而换一个角度看，区域群落理论重视区域过程的作用，尤其是强调宿主-专化病原体协同进化的核心作用，为生态学家提出新假说和发展新理论贡献了新理论框架。如同物理学的发展一样，生态学走向成熟的过程必然会不断抛弃一些理论和概念，尤其是那些模糊不清并难以被量化检验的理论和概念。

技术与方法篇

第 5 章　系统发育基因组学*

系统发育学（phylogenetics）是重建生命之树的科学。构建物种树最初依赖于形态学数据，而分子数据（核酸和蛋白质序列）则提供了更为强大和丰富的信息来源。20 世纪 60 年代后，分子系统发育依赖于一个或几个基因的信息，通常使用桑格（Sanger）测序（Field et al.，1988；Aguinaldo et al.，1997）生成。2010 年后，二代测序技术的发展产生了包含大量基因的大型数据集（Telford et al.，2015），基因组和转录组测序的简易性和低成本也意味着可以考虑更多的类群数量（Lewin et al.，2018）。这一发展已经将分子系统发育学（molecular phylogenetics）转变为系统发育基因组学（phylogenomics）。在该领域中，研究工作者可以使用涉及成百上千个基因的数据甚至是全基因组数据来推导物种谱系关系。本章将描述系统发育基因组学流程中的一些重要环节，包括预测直系同源基因、多序列比对、系统发育关系推导，并在各个环节中给出关于模型和方法选择的建议，以避免造成潜在的建树误差。

5.1　预测直系同源基因

如果两个基因是从一个祖先的基因继承而来的，那么它们就是同源的（homologous）。直系同源是同源的一种特殊类型，即不同物种的基因由于物种形成事件而彼此分离。其他形式的同源关系包括旁系同源（paralogy），即两个物种的基因来自比两个物种共同祖先时间更早的基因复制事件。直观上直系同源只与物种形成事件相关，所以能更准确地反映物种间的进化历史。因此，长期以来人们认为获得直系同源基因是重建物种系统发育关系的重要步骤。

上述定义的直系同源建立在成对物种的基础上，但将直系同源推广到两个以上物种并不容易。基因复制事件使得直系同源不单是一对一关系（还可能是一对多或多对多关系），导致直系同源关系不具有传递性。例如，图 5-1 中 a_1 是 c 的直系同源基因，c 是 b_2 的直系同源基因，但是 a_1 与 b_2 却为旁系同源关系。这一困难使得很多方法定义直系同源基因群（orthologous group）的概念和划分基因成组的策略各不相同。在本章中我们指定，若基因集

---

* 本章作者：庞晓旭、林魁、张大勇。

合中任意两个基因都互为同源，即所有基因共享同一祖先基因，这样的基因集合称为基因家族（gene family）。若以推断物种间的谱系关系为目标，我们更需要这样的基因集合，即集合中任意两个基因都互为直系同源，在这里我们将其作为直系同源基因群的定义。

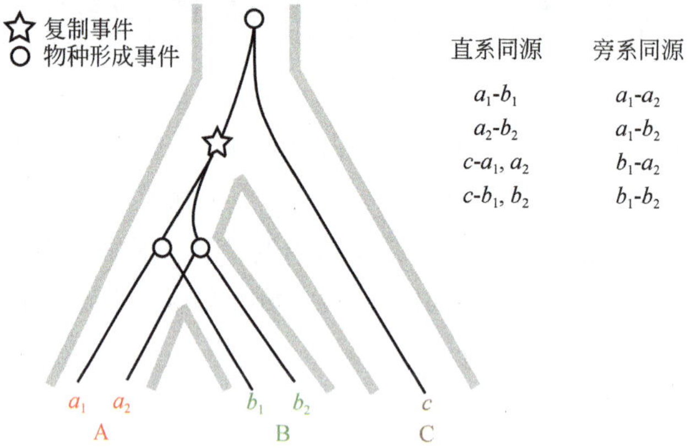

图 5-1　直系同源与旁系同源

白色筒状拓扑代表物种树，黑线代表基因树，基因树的内节点被标注为发生的进化事件。可溯祖到物种形成事件节点的基因对互为直系同源，如 a_1 和 b_1；因复制事件而分离的基因对互为旁系同源，如 a_1 和 b_2。由于存在复制事件，直系同源除了一对一关系，还存在一对多、多对多关系，如 c 和（a_1，a_2）为一对多直系同源关系

预测直系同源基因群的方法主要分为树法（tree-based）和图法（graph-based）两类（表 5-1）。树法需要给定基因家族的系统发育树，通过“物种重叠”（对于每个基因树内节点，若以子节点为根的两个子树间存在来自同一物种的基因，则将其注释为基因复制，否则注释为物种形成）或基因树/物种树调和（gene tree-species tree reconciliation）方法为基因树内节点注释进化事件。若两个基因溯祖到物种形成节点则为直系同源，若两个基因在复制节点分离则互为旁系同源。这些方法在概念上最接近直系同源基因的定义，但需要构建基因树，计算成本较高。此外，基因树/物种树调和方法还需要给定一棵物种树，通过该方法获得的直系同源基因再被用于推导物种树显然是不合理的。PhylomeDB（Huerta-Cepas et al., 2014）数据库提供使用“物种重叠”方法获得被标注的基因树，用户可从被标注的基因树中获得直系同源基因群。

表 5-1　直系同源基因推断方法

方法	类型	内容介绍	链接	参考文献
BUSCO	图法	基于通用单拷贝基因数据库在新物种中鉴定直系同源基因。最初被开发用于评估基因组组装完整性	http://busco.ezlab.org/	Waterhouse et al., 2018

续表

方法	类型	内容介绍	链接	参考文献
COG	图法	获得的基因集合中同时包含直系同源基因和旁系同源基因，本质上是共享一个祖先基因的后代集合	https://www.ncbi.nlm.nih.gov/research/cog	Tatusov et al., 1997
OMA	图法	推导直系同源基因群，集合任意两个基因都是直系同源	https://omabrowser.org/standalone/	Altenhoff et al., 2018
OrthoMCL/ OrthoFinder	图法	基于 BLAST 序列相似性对多个物种的基因进行分组，获得的基因集合中同时包含直系同源基因和旁系同源基因，本质上是共享一个祖先基因的后代集合。OrthoFinder 在 OrthoMCL 的基础上，修正了与 BLAST 比对和基因长度相关的偏差	https://orthomcl.org/orthomcl/ https://github.com/davidemms/OrthoFinder	Li et al., 2003; Emms and Kelly, 2015, 2019
PhylomeDB	树法	利用物种重叠方法为基因树的内部节点标注进化事件，从而鉴定直系同源基因群	http://phylomedb.org/	Huerta-Cepas et al., 2014
Proteinortho	图法	Proteinortho 的升级版 PoFF 结合基因位置信息，提高了预测直系同源基因的准确度	https://gitlab.com/paulklemm_PHD/proteinortho	Lechner et al., 2014

相比于树法，图法具有计算效率高、可应用于大数据集的优点。图法依赖于一个假设：对于一个物种树，某个基因与其直系同源基因的相似度应高于该基因与另一物种中任何其他基因的相似度。直系同源的概念产生了最流行的图法——双向最优匹配（bidirectional best hits，BBH）（Overbeek et al.，1999）以及后来衍生的相互最短距离（reciprocal shortest distance，RSD）（Wall et al.，2003）。然而，BBH 和 RSD 只能针对成对物种，不能直接推广到多物种上。最容易理解的成组方法是获得的以基因为点、任意两基因都满足 BBH 或 RSD 条件而成边的完全图（complete graph）。这样获得的基因群中任意两个基因都互为直系同源，也就是直系同源基因群。例如，图 5-1 中的基因 a_1、b_1 和 c 在各物种间彼此距离最近，基于 RSD 可形成一个全连通子图。这种成组方法不容易混入旁系同源基因，但计算复杂度高，也会由于条件过于严苛，检测到的正确的直系同源基因群占所有真实直系同源基因群的比例很低（Altenhoff et al.，2019），采用这种方法的工具有 OMA 数据库（Altenhoff et al.，2018）。更为普遍地，另一类成组方法避开了直接鉴定直系同源基因群的困难，试图获得共享某祖先物种中的同一祖先基因的基因家族，将直系同源基因和旁系同源基因全都包括进来，相关的方法有 COG 数据库（Tatusov et al.，1997）、OrthoMCL（Li et al.，2003）和 OrthoFinder（Emms and Kelly，2015，2019）等。其中，OrthoMCL 基于序列相似性采用马尔可夫聚类（Markov clustering）方法鉴定高度关联的同源基因簇（orthogroup）。OrthoFinder 在 OrthoMCL 的基础上修正了基本局部比对搜索工具

(Basic Local Alignment Search Tool, BLAST) 比对和基因长度相关的偏差。对于这一类成组方法，应用者由于无法从多拷贝基因家族中排除旁系同源基因，一般只使用单拷贝基因家族（single-copy genefamily）构建物种树，简单地假定单拷贝基因家族成员都互为直系同源。此外，共线性（synteny）信息可以帮助鉴定直系同源基因。近缘物种间，染色体上的大多基因顺序保持一致，利用位置信息可以帮助进一步核查基因间是否满足直系同源关系。软件 Proteinortho 的 PoFF 版本（Lechner et al., 2014）结合基因序列相似性信息和基因位置信息，可以从基因家族中排除一部分旁系同源基因，从而更准确地鉴定直系同源基因群（图 5-2），但共线性方法不适用于远缘物种和组装片段化的基因组。不同于从头预测方法，基准通用单拷贝直系同源基因（Benchmarking Universal Single-Copy Orthologues, BUSCO）软件（Waterhouse et al., 2018）基于通用单拷贝基因数据库（这些基因很可能在进化过程中具有重要的生物学功能，其旁系同源基因往往不易被保留）鉴定新物种中相应的直系同源基因。

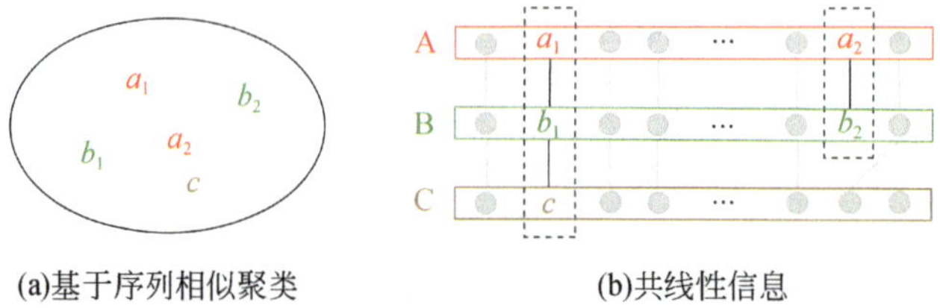

图 5-2 利用共线性信息预测直系同源基因

(a) 大部分基于图法的直系同源基因推断软件（如 OrthoMCL 和 Orthofinder）只利用序列相似性信息进行聚类，最终获得共享某祖先基因的后代集合，其中包含直系同源基因和旁系同源基因，如图 5-1 中基因树的所有端点基因 a_1、a_2、b_1、b_2 和 c。(b) 由于直系同源基因在染色体上相对位置保守，利用位置信息可以排除无法共线性上的旁系同源基因 a_2 和 b_2，从而鉴定真正的直系同源基因群 a_1、b_1 和 c。图中基因组间黑色和灰色的实线连接可共线性的基因

在这里我们给出两种可以保留使用的其他类型的基因家族。①在某些物种中数据缺失（missing data）的单拷贝基因家族。有研究表明很多物种树推断方法对数据缺失表现出较强的稳健（Driskell et al., 2004; Philippe et al., 2004; Xi et al., 2016; Molloy and Warnow, 2018），使用包含缺失数据的基因家族使基因座数目增多带来的积极影响大于消极影响（Wiens and Morrill, 2011; Hosner et al., 2016）。因此，研究者可以通过放松数据缺失水平的阈值获取更多基因座数据。②发生支系特异复制事件的基因家族。对于只在物种树末端支系上发生复制事件的基因家族，即在所有物种中随机选取一个基因拷贝，依然可以获得的直系同源基因群。虽然该方法使可用基因座迅速增加，但是识别这类基因家族需要构建基因树，导致计算量增加。

复制丢失事件在基因家族进化过程中十分频繁。基因复制后又发生差异基因丢失［图 5-3（b）］可导致树法和图法将旁系同源错误地识别为直系同源。基于共线性信息的方法

可以降低发生这种错误的概率，但对串联复制（tandem duplication）、片段复制（segmental duplication）或全基因组复制（whole genome duplication，WGD）不起作用，因为此时旁系同源基因仍可形成共线性关系。此外，其他的进化事件，如水平基因转移、基因渐渗（introgression）、基因座内重组（intralocus recombination）等，则可能进一步模糊基因家族关系。事实上，尽管目前预测直系同源基因的软件很多，但是没有一种方法可以处理复杂的进化场景，不能准确地预测直系同源基因。

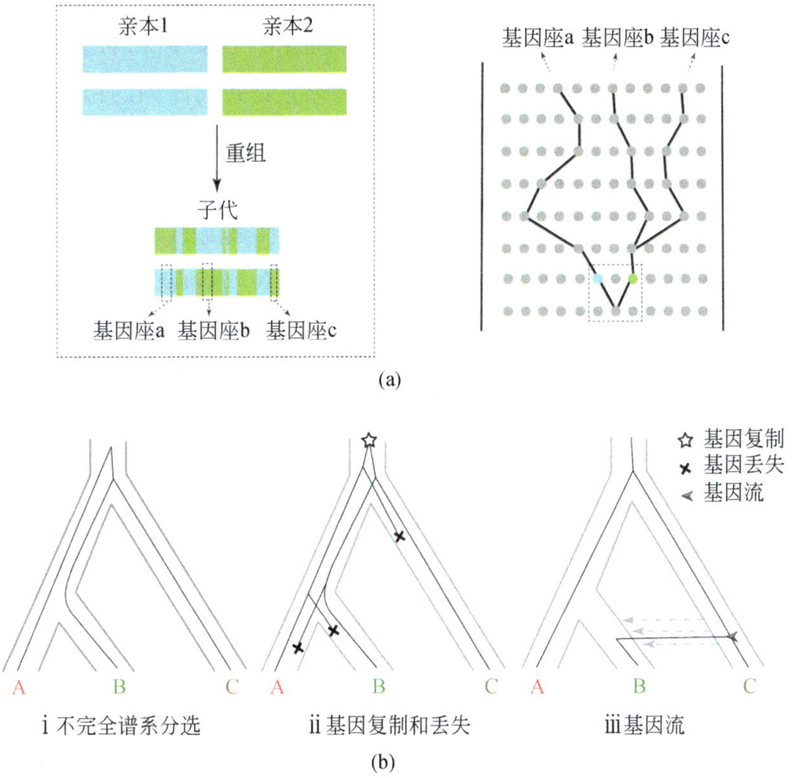

图 5-3　基因树与物种树的冲突

(a) 重组使两个单倍体之间发生基因片段交换，在经过很多世代后，基因组的不同基因座拥有不同的溯祖历史。(b) 溯祖过程的随机性造成不完全谱系分选；基因复制和丢失事件产生包含旁系同源基因的单拷贝基因家族；基因流导致遗传物质的横向传递。上述 3 种生物过程均造成基因树拓扑与物种树拓扑不一致

5.2　多序列比对

由于核苷酸片段的插入或缺失，基因在不同物种间的长度通常是不同的。即使长度相同，相同位置的残基也不一定是同源的。识别基因间的同源残基需要对基因序列进行比

对。通过增加序列内的空位（gap），在最终获得的多序列比对（multiple sequence alignment，MSA）中，每列的残基都应该来自共同祖先残基。精确的比对是进化关系推断的基础。当比对编码蛋白质的 DNA 序列时，核苷酸自然进化是以一个密码子为单位的，而不是以单核苷酸为单位的。这种特性以及蛋白序列比核酸序列变化慢的事实意味着先在蛋白水平进行初始比对，然后以氨基酸比对指导核苷酸比对的方法是更合适的（Abascal et al.，2010）。

多序列比对算法主要分为三大类（表 5-2），最常用的是渐进法，应用该算法的软件包括 Muscle（Edgar，2004）、Clustal（Higgins and Sharp，1988）和 MAFFT（Katoh et al.，2005）（FFT-NS-1、FFT-NS-2 等）。这些方法首先粗略估计每对序列的相似程度，利用这些信息生成代表序列之间关系的近似指导树，其次根据指导树的远近关系，将最相似的序列进行双序列比对，将比对结果合成一条新的序列，并逐步添加更接近的序列来建立多序列比对。渐进法的主要缺点是容易陷入局部最优，避免局部最优的最常见策略是使用基于一致性（consistency-based）的方法，软件包括 T-Coffee（Notredame et al.，2000）和 MAFFT 的一些版本（FFT-NS-i、L-INS-i、E-INS-i 和 G-INS-i 等）。该方法进行成对的双序列比对并且为每个序列对记录多个可替代的高得分解决方案，随后获得使所有序列对之间的一致性最大化的多序列比对。基于一致性的方法计算速度较慢，但总体上比渐进法更准确。计算成本最高的方法是基于进化的方法，如 BAli-Phy（Suchard and Redelings，2006）和 StatAlign（Novak et al.，2008），它们使用描述插入和缺失的进化模型，在贝叶斯框架中共同推断出序列比对和基因树。

表 5-2　多序列比对方法

方法	类型	内容介绍	链接	参考文献
Clustal	渐进法	对核酸或蛋白序列进行多序列比对	http://www.clustal.org/	Higgins and Sharp，1988
Muscle	渐进法	对核酸或蛋白序列进行多序列比对。与 Clustal 软件相似，但计算速度更快	http://www.drive5.com/muscle	Edgar，2004
MAFFT	渐进法和基于一致	对核酸或蛋白序列进行多序列比对。实现了几个不同的算法（FFT-NS-i、L-INS-i、E-INS-i 和 G-INS-i 等），以适应不同的序列特征	https://mafft.cbrc.jp/alignment/software/	Katoh et al.，2005
BAli-Phy	基于进化	基于描述片段插入和缺失的模型，在贝叶斯框架中联合估计比对（核苷酸、密码子或氨基酸序列）和系统发育树；可执行祖先序列重建	http://www.bali-phy.org/	Suchard and Redelings，2006

续表

方法	类型	内容介绍	链接	参考文献
StatAlign	基于进化	基于描述片段插入和缺失的模型，在贝叶斯框架中联合估计比对（核苷酸或氨基酸序列）和系统发育树；提供图形界面，可以考虑蛋白质结构信息	https://statalign.github.io/	Novak et al., 2008
Gblocks/trimAI/GUIDANCE2	比对过滤	基于比对质量（如 gap 比例或序列相似性）的标准进行过滤的，或者仅保留对比对参数变化具有稳健性的碱基位点。但严格的过滤会对下游分析产生消极影响，应谨慎使用过滤参数	http://phylogeny.lirmm.fr/phylo_cgi/one_task.cgi?task_type=gblocks http://trimal.cgenomics.org/ http://guidance.tau.ac.il/	Talavera and Castresana, 2007 Capella-Gutiérrez et al., 2009 Sela et al., 2015

MAFFT 的 L-INS-i、E-INS-i 和 G-INS-i 三种算法是特别适用于系统发育基因组数据集（Young and Gillung, 2020），能够同时确保高准确性和高效处理大规模序列数据集的能力。具体而言，当序列长度相近且不存在大片段 gap 时，采用 G-INS-i 最为适宜；当序列中部存在单一保守结构域而两侧区域难以对齐时，L-INS-i 算法表现出最佳性能；若序列包含多个保守区域且其间存在较长的非对齐片段，则推荐使用 E-INS-i 算法。值得注意的是，对于大多数系统基因组数据集而言，E-INS-i 算法可能是最优选择，这主要归因于其对数据假设的局限性最小，并且在处理序列中的非对齐区域方面具有显著优势（Young and Gillung, 2020）。

多序列比对错误会直接影响随后的系统发育关系推导。存在两种有问题的多序列比对区域——信息稀有区域和错误比对区域（Ranwez and Chantret, 2020）。信息稀有区域是指大多数位点存在 gap 的区域。很难说这些区域比对是否正确，但无论如何，这些区域几乎没有进化信号。信息稀有区域不太可能对系统发育推断造成影响，但会扰乱自展分析而给出低的支持率。错误比对区域即该区域的比对残基有共同祖先的假设是错误的。一般来说，在信息稀有区域的邻近区域以及特征（核苷酸或氨基酸）高度偏好或存在重复基序的区域会出现比对错误。目前存在很多比对过滤的软件，如 Gblocks（Talavera and Castresana, 2007）、trimAI（Capella-Gutiérrez et al., 2009）、GUIDANCE2（Sela et al., 2015）等。这些软件一般都是基于比对质量（如 gap 比例或序列相似性）的标准进行过滤的，或者仅保留对比对参数变化稳健的残基位点。但是比对过滤对下游系统发育分析质量影响的研究结果各有不同。有研究表明在进行系统发育分析时，轻度过滤（去除 gap 比例 20% 以上的位点）对建树几乎没有影响，而严格的过滤标准有消极作用（Tan et al.,

2015；Portik and Wiens，2021），因此应谨慎使用比对过滤软件。

5.3 基 因 树

得到基因家族的多序列比对后，可以进行基因树推导。单个基因家族的成员源于同一个祖先序列，并沿着基因树随机发生突变，得到现有的序列（图 5-4）。现代系统发育树推断方法可基于比对序列推断基因间的谱系关系。

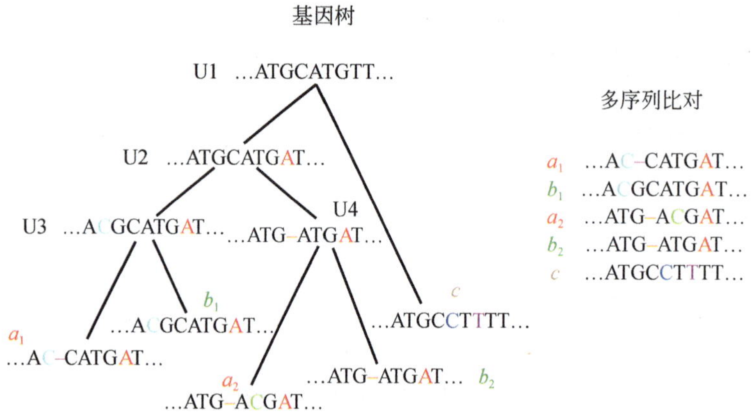

图 5-4 序列沿着基因树进化

祖先序列沿着基因树发生随机突变获得家族成员的序列。相对于序列 U1，序列 U2 在第 8 个碱基位点发生突变 T→A，c 的第 5 个和第 7 个位置分别发生突变 A→C 和 G→T；相对于序列 U2，序列 U3 和 U4 分别在第 2 个位置发生突变 T→C 以及第 4 个位置发生碱基缺失；相对于序列 U3，a_1 在第 3 个位置发生碱基缺失；相对于序列 U4，a_2 在第 6 个位置发生碱基突变 T→C

系统重建方法包括最大简约法（maximum parsimony，MP）、基于距离的方法（distance based method）、最大似然法（maximum likelihood，ML）和贝叶斯推理（Bayesian inference，BI）方法。MP 旨在搜索一棵系统发育树，使得特征状态变化总次数最小。但是该方法不能识别序列进化中平行置换、多重置换情形，不能容纳序列进化过程的异质性特征。例如，不同状态转化速率不同（如转换和颠换的速率差异）以及不同位点进化速率不同（例如，第 3 个密码子比第 1 个和第 2 个密码子具有更高的进化速率），容易发生长枝吸引（long-branch attraction，LBA）（Siddall and Whiting，1999）。基于距离的方法计算序列间的进化距离，并依据得到的距离矩阵重建一棵系统发育树。该方法依赖于距离矩阵的正确性，不适用于远源物种（Yang and Rannala，2012）。

ML 与 BI 方法是目前最常用的系统发育关系重建方法，这两种方法都依赖于特征置换模型和似然值计算。给定置换模型和树拓扑，似然函数 $L(\theta)$ 代表得到观测数据的概率（θ

包括置换矩阵中的参数以及树的枝长）。对于任一树拓扑，ML 估计通过最大化似然函数估计参数 θ，实现最高似然值的树为 ML 树。不同于 ML 估计将参数值认定为某个固定的常数，BI 方法认定参数为服从某个统计分布的随机变量。在分析之前，需要为每个参数设置一个先验分布，然后结合数据来推导后验概率（posterior probability）。可将具有最大后验概率（maximum a posteriori，MAP）的树拓扑结构作为真实树的点估计。ML 和 BI 方法虽然对 LBA 的鲁棒性比 MP 强（Yang and Rannala，2012；Kapli et al.，2020），但使用的置换模型不正确或过于简单时仍会受到 LBA 影响。常用的 ML 软件包括 RAxML-ng（Kozlov et al.，2019）、IQ-TREE2（Minh et al.，2020）。RAxML-ng 和 IQ-TREE2 都相当用户友好，有详细的指导手册，特别是 IQ-TREE2，拥有有效的树搜索算法、自动模型选择功能和超快的自展分析，并提供了多种可以包容序列进化异质性的置换模型。常用的 BI 软件包括 BEAST（Suchard et al.，2018）、BEAST2（Bouckaert et al.，2019）、PhyloBayes（Lartillot et al.，2013）以及 RevBayes（Höhna et al.，2016）。

基于距离的方法、MP 和 ML 的最后结果是真实树的一个点估计，我们最好再为它附加一个可靠性测度。最常用的方法为自展法（Felsenstein，1985），该方法通过对原始数据集的位点重新抽样，产生一批与原数据相同位点数目的伪数据集，称为自展样本（bootstrap sample）。每个自展数据集采用与原始数据集相同的方法来分析以重建系统发育树。对于原始数据集推导的树中的每个分支，所有自展树中包含该分支的比例称为该分支的自展支持（bootstrap support），但获得的自展支持不能得到合理的解释（Susko，2009）。相比之下，很容易解释贝叶斯统计法的结果，树的后验概率就可以简单理解为在给定的模型和数据下树为正确结果的概率。单个树的后验概率可以非常低，软件也给出分支概率，通过汇总抽样进程中访问过的树间共用的分支，对给定树的每个分支给出包含该分支的抽样树的比例，这一比例称为后验分支概率（posterior clade probability）。在系统基因组数据集的分析中，一个常见的现象是，不管这种关系是否正确，自展支持和后验分支概率（接近 100%）都非常高，并且对于贝叶斯后验概率来说尤其明显（Yang and Rannala，2012）。在基因组规模的数据集中，随机误差变得微弱，这种对不正确关系的强烈支持通常来自系统错误。

5.4 物种系统发育关系推导

单个基因座是物种系统发育关系推导的底层独立样本。由于基因重组，同一基因组的不同（距离较远的）基因座具有近似独立的进化历史［图 5-3（a）］。进一步地，由于多种生物过程，如祖先物种的多态性、基因复制和丢失（gene duplication and loss，GDL）、水平基因转移或基因流，独立进化的基因座甚至可能具有不同的系谱历史（Maddison，

1997；Nichols，2001）［图 5-3（b）］。祖先的多态性意味着当我们追溯单个基因座的历史时，来自不同物种的直系同源基因可能不会在它们到达共同祖先物种前完成溯祖。因此，这些基因可能具有与物种树不同的树拓扑结构，这种现象被称为不完全谱系分选（ILS）。如果物种树的内部分支较短且祖先物种的种群规模较大，则更容易造成不一致。基因复制和丢失会通过向基因树中增删分支增加基因树异质性（gene tree heterogeneity）。一般来说，发生此类事件会导致一个物种具有多拷贝基因，通常我们会将其从系统发育数据集中删除。然而，更为隐蔽的情况是，物种间的拷贝差异丢失，基因家族呈现单拷贝状态，其隐藏的旁系同源基因不能被轻易识别出来（Smith and Hahn，2021）。虽然生物学物种概念规定物种之间存在生殖隔离（Mayr，1999），但是人们越来越意识到生殖隔离并不是一定的，基因流在近缘物种或种群间是普遍存在的（Coyne and Orr，1997；Mallet et al.，2007）。该过程伴随着遗传物质的横向传递，使得基因座的进化可以突破物种树中各物种间的屏障边界，可能导致基因树与物种树的不一致。因此，单个基因树不能反映物种的进化关系。

将成百上千个基因座数据整合到物种树推断中所面临的一个主要挑战是，整个基因组的不同基因座往往存在着相互冲突的系谱历史，解决物种间的谱系关系并不只是应用更多的数据那么简单（Degnan and Rosenberg，2009）。通过全面描述基因座的进化历史解释基因树异质性是准确重建物种系统发育关系的基础，只考虑简单的、同质的进化模型（不能考虑到真实发生的进化事件）很可能导致物种系统发育关系推导出现系统误差（Degnan and Rosenberg，2009；Leaché et al.，2014）。根据解释的进化事件的类型，目前的物种系统发育关系推导方法主要分为串联法（不解释进化事件）、基于溯祖模型的方法（解释 ILS）、利用旁系同源基因推导物种树的方法（解释 GDL 和 ILS），以及系统发育网络推导方法（解释 ILS 和基因流）四类（表 5-3）。

表 5-3 物种系统发育关系推断方法

方法	类型	内容介绍	链接	参考文献
RAxML-ng	串联法	最大似然法。允许划分模式（partition model），为大型系统发育分析而设计	https://github.com/amkozlov/raxml-ng	Kozlov et al.，2019
IQ-TREE	串联法	最大似然法。拥有有效的树搜索算法、超快的自展分析、快速的自动模型选择功能，并提供了多种可以包容序列进化异质性的置换模型	http://www.iqtree.org/	Minh et al.，2020
BEAST	串联法	贝叶斯方法。可用于物种分化时间估计	http://beast.community/	Suchard et al.，2018

续表

方法	类型	内容介绍	链接	参考文献
PhyloBayes	串联法	贝叶斯方法。实现了 CAT 模型，用于解释蛋白质进化的位点异质性	http://www.atgc-montpellier.fr/phylobayes/	Lartillot et al., 2013
StarBEAST3	基于溯祖模型(解释 ILS)	全似然法。用于推断物种树和种群遗传参数估计	https://www.beast2.org/	Douglas et al., 2022
BPP	基于溯祖模型(解释 ILS)	全似然法，用于物种树推断、基因流模型选择、物种鉴定以及种群遗传参数估计	https://github.com/bpp/bpp	Rannala and Yang, 2017 Flouri et al., 2020
ASTRAL	基于溯祖模型(解释 ILS)	两步物种树推断方法，输入无根基因树拓扑，输出无根物种树	https://github.com/smirarab/ASTRAL	Mirarab et al., 2014
NJst	基于溯祖模型(解释 ILS)	两步物种树推断方法，基于节点距离构建距离矩阵推断物种树，可用于处理多拷贝基因家族	https://github.com/souryacs/STAR_GLASS_STEAC_NJSt	Liu and Yu, 2011
MP-EST	基于溯祖模型(解释 ILS)	两步物种树推断方法，利用有根基因树拓扑信息的伪似然推断方法	http://faculty.franklin.uga.edu/lliu/mp-est	Liu et al., 2010
ASTRAL-pro	利用旁系同源基因（解释 ILS+GDL)	可处理多拷贝基因家族数据，解释 ILS+GDL 造成的基因树异质性	https://github.com/chaoszhang/A-pro	Zhang C et al., 2020
PhyloNet	物种网络推断(解释 ILS + Gene Flow)	用于推断物种网络的软件包，包括 InferNetwork_MP、InferNetwork_MPL、InferNetwork_ML、MCMC_SEQ、NetMerge 等	https://bioinfocs.rice.edu/phylonet	Wen et al., 2018
PhyloNetworks	物种网络推断(解释 ILS+基因流)	在交互式环境中运行，具备可视化系统发育网络的功能。利用基因树拓扑信息在伪似然框架下进行系统进化网络的推断（命令为 SNaQ），并可以进行自展支持分析	https://github.com/crsl4/PhyloNetworks.jl	Solís-Lemus et al., 2017
Species-Network	物种网络推断(解释 ILS+基因流)	Species-Network 在 BEAST2 软件包中，因此可以使用 BEAST2 中的全部核酸或蛋白置换模型，允许解释支系间和基因间的进化速率差异。Species-Network 不需要给定网络事件数目，但这也使得计算复杂度更高，计算的位点数通常不超过 100 个	https://www.beast2.org/	Zhang et al., 2018a

5.4.1 串联法

串联法是目前最常用的物种系统发育关系推导方法。串联法使用单拷贝基因家族的数据，将所有基因座的比对序列串联成一个超级矩阵（supermatrix），使用超级矩阵推导的树来代表物种的系统发育关系。串联法简单易懂，操作简便，使用的方法和工具与构建单个基因树一致。

串联法的主要缺陷在于潜在假设所有的基因座共享一个进化历史。这个假设显然是错误的，并且由于重组事件以及多种生物过程如 ILS、GDL 等，基因树之间存在或弱或强的异质性，表现为不同的拓扑结构或不同的枝长。模拟研究（Mirarab et al., 2016）表明，当 ILS 存在时，串联法的准确性降低，尤其对于通过辐射种化（radiative speciation process）产生物种，物种树内部分支短，ILS 十分严重，使用串联法很可能导致物种树推断错误（Susko, 2009）。此外，即使 ILS 水平低，串联法也会高估物种分化时间，因为串联法本质上是在估计基因分化时间而非物种分化时间（Tiley et al., 2020）。

5.4.2 基于溯祖模型的方法

为了考虑 ILS 事件带来的基因树异质性，人们提出了多物种溯祖（multiple species coalescent, MSC）模型（Rannala and Yang, 2003）。MSC 模型假设不同的基因座拥有独立的进化历史，并且单个基因座上的各位点共享一个基因树。其等同于假定基因座内无重组，基因座间自由重组。在 MSC 模型（图 5-5）下，由于溯祖过程的随机性，基因树（拓扑结构和枝长）在各基因座上变化，并且服从由物种树拓扑和参数（如物种分化时间和种群大小）决定的统计分布（Xu and Yang, 2016; Jiao et al., 2021）。基于 MSC 模型的物种树推导方法可分为全似然值方法（full likelihood）和两步法（two-step）两类。

全似然值方法直接利用各基因座的比对序列，基于 MSC 模型和特征置换模型对基因溯祖过程和序列进化过程统计建模并计算似然值。给定序列数据 $X=\{X_i\}$，$i=1, 2, \cdots, L$，X_i 为第 i 个基因座的序列比对数据，S 代表物种树拓扑，$\Theta=\{\tau, \theta\}$ 代表拓扑模型 S 对应的参数向量，包括 τ（$T\mu$，T 为物种分化时间的世代数，μ 为每世代突变率）和 θ（$4N\mu$，N 为有效种群大小），η 代表特征置换模型中的参数向量。估计 S 和 Θ 的对数似然函数为

$$\begin{aligned} l(S,\Theta \mid X) &= \lg f(X \mid S,\Theta) = \sum_{i=1}^{L} \lg f(X_i \mid S,\Theta) \\ &= \sum_{i=1}^{L} \lg\left\{\iint f(X_i \mid G_i,\eta) f(G_i \mid S,\Theta)\, \mathrm{d}G_i \mathrm{d}\eta\right\} \end{aligned} \tag{5-1}$$

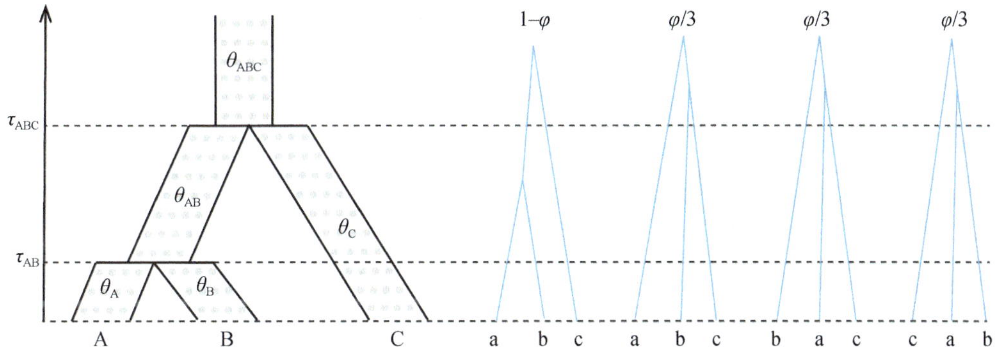

图 5-5 多物种溯祖模型

改编自 Jiao 等（2021）。多物种溯祖模型将 Wright-Fisher 模型（Fisher，1931；Wright，1931）从单个种群拓展到多种群上。该模型假定种群大小不变、世代不重叠、随机交配、中性突变以及种群内部无结构。令 μ 为每世代突变率，t 为世代数目，N 为有效种群大小，$\tau = T\mu$，$\theta = 4N\mu$。对于 s 个物种，多物种溯祖模型一共包含 $3s-2$ 个模型参数，包括 $s-1$ 个 τ 和 $2s-1$ 个 θ。左侧图为 3 个物种的物种树在多物种溯祖模型中包含 7 个参数。右侧图代表每物种只使用一个个体时各基因座的四类可能的溯祖历史，对应发生概率分别为 $1-\varphi$、$\frac{1}{3}\varphi$、$\frac{1}{3}\varphi$、$\frac{1}{3}\varphi$。其中，$\varphi = e^{-2}$（$\tau_{ABC}-\tau_{AB}$）$/\theta_{BC}$，为序列 a、b 没有在祖先物种 AB（物种 A 和物种 B 的最近共同祖先）中完成溯祖的概率，2（$\tau_{ABC}-\tau_{AB}$）$/\theta_{BC}$ 即（$T_{ABC}-T_{AB}$）$/2N_{BC}$ 为溯祖单位（coalescent unit）的枝长，$2N$ 为一个溯祖时间单位

式中，$f(G_i \mid S, \Theta)$ 描述基因溯祖过程，表示给定 MSC 模型 (S, Θ) 下基因树 G_i（包括拓扑和枝长）的可能性（Felsenstein，1981）；$f(X_i \mid G_i, \eta)$ 描述序列进化过程，表示基因座 i 在基因树 G_i 给定时序列 X_i 的可能性（Rannala and Yang，2003）。该似然函数考虑了各基因座的所有基因树拓扑和枝长的平均概率，因而可以容纳基因树的不确定性。理论上，最大似然法可以通过最大化似然函数估计 S 和 Θ，但是这在计算上是极其困难的，因为对每个基因树 G_i 要计算所有的树拓扑结构之和以及对这些树中所有的枝长进行高维积分，还要计算置换模型中的所有参数 η。而在贝叶斯框架下，通过马尔可夫链蒙特卡罗（Markov chain Monte Carlo，MCMC）取样可以解决这一计算问题。首先给物种树拓扑 S、MSC 模型参数 Θ 以及置换模型参数 η 赋予先验分布 $f(S, \Theta)$、$f(\eta)$，然后采用 MCMC 取样从 S、Θ、η 以及所有基因座的基因树 G 的联合后验分布（joint posterior distribution）中取样：

$$f(S,\Theta,G,\eta \mid X) \propto f(S,\Theta)f(\eta)\prod_{i=1}^{L}f(X_i \mid G_i,\eta)f(G_i \mid S,\Theta) \tag{5-2}$$

忽略 MCMC 取样样本中的 $\{G_i, \eta\}$，我们可以获得物种树拓扑的边际后验分布（marginal posterior distribution）$f(S \mid X)$，以及树内参数的后验分布 $f(S, \Theta \mid X)$。值得注意的是，MAP 树为最大化边际后验 $f(S \mid X)$ 的物种树拓扑，而非联合后验 $f(S, \Theta, G, \eta \mid X)$ 或 $f(S, \Theta \mid X)$。除了物种树拓扑 S 外，τ 和 θ 是重要的种群遗传参数，若已知突变率 μ，可以获得有效种群大小 N 和分化时间 T 的估计值（Tiley et al.，2020）。常用 MCMC 取样的软

件有 StarBEAST3（Heled and Drummond，2010；Ogilvie et al.，2017；Douglas et al.，2022）和 BPP（Rannala and Yang，2017）。这些方法需要对树拓扑结构以及众多参数进行循环抽样和更新联合后验直到算法收敛，面临着计算代价大和难以解决的混合问题（mixing problem），只能分析数百个基因座的数据。

在 MSC 模型下，基因树拓扑本身具有各方面的性质，这些性质可被用来推断物种树。两步法便是利用这一思想，它规避了全似然值方法中计算量太大的缺点，先推断基因树，然后通过总结基因树构建物种树。例如，有根三端点物种树或无根四端点物种树在 MSC 模型下存在一个特别的性质（图 5-5）：频率最高的基因树与物种树的拓扑结构相同（Hudson，1983；Degnan et al.，2009；Degnan，2013）。根据这个性质，很多方法基于简约的或统计的思想推导物种树，使得物种树拓扑结构与基因树上所有频率最高的有根三分树或无根四分树保持一致。例如，ASTRAL（Mirarab et al.，2014；Mirarab and Warnow，2015；Zhang et al.，2018b）和 BUCKy（Larget et al.，2010）利用基因树中的无根四分树推导物种树，MP-EST（Liu et al.，2010）通过有根三分树概率分布推导物种树。两步法中的另一大类是基于距离的方法，这些方法从一组基因树拓扑中计算距离矩阵，然后使用邻接法或其他聚类算法基于该距离矩阵估算物种树，例如 STAR（Liu et al.，2009）、NJst（Liu and Yu，2011）及其改进版本 ASTRID（Vachaspati and Warnow，2015）只使用基因树的拓扑信息，因而对基因树的枝长估计误差以及基因间或支系间存在进化速率差异等问题具有较好的稳健性。此外，SVDquartets（Chifman and Kubatko，2014）可以直接利用序列基于位点模式（site pattern）推断物种树，该方法假定每个位点拥有独立的进化历史，即每个位点代表一棵基因树。两步法中最成功的方法当属 ASTRAL。相对于其他两步方法，ASTRAL 只需输入无根基因树，从而避免了基因树错误定根带来的建树误差，而且物种树推断更准确（Giarla and Esselstyn，2015；Mirarab and Warnow，2015），可扩展性好（Yin et al.，2019），实现了多核并行，分析 10 000 个物种 100 000 个基因仅需要两天时间。ASTRAL 同时被拓展可以处理多个体数据（Rabiee et al.，2019）、多拷贝数据（Zhang C et al.，2020）（后面将详细介绍）、缺失数据（Molloy and Warnow，2018），提供更快和更准确的分支支持计算方法（local posterior probability，local PP）（Sayyari and Mirarab，2016）。

全似然法和两步法在 MSC 模型下具有统计一致性（statistically consistency）（Vachaspati and Warnow，2015），这意味着，当 ILS 是唯一的基因树异质性来源时，如果有足够的数据，两类方法都可以推导出正确的物种树。两步法比全似然法在计算上具有更大的优势，适用于分析上千个基因座的大数据集。但两步法由于只使用基因树拓扑信息，不能识别 MSC 模型中的参数，在推断物种树拓扑方面也不如全似然法有效，而且这种差距在物种树内部分支较短、ILS 较强的情况下更为明显（Jiao et al.，2021；Zhu and Yang，2021）。不同于全似然法可以包容基因树的不确定性，所有的两步法都面临着基因树估计错误的风险。Roch 等（2019）证明如果每个基因都有有限的长度且使用 ML 估计基因树，ASTRAL 和一些其他的两步法是统计不一致的。目前存在 3 种常用的方法处理基因树的不确定性：①将 ML 树中低支持率的分支进行收缩，产生的多分支树作为输入；②对每个基因座数据进行自展分析，这些自展基因树被用来创建多个输入集。每个输入集获得一棵物种树，然后汇总这些物种树以生成最终结果。③所有的自展基因树作为输入。模拟研究表明以上后两种方法是无效的，甚至比简单使用单个 ML 树作为输入的准确率更低（Mirarab et al., 2016）。收缩极低支持率（<20%）的 ML 树分支可以提高两步法推断物种树的准确率，但是当继续升高支持率筛选阈值时准确率反而下降（Zhang et al., 2018b）。

5.4.3 利用旁系同源基因推导物种树的方法

大多基于 MSC 模型的物种树推断方法最初被设计使用直系同源基因，因为它们只考虑把 ILS 作为基因树异质性的来源。实际工作中，因为无法在多拷贝基因家族中分辨出直系同源基因，人们往往只使用单拷贝基因数据集。然而，这种方式存在两个弊端：①随着研究物种数量的增加，在所有类群中发现的单拷贝基因家族的数量急剧下降，极大地限制了可用的数据。②因为物种间的拷贝差异丢失而呈现单拷贝状态，其隐藏的旁系同源基因不能被轻易识别出来［图 5-3（b）］，在这里我们称为“hidden paralogy”（隐藏旁系同源）问题（Smith and Hahn, 2021）。随着需要越来越多的基因座数据进行系统发育关系研究，人们希望能够同时应对 ILS 和“hidden paralogy”问题，甚至可以直接使用多拷贝基因家族进行分析。下面将介绍使用旁系同源基因推断物种系统发育关系的方法。

统计建模方法：目前已经存在可以同时考虑 ILS 和 GDL 事件的复制–丢失–溯祖（Duplication, Loss, and Coalescent, DLCoal）模型（Rasmussen and Kellis, 2012）和多基因座–多物种溯祖（multilocus multispecies coalescent, MLMSC）模型（Li et al., 2021），但是基于这些模型来开发物种树推断方法是一项富有挑战性的任务，目前还没有相应的统计建模方法。基于距离的方法：本书已经介绍了使用直系同源基因的距离方法，将这些方法扩展到多拷贝基因家族非常简单，可以使用物种中多个拷贝基因的平均值来计算距离矩阵。软件 NJst 和 ASTRID 都已经实现了应用包含多拷贝基因数据集的功能。多个模拟研究表明 NJst 和 ASTRID-multi 利用多拷贝数据推断物种树通常是准确而有效的（Legried et al., 2021; Willson et al., 2021; Yan et al., 2022）。四分树方法：ASTRAL 是基于四分树推断物种树的方法中最流行的一种，并且似乎对“hidden paralogy”问题很稳健。Yan 等（2022）提出在基因树的每个物种中随机选择一个拷贝用作 ASTRAL 输入（一种称为“ASTRAL-ONE”的采样方案），即使使用几百个基因座数据，也可以准确推导物种树。ASTRAL-ONE 和 ASTRAL-multi（被设计用于使用多个个体，在这里将多拷贝当作多个体）

已被证明在 DLCoal 模型下具有统计一致性（Hill et al., 2022；Markin and Eulenstein, 2020）。最重要的是，ASTRAL-Pro 版本（Zhang C et al., 2020）被设计可以直接使用多拷贝数据推断物种树，虽然还没有被证明在 DLCoal 模型或 MLMSC 模型下具有统计一致性，多个模拟研究表明在 ILS 和 GDL 存在的情况下，ASTRAL-Pro 具有相当好的表现（Zhang C et al., 2020；Willson et al., 2021；Yan et al., 2022）。

因此，当数据集不足时，更明智的选择是使用基于距离的方法（NJst、ASTRID-multi）或四分树方法（ASTRAL-Pro）将所有基因树（无论单拷贝、多拷贝还是缺失数据）作为输入推断物种树拓扑。然后在固定拓扑结构的基础上，只使用单拷贝基因序列，利用全似然法（StarBEAST2、BPP）估计物种分化时间以及种群大小等参数，避免了由 MCMC 取样搜索物种树拓扑空间造成的巨大的计算量（Smith and Hahn, 2021；Yan et al., 2022）。

5.5 系统发育网络推断

基因流是另一种基因树异质性的来源。在基因渐渗情景（Anderson, 1953）下，杂交个体作为媒介与至少一个亲本反复回交，使得一个亲本的遗传物质传递给另一个亲本，从而为基因渐渗的接受方引入遗传变异来增强对环境的适应性；若杂交后代与亲本没有遗传物质的交流且稳定成为一个新的支系，则称为杂交物种形成。在自然界中，杂交事件在近缘物种或种群间是普遍存在的（Mallet, 2005, 2007, 2008），影响了约25%的开花植物和约10%的动物（Mallet et al., 2016）。

5.5.1 基因流对物种树推断方法的影响

MSC 模型假定物种形成发生在一个精确的时刻，物种形成之后各物种之间没有基因流。事实上，当物种间存在杂交事件时会导致遗传物质的横向传递，增加基因树异质性。但是基于 MSC 模型的物种树推断方法只能将所有的异质性归因于 ILS，导致物种树推断出现问题。非姐妹种间基因流对物种树推断方法造成最严重的影响。Jiao 等（2020）和 Solís-Lemus 等（2016）的研究证明非姐妹种间基因流可能导致有根三分物种树或无根四分物种树出现异常基因树（anomalous gene trees, AGTs），即频率最高基因树与物种树的拓扑结构不一致，从而导致 MP-EST、四分树方法 ASTRAL 等统计不一致。此外，基因流和 ILS 对物种树推断的影响存在交互作用（Jiao et al., 2020）。当 ILS 严重时，即使微弱的基因流仍可能导致物种树推断方法出现错误，全似然法对基因流的影响最为敏感。Leaché 等（2014）的模拟研究也表明非姐妹种间基因流对全似然法和两步法 MP-EST 推断物种树的影响很大，包括物种树拓扑结构的偏差、物种分化时间的低估以及种群大小的高估等多方面。(现存) 姐妹种间基因流会削弱基因树异质性，有助于提高推断物种树拓扑的准确率，但仍会导致低估物种分化事件 (Leaché et al., 2014)。有悖直觉的是，Long 和 Kubatko (2018) 的研究证明祖先姐妹种之间的基因流也可能导致出现异常基因树 (图 5-6)。该研究的模拟结果同样佐证了这一观点，祖先姐妹种间基因流可能会造成 ASTRAL、MP-EST 以及串联法推断物种树拓扑的准确率下降。值得注意的是，虽然 SVDquartets 方法在存在祖先姐妹种基因流的大数据集中表现出较高的准确性，但研究者推测该方法仍会受到非姐妹种间基因流的影响，误导其物种树推断。更重要的是，更频繁发生的来自“幽灵”支系 (没有抽样到的或灭绝的物种) 的基因流同样可能导致异常基因树，会造成两步法和全似然法错误推断物种树拓扑以及高估物种分化事件 (Pang and Zhang, 2022)。这些结果提醒研究者在研究物种的进化关系时，不能忽略基因流的影响。

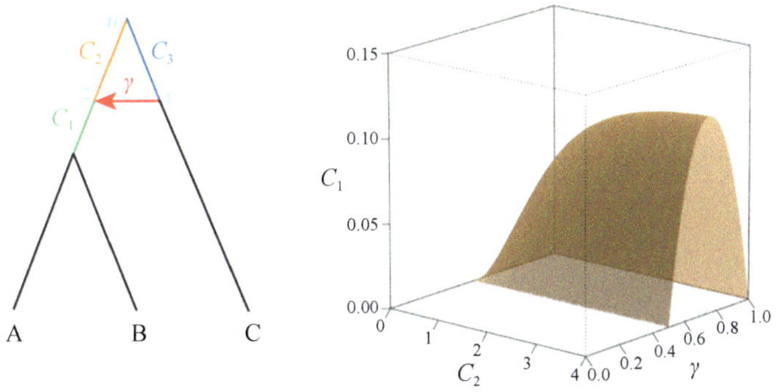

图 5-6 祖先姐妹种间基因流导致异常基因树

左侧图描述了祖先姐妹种间基因渐渗的情景，物种 C 为渐渗的贡献者。杂交点被标注为 z，z 处的等位基因分别有 γ 和 $1-\gamma$ 的概率追溯到 v 和 u。图中一共有 4 个参数 (γ、C_1、C_2、C_3)，其中，C_i 为溯祖单位的枝长。假设种群大小一致，根据基因树拓扑概率划分参数空间，曲面 (黄色) 的下方代表满足 $P((a,b),c))<1/3$ 条件的参数空间，也就是异常带 (anomaly zone)

5.5.2 描述基因流的模型

为了能够同时解释 ILS 和基因流带来的基因树异质性，简单的 MSC 模型被扩展可以容纳跨物种的基因流，最常见的模型有伴随物种分化的基因流 (isolation with migration, IM) 模型 (Hey, 2010) 和多物种网络溯祖 (multispecies network coalescent, MSNC; 或者 multispecies coalescent with introgression, MSci) 模型 (Yu et al., 2012)。IM 模型将基因流描述为一段持续的迁移 [图 5-7 (a)]，在这期间，基因座以每世代 M 的迁移率 (migration rate) 由一个种群渐渗到另一个种群。MSNC 模型则假定在过去某个固定的时间点发生瞬时渐渗或物种杂交形成事件 [图 5-7 (b)]。MSNC 模型通过添加网络边表示基因流事件，并用 γ 来表示杂交后代的遗传物质来自两个亲本的继承概率（inheritance probability），这意味着杂交后代的每个非连锁位点都具有独立的进化历史，并且以 γ 和 $1-\gamma$的概率从两个亲本进化而来。IM 模型和 MSNC 模型代表了两个极端的情形。IM 模型描述在物种存在的期间一直存在基因流，MSNC 模型则将基因流描述为瞬间发生的渐渗事件。然而，自然界的基因流事件往往更为复杂，通常介于这两种极端之间。推断基因流事件的方法包括全似然法、两步法，以及 D 统计量和相关衍生方法。

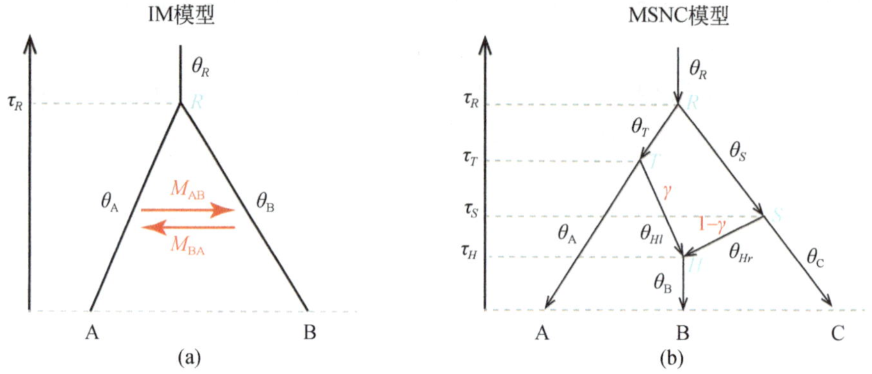

图 5-7　系统发育网络模型

IM 模型：两种群 A、B 在时间点 τ_R 发生物种分化后分别以迁移率 M_{AB} 和 M_{BA} 向另一种群迁移。令 μ 为每世代突变率，t 为世代数目，N 为有效种群大小，m 为每个世代每个个体发生迁移的概率，$\tau=T\mu$，$\theta=4N\mu$，$M=mN$。IM 模型中参数 $\Theta=\{\tau_R, \theta_R, \theta_A, \theta_B, M_{AB}, M_{BA}\}$。MSNC 模型：使用有根有向无环图代表系统发育网络，杂交点（H）有两个父节点，杂交边表示基因流事件，杂交后代继承两亲本遗传物质的概率分别为 γ 和 $1-\gamma$。MSNC 模型参数包括种群分化以及基因渐渗时间 τ、种群大小 θ 和继承概率 γ，$\Theta=\{\tau, \theta, \gamma\}$

5.5.3　全似然法

全似然法直接利用序列对比数据，基于描述基因流的模型进行统计建模推断系统发育网络。除了 IM 模型中迁移率 M 包含在参数集合 Θ 中，在 MSNC 模型中 S 代表物种网络拓扑、$\Theta=\{\tau, \theta, \gamma\}$（物种分化或基因渐渗时间 τ、种群大小 θ 和继承概率 γ）外，使用式（5-1）或式（5-2），依然可以像物种树推断一样在最大似然或贝叶斯框架下估计物种系统发育网络历史。基于 IM 模型的方法有 3s（Zhu and Yang，2012；Dalquen et al.，2017）、G-PhoCS（Gronau et al.，2011）以及 IMa3（Hey et al.，2018）和 StarBEAST2 最新版（Müller et al.，2021）。3s 目前只能在 3 个物种的物种树下进行推断，在固定物种树拓扑的基础上，利用基因座数据计算姐妹种有（IM 模型）无（MSC 模型）基因流的两个模型的最大似然值，依据似然比检验（likelihood ratio test）选择接受一种模型的结果。该方法用于判断姐妹种基因流有无，以及对物种分化时间 τ、种群大小 θ 和每世代迁移率 M 进行参数估计。3s 计算有效简便，可以处理上万个基因座数据。G-PhoCS 是一种基于贝叶斯统计，利用 MCMC 模拟估计种群动态参数的方法。相比于3s，G-PhoCS 可以基于更复杂的谱系关系，根据预先设定推测指定谱系间的基因流，因此更为灵活。3s 和 G-PhoCS 都需要给定物种树拓扑以及指定发生基因流事件的支系，并不能真正给出系统发育网络。IMa3 和 StarBEAST2 是贝叶斯框架下的 MCMC 模拟方法。不同于前两种方法，IMa3 可以同时推断物种树拓扑和基因流。G-PhoCS、IMa3 以及 StarBEAST2 是 MCMC 算法，计算量很大。

基于 MSNC 模型的方法有 PhyloNet/MCMC_SEQ（Wen and Nakhleh，2018）、BEAST2/Species-Network（Zhang et al.，2018a）以及 BPP（Flouri et al.，2020）。Species-Network 基于 BEAST2 软件包，因此可以使用 BEAST2 中的全部核酸或蛋白的置换模型描述序列进化，允许支系间和基因间的进化速率差异。Species-Network 不需要给定搜索网络的网络事件数，但这也使得计算复杂度更高，计算的位点数通常不超过 100 个。MCMC_SEQ 和 BPP 只允许严格分子钟模型，因此不适用于远源物种。MCMC_SEQ 仅支持核酸序列，并且需要固定核苷酸置换模型，给定模型中碱基频率和各碱基间的转换概率的参数，这意味着用户需要预先对位点进行模型检验。同时，MCMC_SEQ 要求给定系统发育网络抽样过程中最大的网络事件数。BPP 只支持 JC69 置换模型（Jukes and Cantor，1969），不能直接搜索网络空间，只能在用户指定的网络模型下估计网络参数并给出相应的边际似然值。PhyloNet 软件包还提供使用单核苷酸多态性数据进行直接估计的 MCMC_BiMarkers 功能（Zhu et al.，2018）。此外，为了解决计算量大的问题，PhyloNet/NetMerge（Zhu et al.，2019）把分类群分成小的、重叠的子集，然后使用 MCMC_SEQ 构建子集上精确的子网络，最后将其整合成整个网络。该方法允许应用在大规模的数据集上，虽然使用的算法没有理论证明，但在模拟数据中网络推断的准确率很高。由于网络拓扑搜索空间大以及在基因流模型下基因树分布的似然值计算复杂度很高，全似然方法有极大的计算难度。此外，在贝叶斯框架下，探索变维的网络参数空间（例如，增加或减少网络事件次数导致参数数目的变化）更容易带来混合问题（Zhu et al.，2019）。

5.5.4 两步法

目前所有的两步法都是基于 MSNC 模型的算法，步骤依然是先构建基因树再使用基因树的拓扑信息推断物种网络。简约法 PhyloNet/InferNetwork_MP（Yu et al.，2013）通过最小化深度溯祖（minimizing deep coalescences，MDC）推断网络，但是基于 MDC 标准的方法不具有统计一致性且不能估计继承概率和枝长等网络系数。最大似然法 PhyloNet/CalGTProb（不能搜索网络空间，只能在给定网络拓扑的基础上优化参数并计算似然值）

(Yu et al., 2012)、PhyloNet/InferNetwork_ML (Yu et al., 2014) 以及贝叶斯推断法 PhyloNet/MCMC_GT (Wen et al., 2016) 利用MSNC模型下基因树的拓扑概率分布推断网络，这两种方法可以估计继承概率 γ 以及溯祖单位的枝长。但由于要考虑所有可能的溯祖路径，随着物种、个体数目以及网络事件的增加，计算量将呈指数增长，这两种方法的应用仅限于非常小的数据集（少于10个分类单元和3个网络事件）(Cao et al., 2019)。最大伪似然法（maximum pseudo-likelihood, MPL）PhyloNet/InferNetwork_MPL（Yu and Nakhleh, 2015）从物种树推断方法MP-EST（Liu et al., 2010）拓展而来，利用MSNC模型下基因的有根三分树概率分布来推断网络拓扑以及继承概率和枝长等网络系数（由于不同有根三分树之间不独立，似然函数不是正确的，因此称为伪似然方法）。该方法突出的优势是计算给定网络的伪似然值十分简便，可以应用到大数据集中。但由于MSNC模型下的网络与三分树系统（各三分树的概率分布）不是一一对应的关系，也就是说，很可能出现不同的网络（枝长不同或拓扑不同）共享一套三分树分布系统。Yu和Nakhleh（2015）建议对于无法用伪似然值区分的网络可以尝试利用最大似然法甚至全似然法区分（但不一定成功）。作为另一个MPL，PhyloNetworks/SNaQ（Solís-Lemus and Ané, 2016）利用在MSNC模型下无根四分树的概率分布推断“level-1”网络（不存在被两个网络环共享的边）。SNaQ只需要将无根基因树拓扑作为输入，或者利用BUCKy从基因树后验样本中计算的一致因子（concordance factor, CF）或者利用R包SNPs2CF（Olave and Meyer, 2020）将SNP数据转换为CF作为输入，避免了基因树定根错误。此外，SNaQ计算速度在某些情况下甚至比InferNetwork_MPL更为快速。此外，PhyloNet软件包还提供一种使用SNP数据进行网络推断的伪似然方法MLE_BiMarkers（Zhu and Nakhleh, 2018）。与全似然法相比，两步法计算简便。由于只使用基因树的拓扑信息构建物种网络，两步法对基因树的枝长估计误差以及基因间或支系间存在进化速率差异等问题具有较好的稳健性，但面临基因树建树错误的风险。由于丢弃部分信息，两步法不能推断模型参数，如物种分化时间 τ、种群大小 θ 和继承概率 γ 等，也会减弱网络鉴别的能力，在某些情况下不能区分开不同的网络模型(Zhu and Degnan, 2017; Degnan, 2018)。

5.5.5 *D* 统计量以及衍生方法

推断基因流事件最为流行和简便的方法是基于谱系不一致关系（phylogenetic invariants）统计的 *D* 统计量（ABBA-BABA）。*D* 统计量（Patterson et al., 2012）的计算需要包括一个外群在内的4个已知拓扑结构的物种（图5-8），例如（（P1，P2），P3），O），其中O为外类群，而P1和P2为姐妹种。用 N_{ABBA} 统计多态位点中出现P2与P3具有相同碱基而P1与O具有另一种相同碱基的位点的数量，用 N_{BABA} 统计多态位点中出现P1与P3

具有相同碱基而 P2 与 O 具有另一种相同碱基的位点的数量，并将 D 统计量表示为 $D=(N_{ABBA}-N_{BABA})/(N_{ABBA}+N_{BABA})$。该检验的基本假设是，在 MSC 模型下，倘若与物种树不同的多态位点只由 ILS 产生，则 ABBA 和 BABA 的数量应该在统计上是相等的。因此，D 统计量通常作为对基因流是否存在的定性判断的证据，对 D 统计量偏离 0 的程度进行统计显著性检验，将其显著程度作为基因流存在与否的判定。在 D 统计量的理论基础上，人们进行了很多拓展延伸。例如，D_3 统计量（Hahn and Hibbins，2019）使用成对序列距离而不是位点模式检测基因流，该方法不需要外群且与 D 统计量具有一样的统计功效。HyDe 软件包（Blischak et al.，2018）可以对每个种群的多个个体进行分析，在单个杂交物种形成的假定模型下推断可能的杂交种群和计算相应亲本的贡献比例。需要注意的是，研究者在一般情况下无法确定研究物种是否满足杂交物种形成的假设条件，因而不能确保 HyDe 结果的准确性。例如，在基因渐渗的情景下，HyDe 很可能将基因流的贡献者推断为杂交种，也不能准确估计渐渗概率。Dsuite 软件包（Malinsky et al.，2021）也不需要用户给定物种树拓扑关系，将 BABA、ABBA 和 BBAA 中频率最高的位点模式中共享碱基的内群作为物种树的姐妹种，并提供 D、f_{dM} 以及 f_b 多个统计量检测基因流。另一种延伸方法

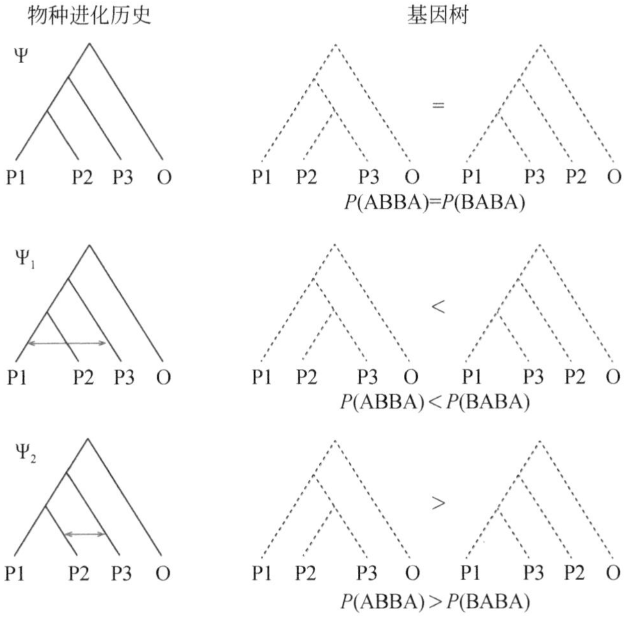

图 5-8　三种不同情景下两个与物种树不一致的基因树频率的比较

改编自 Elworth 和 Ogilvie 等（2019）。如果物种的进化历史是给定的树 ψ，那么与物种树不一致的两种基因树的频率是相等的，则 $N_{ABBA}=N_{BABA}$，$D=(N_{ABBA}-N_{BABA})/(N_{ABBA}+N_{BABA})=0$；然而，如果物种的进化历史不是树状的，例如系统发育网络 ψ_1，P1 和 P3 之间存在基因流，$N_{ABBA}<N_{BABA}$，$D<0$；又如系统发育网络 ψ_2，P2 和 P3 之间存在基因流，$N_{ABBA}>N_{BABA}$，$D>0$

DFoil（Pease and Hahn，2015）将 *D* 统计量的计算推广到了 5 个物种，但是要求 4 个内群有对称的树拓扑结构，DFoil 将 5 个物种各个多态位点的拓扑结构进行分析，对其中与物种树结构不同的位点进行统计，从而推断出 4 个内群间基因流的位置和方向。

D 统计量的计算非常简单且容易理解，然而我们需要注意到其潜在的假设条件：①位点之间进化独立。距离较近的位点通常共享相同的谱系关系，使用这些不独立的位点会导致不准确的 *P* 值，从而容易检测出虚假的网络事件。解决这个问题的方法是将数据划分成块（block），然后使用自助法或刀切法来估计样本方差（Patterson et al.，2012），最后计算 *P* 值。除了 HyDe，一般的 *D* 统计量方法都使用该办法处理位点不独立问题。建议应用者对 HyDe 进行类似的自助法或刀切法处理，尤其对于基因座序列较长的数据。②不考虑在相同的位点发生的回复置换和趋同置换等事件。该假设要求被检测的物种分化时间不能太过久远，但 Zheng 和 Janke（2018）的模拟研究表明 *D* 统计量对内群之间的分化距离具有较好的稳健性，至少在分化距离小于 0.2 时如此。此外，*D* 统计量对外群的分化距离也具有相当稳健性。③进化速率在物种间或基因间一致。该模型假设要求被检测的物种进化速率相近，违背该假设条件会导致 *D* 统计量检测出虚假的网络事件（Blair and Ané，2020）。④*D* 统计量给出的是最简约的而不一定是正确的方案。*D* 统计量被用于检测非姐妹种之间的基因流。事实上，祖先姐妹种之间的基因流（也可能出现异常基因树）、从"幽灵种群"到被研究种群或其祖先种群的基因流（Pease and Hahn，2015；Zheng and Janke，2018；Hibbins and Hahn，2022；Tricou et al.，2022）以及多次基因流事件（Leo Elworth et al.，2018；Kong and Kubatko，2021）同样可能导致检验显著。相应地，也存在多种情形（如姐妹种基因流）会导致与物种树拓扑不一致的两种基因树的数量相同，而物种树（没有基因流事件）只是其中最简单的方案。

5.5.6 网络推断方法面临的问题及建议

系统发育网络方法最大的问题是计算代价高，比物种树推断的代价高几个数量级。由于计算复杂、收敛缓慢或难以混合的问题，全似然法被限制在很小的数据集上，一般被应用于对指定的模型进行参数估计。我们建议在推断系统发育关系时，先利用 *D* 统计量或衍生方法对基因流的存在情况进行初步的定性判断。两种 MPL InferNetwork_MPL 和 SNaQ 以及分而治之方法 NetMerge 可以被应用到更大的数据集上。但 MPL 面临着较为严重的网络不可识别性问题（Zhu and Degnan，2017；Solis-Lemus et al.，2020）(图 5-9)，对于无法用伪似然值区分的网络模型，可以使用 PhyloNet 软件包中的 CalGTProb 计算似然值或者对 BPP 软件计算的边际似然值做进一步区分。事实上，基于基因树拓扑的似然方法和基于序列信息的全似然法同样面临着网络不可识别性问题，研究者需要意识到不同的 MSNC 模型可以给一套基因组数据提供同等支持的不同解释，因此还需额外信息鉴别真实的进化模型（Yang and Flouri，2022）。

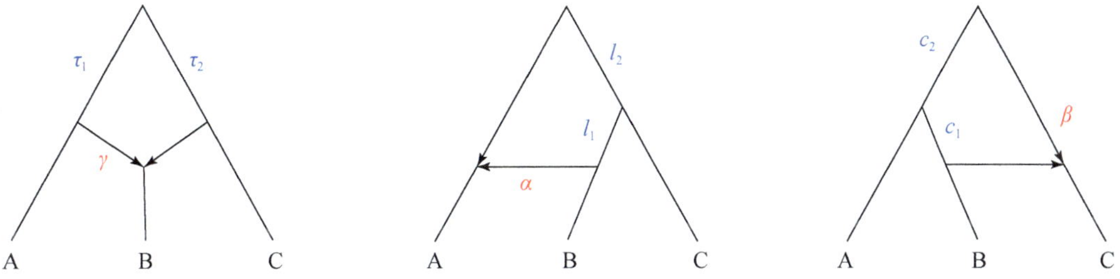

图 5-9　伪似然框架下的网络不可识别性

蓝色标注为枝长，红色标注为继承概率。当满足 $\tau_1=l_1=c_1$、$\tau_2=l_2=c_2$ 以及 $\gamma=\alpha=\beta$ 时，3 个网络共享一套三分树系统（A｜BC，AB｜C，AC｜B），即各个三分树拓扑在不同网络模型下的概率相同

另外，系统发育网络推断方法只能提供具体的网络模型，阐明产生网状结构的实际生物学过程不在系统发育推断方法的能力范畴内。如图 5-10 所示，同一网络模型可以得到多个具有不同生物学过程的解释，区别在于在两条杂交边中选择谁作为物种树边（species

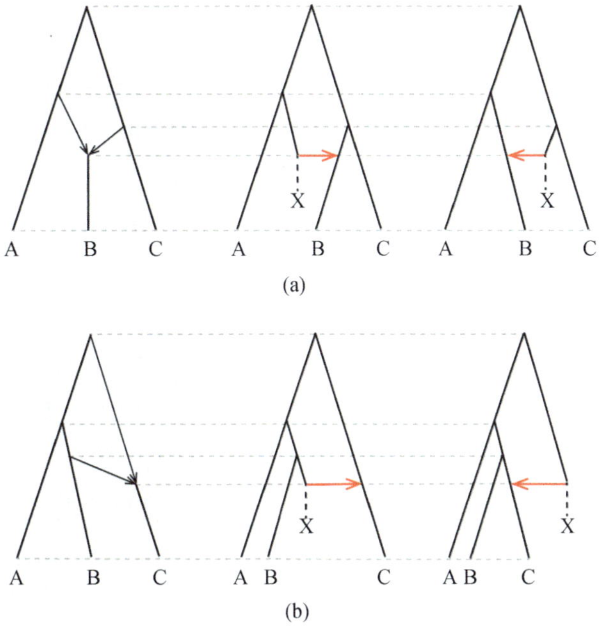

图 5-10　同一 MSNC 网络模型的不同生物学进化过程的解释

（a）对于左侧的网络模型（包括枝长和拓扑）有两种不同的解释：从物种 A 分化而来的“幽灵物种”（X，灭绝的或没有抽到的物种）基因渐渗到物种 B；从物种 C 分化而来的“幽灵物种”基因渐渗到物种 B。（b）对于左侧的网络模型有两种不同的解释：从物种 B 分化而来的“幽灵物种”基因渐渗到物种 C；外群“幽灵物种”基因渐渗到物种 C tree edge）。很多研究工作根据继承概率 γ，将 $\gamma>0.5$ 的杂交边当作物种树边，将 $\gamma<0.5$ 的杂交边当作渐渗边（introgression edge），将移除渐渗边的树即主要物种树（major species tree）当作真实的物种树。但模拟研究（Jiao et al.，2020）显示在连续迁移情景下，即使很低的迁移率依然可以强烈改变基因树的拓扑概率，推断出的主要物种树可能反映的是基因流而非物种分化。一系列关于冈比亚按蚊（*Anopheles gambiae*）、柳莺属（*Phylloscopus*）等物种的研究工作也显示基因流可以影响物种的大部分遗传物质（Fontaine et al.，2015；Thawornwattana et al.，2018；Forsythe et al.，2020；Jiao et al.，2020；Zhang et al.，2021）。

5.6 建树误差来源

系统发育推断的误差主要有随机误差（random error）和系统误差（systematic error）两类。随机误差是由数据集的大小有限造成的，即比对序列位点的数目或基因座数目有限。系统误差是方法违反了模型假设所致。一般来说，系统发育关系的推断若基于同质性假设（如假定所有位点、基因或时间尺度具有相同的进化速率，或基因树共享相同的进化历史），而实际进化过程具有异质性特征，则会导致系统误差的出现。近年来序列数据的爆炸式积累使得系统发育分析中的随机误差大大减少，但系统误差却随着样本量的增加而增加。下面将介绍 4 种常见的系统误差。

（1）组成异质性（compositional bias）：大多数系统发育模型假设置换过程在整个被研究的物种进化历史中是平稳的，所有物种都具有相同的核苷酸组成比例或氨基酸组成比例。但在分析远缘物种时经常违背这种组成同质性的假设。一个明显的例子是远缘类群独立地进化出富含 A/T 的基因组，在这种情况下，组成同质模型的假设可能趋向于将特征组成相似的物种聚在一起。处理组成异质性的理想方法是放宽组成同质性的假设条件，允许核苷酸组成比例或氨基酸组成比例参数在系统发育支系上可变（Blanquart and Lartillot，2006）。但这种模型涉及树上每个分支的一组频率参数，导致计算成本很高。一个更实用的可以避免高计算成本的方法是鉴别那些表现出成分异质的基因或类群并将其剔除（Nesnidal et al.，2010），IQ-TREE2 提供检验组成异质性的功能。

（2）支系进化速率异质性：LBA 可能是影响系统发育重建的最著名的系统错误，其根源为不同支系的进化速率不均等。每个支系的期望突变数目由树的分支长度表示，LBA 表现为亲缘较远、枝长较长的支系先聚在一起，原因是两个不相关的长分支偶尔会发生趋同置换。例如，MP 会认为共享同一碱基的位点是从一个共同祖先遗传而来的，从而将两个长分支先聚在一起。ML 和 BI 方法对 LBA 误差的稳健性比 MP 更强，因为对于长度较长的分支，它们会考虑增加两个长枝发生趋同置换的可能性。如果选择的特征替代模型不正确或过于简单，ML 和 BI 方法也会受到 LBA 的影响。可以通过去掉进化速率很高的物种或去除进化速率高的基因或基因区域（往往比对质量很低）减少潜在的 LBA。

（3）位点间进化速率和置换模式异质性：基因组的不同位点的进化速率不同。胶原蛋白比组蛋白进化快；内含子比外显子进化快；密码子的第三位置比第一位置和第二位置进化快；蛋白质中的一些氨基酸处于强烈的负选择下，而其他氨基酸则可以自由变化。因此，对一个基因的各个位点假定一个恒定的速率是不现实的，会造成对高速率变化位点似然值的系统低估，从而导致 LBA（Kapli et al., 2020）。此外，不同类型置换的置换速率之间也可能存在差异。在这里我们给出三点建议。①选择正确的特征置换模型：在系统发育学中使用的马尔可夫模型很容易解释不同类型置换的置换速率不同，例如，可以为转换和颠换分配不同的速率。最常用的广义时间可逆（GTR）模型（Tavare, 1986）假设所有的核苷酸以不同的频率出现，并以不同的速率彼此置换。但是对于包含 20 个特征的氨基酸来说，GTR 模型将包括太多参数，导致计算成本高、参数估计不稳定。因此，更常用的是使用基于成百上千个蛋白质序列分析得出的经验氨基酸模型，包括 Dayhoff（Dayhoff et al., 1978）、JTT（Jones et al., 1992）、WAG（Whelan and Goldman, 2001）和 LG（Le and Gascuel, 2008）等。②使用划分模式：系统发育推导最常用的串联法将所有的基因串联成一个超级基因，从超级基因中推断出一棵物种树。然而，不同基因家族的进化速率有所不同。基因间进化速率差异可能通过划分模式得以解决，即在同一划分中的位点共享进化特征和参数，不同的划分块具有不同的参数。IQ-TREE2 等软件提供自动模型选择功能，适合同一模型的位点或基因被合并到一个更大的划分中。模拟结果表明，优化后的划分方案类似于基于生物学常识的分割，如按照基因或密码子，并且这些方案基本上比未划分的数据的结果更优（Darriba and Posada, 2015; Kainer and Lanfear, 2015）。③使用混合模型：混合模型也可以考虑位点间进化速率和置换模式的异质性。在混合模型中，不是将每个位点分配到一个特定的分区，而是求取每个位点在所有模型中的加权平均值。因此，混合模型远比划分模型的计算量大。目前，大部分对位点间不同替代率进行建模的模型都是基于 Yang（1994）提出的离散伽马模型，即从伽马分布中随机抽取多个值作为不同的突变速率，从而考虑不同位点的速率变化。类似的还有伽马混合模型（gamma-mixture model）（Mayrose et al., 2005）。另外，很多序列进化模型还会引入一个单独的类来表示那些突变率为 0% 的位点，一般用 I 表示（Gu et al., 1995）。但是不建议同时使用离散伽马模型（+G）和不变位点模型（+I），因为+I 和+G 模型的一些参数不能相互独立地进行优化（Jia et al., 2014）。更可取的做法是应用 GTR+G 混合模型，这种策略在几乎所有的系统发育推导软件和模型选择软件中都可以执行。

（4）基因树异质性：正如我们前面所介绍的，存在 ILS、GDL、基因流等多种生物过程使基因树和物种树的拓扑结构不一致。不同的物种树推断方法可以处理导致异质性不同的生物过程。因此，研究者在推断物种的系统发育关系时，需要对基因树的异质性程度和来源进行一个初步的了解和判断，从而能够选择合适的推断方法，避免系统误差（图 5-11）。

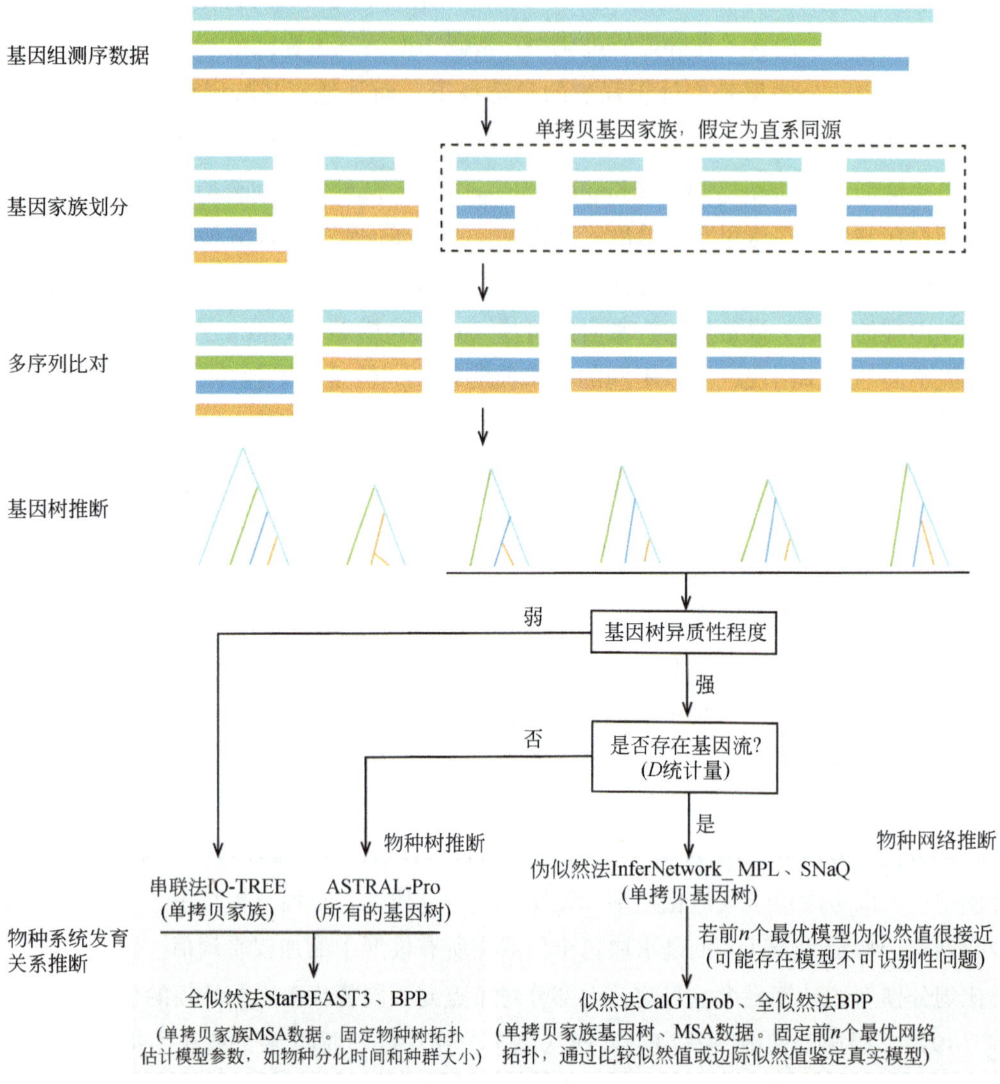

图 5-11　系统发育基因组学分析流程

起始步骤为从基因组（或转录组）的不连锁基因座数据中划分基因家族，其中，单拷贝基因家族被假定为直系同源基因；对基因家族成员进行多序列比对；构建基因树；基于单拷贝基因家族中的基因树判断基因树异质性程度，如果程度较弱，可使用串联法，利用单拷贝家族序列推断物种树拓扑；若基因树异质性程度较强，使用 D 统计量判断是否存在种间基因流；若不存在基因流，使用 ASTRAL-Pro 软件，利用所有的基因树（包括单拷贝和多拷贝基因家族）推断物种树拓扑，然后在固定物种树拓扑的情况下，使用全似然法 StarBEAST3 或 BPP 估计模型参数，如物种分化时间、种群大小；若存在种间基因流，使用 InferNetwork_MPL 或 SNaQ 等伪似然法，利用单拷贝家族的基因树推断物种网络；若前 n 个最优模型伪似然值很接近，则可能存在网络不可能识别性问题；对于伪似然法获得的前 n 个最优模型，固定网络拓扑，使用 CalGTProb 或 BPP 计算似然值或边际似然值，以进一步鉴别真实的网络模型

第6章　种群历史动态推断*

随着测序技术的发展，种群历史动态分析进入了后基因组时代。如何利用海量基因组学数据来准确解析物种的进化历史得到了广泛关注。目前，针对这一问题已经开发了许多复杂的统计推断软件，本章主要介绍常用的种群历史动态推断软件的基本原理、软件所需的数据类型及每种方法的优缺点。最后，讨论如何将这些方法应用于非模式生物的研究中，旨在为利用基因组数据推断种群历史动态的研究人员提供一些建议。

6.1　种群历史动态推断的简要发展历史

种群历史动态推断通过特定的模型描述有效种群大小（effective population size，N_e）的扩张和收缩，估计种群分化（population split 或 divergence）以及混群事件（admixture event）发生时间。推断种群历史动态是进化和保护生物学领域的重要研究内容，其不仅可以阐明过去地质气候变化以及人类活动对当前物种分布的影响，还有利于针对濒危物种制定科学、合理的保护策略。有效种群大小是决定遗传变异水平和选择强度的关键因素，其主要受气候或环境变化以及人为干扰的影响（Barnosky et al.，2004；Nelson et al.，2006）。环境变化是影响物种内部生物多样性的主要因素（Parmesan and Yohe，2003；Thuiller，2007）。人类活动造成的生境破碎化是野生物种有效种群大小波动的主要诱因（Vitousek et al.，1997；Fahrig，2003）。

然而，准确推断种群历史动态还面临着巨大挑战，因为所关注的时间尺度往往超出人类文献的记载范围，化石和花粉记录匮乏且无法从种群近期的变化趋势中进行推断或只能利用种群参数估计值进行粗略的推断，这导致种群历史动态推断有很大的不确定性。幸运的是，不同的种群进化历史会对当代个体基因组中所能观测到的遗传变异产生直接影响。因此，分子数据对推断种群历史动态具有重要的实践意义。将分子数据应用于种群历史动态分析的想法最早可以追溯到20世纪初（Hirschfeld and Hirschfeld，1919），但是直到20世纪70年代，种群遗传学家才开始利用遗传多态性数据开发统计工具和概括统计量（summary statistic）来推断种群历史动态。为了从分子数据中获得信息，需要利用数学模

* 本章作者：丁亚梅、张大勇。

型如溯祖理论（Kingman，1982a）来描述遗传变异。溯祖理论为种群历史动态推断提供了一个统计框架，该框架将抽样个体的种群大小与系谱的溯祖时间相联系。溯祖是一种概率模型，可以描述中性遗传变异如何在特定种群进化情景中产生。由于溯祖的随机性，在给定的种群历史动态模型中可以有很多满足条件的系谱，这些不同的系谱关系可以对应不同的遗传变异模式。基因组的每个位置的进化历史都可以用一个特定系谱关系来描述，彼此连锁的位点有相同的进化历史，不同染色体上不连锁的基因座基本上具有自己独立的进化历史，每个系谱均对应特定的种群历史动态模型。来自单个基因座的序列数据（如线粒体基因组或常染色体缺乏重组的单个短片段）反映了该基因座独立的进化过程。物种的质体基因组种群历史动态只反映众多进化历史中的一种，所以基于单个基因座信息推断种群历史动态具有很大的不确定性，即使增加测序个体的数量也不会避免这一问题。减少种群历史动态推断不确定性的唯一方法是增加抽样系谱的数量，在整个基因组中对许多基因座进行抽样会产生多个几乎独立的系谱，其中包含大量的种群历史动态信息（Beichman et al.，2018）。

随着测序技术的发展，非模式生物的分子数据爆发式增长，这不仅使进化生物学家拥有更多可用数据，还可以获得不同的数据类型：从 20 世纪 70 年代少数同工酶（allozyme）标记，20 世纪 80 年代获得了数十个限制性片段长度多态性（restriction fragment length polymorphisms，RFLP），19 世纪 90 年代数百个微卫星位点，再到 21 世纪初数千个到几十万个单核苷酸多态性和全基因组数据。这些分子数据包含物种的遗传多样性、选择信号、连锁不平衡、重组和突变的信息，促进种群历史动态推断方法的发展。

6.2　种群历史动态推断方法的主要类别

6.2.1　传统分子标记

1. 叶绿体、线粒体和核基因序列

植物叶绿体 DNA（cpDNA）和动物线粒体 DNA（mtDNA）在大多数物种中属于母系遗传，由于缺乏重组而通常被认为是连锁的单一基因座，因而在天际线图方法（skyline-plot methods）（Pybus et al.，2000）中得到了广泛的应用。天际线图方法基于溯祖理论，从中性、缺乏重组的 DNA 序列数据中推断出系谱与种群历史动态之间的关系（Kingman，1982a，1982b）。在溯祖理论的框架中，将序列样本往回追溯，系谱中任意两个节点随机溯祖，直到所有节点到达一个共同祖先（common ancestor）。任何基因座给出的系谱代表了一次随机溯祖过程，溯祖过程由种群历史动态、自然选择和其他因素决定（Donnelly and Tavaré，1995）。重建种群历史动态主要包括两个步骤：首先利用个体的序列数据估计系谱关系，再利用系谱关系估计不同时期对应的种群大小。天际线图方法基于分段恒定种群大小（piecewise constant population size）模型，即种群历史由几个种群大小恒定的时段组成，不同时段之间有效种群大小瞬时变化。该模型提供了一个灵活的框架，可以捕捉自然种群中预期的复杂种群历史动态。

然而，利用单个基因座信息推断系谱和种群历史动态的关系可能存在偏差，如节点时间估计的不确定性。为了解决这个问题，Drummond 等（2005）提出了贝叶斯天际线图（Bayesian skyline plot），在分析中可以同时估计系谱、种群历史和替代模型参数。贝叶斯天际线图仍然基于分段恒定种群大小模型，其中每个时段的有效种群大小是恒定的，并且不同时段之间有效种群大小瞬时变化。然而，贝叶斯天际线图要求给数据分组。由于缺乏分组的严格标准，因此分析中存在主观的步骤。选择过多的组会增加估计误差，并且在分析无信息数据集时可能会出现问题（Heled and Drummond，2008）。

Heled 和 Drummond（2008）提出了扩展贝叶斯天际线图（extended Bayesian skyline plot），它允许分析多个独立的基因座。通过增加独立基因座的数量，评估溯祖过程中的不确定性，从而提高种群历史动态推断的可靠性，并大大减少估计误差。另外，极端瓶颈会导致一些基因座上携带的种群历史动态信号丢失，从而无法推断瓶颈事件发生之前的种群进化历史，所以分析多个基因座可能在某些基因座上保留了瓶颈前种群历史动态信号，从而提高对瓶颈前进化历史的解析能力。在扩展贝叶斯天际线图方法中，种群历史动态重建取决于数据集中每个基因座估计的系谱关系。可以使用不同遗传方式的序列（核基因和质基因），但是需要考虑到不同遗传方式有效种群大小之间的关系，例如，一个二倍体的常染色体 DNA 序列的有效种群大小大约是母系遗传的线粒体 DNA 的 4 倍。扩展贝叶斯天际线图方法使用分段线性模型来描述种群历史动态，允许有效种群大小沿每个区间连续变化。前面提到的天际线图方法基于分段恒定种群大小模型，其中种群大小在每个溯祖时段保持不变，并在连续时段瞬间发生变化，这在生物学上不太现实（Ho and Shapiro，2011）。鉴于这些优点，扩展贝叶斯天际线图方法在利用多基因座推断种群历史动态分析中得到了广泛应用。

2. 微卫星

微卫星又称简单重复序列（simple sequence repeats，SSR），由于其高变异性、共显性、选择中性以及低成本等特征，一度成为种群遗传学研究中最常用的分子标记之一（Ellegren，2004）。很多种群历史动态的推断软件如 MIGRAINE（Leblois et al.，2014）、VarEff（Nikolic and Chevalet，2014）和 DIYABCskylineplot（Navascués et al.，2017）都可以用 SSR 数据。MIGRAINE 是基于溯祖理论和最大似然法通过对基因座系谱的重要性抽样算法（importance sampling algorithm，IS）推算物种的种群历史动态。由于 MIGRAINE 假设的种群模型为单个隔离的种群，无法解析有效种群反复收缩和扩张的情景，同时易受到种群结构的影响，高度简化的种群模型与真实的进化情景可能存在较大出入。VarEff 基于溯祖理论的近似似然方法（approximate likelihood method），也称准最大似然估计方法，可以更加灵活地展示种群历史动态，反映过去有效种群大小的瞬时波动情况。VarEff 将 SSR 原始的片段信息转换为等位基因间距离的频率图谱，使用逐步分段函数（step function）天际线图更精细地模拟过去有效种群大小的波动情况，不仅计算速度快，还能反映过去有效种群大小的瞬时波动情况。在对过去种群动态估计的过程中，不断基于特定的微卫星突变模型和种群模型随机地产生分段函数，并利用近似似然方法计算其似然值。VareEff 可以很好地估计过去任意时间（包括现在）有效种群大小的多个统计量（如平均数、众数、中位数及分位数）的后验分布，并且可以估算种群中所有个体追溯到最近共同祖先的时间（time to the most recent common ancestor，TMRCA）。DIYABCskylineplot 是在近似贝叶斯计算（approximate Bayesian computation，ABC）框架下进行种群历史动态的天际线图分析，其可以模拟同一种群在不同时间尺度的多个样本，从而更好地估计有效种群大小，还可以模拟多个种群的模型，并估计每个种群的天际线图。值得注意的是，对于微卫星突变率尚不清楚的生物，这些软件均不能给出有效种群大小（N_e）的绝对数值和有效种群大小发生变化的绝对时间，只能给出遗传多样性 $\theta = 4N_e\mu$（N_e 表示有效种群大小，μ 表示每世代突变率）和突变的累积数量 $\tau = T\mu$（T 表示以世代计的时间）的参数估计。大多数检测有效种群大小变化的方法通常假设是一个随机交配的种群，一旦违背这一假设可能会检测到错误的种群瓶颈或者扩张信号（Heller et al.，2013；Nikolic and Chevalet，2014；Navascués et al.，2017）。

6.2.2 全基因组数据

全基因组测序数据分析种群历史动态的优势在于可以提供更多相互独立的基因座。推断种群历史动态的计算方法依靠溯祖模型，用溯祖模型来推断种群历史动态时，未经历重组的基因座有自己独立的进化系谱关系。两个相近但未经历重组的基因座共享相同的系谱关系，两个相隔很远或者不在同一条染色体的基因座更容易有各自独立的系谱。因而，只增加个体数并不能有效地提高种群历史动态推断的准确性。相反，选取更多相互独立的基因座是更合理的做法（Beichman et al.，2018）。利用基因组数据来推断种群历史动态的软件有很多，不同软件的原理、使用的数据类型以及能够准确解析种群历史动态的时间区间也存在差异。

1. 基于位点频谱图（site frequency spectrum，SFS）

SFS 表示在多个样本中特定频数的 SNP 出现的个数或频率（Evans et al.，2007）。依据是否已知祖先状态可以分为折叠频谱（folded SFS）和非折叠频谱（unfolded SFS）。按照SFS涉及的种群数量，可以分为一维频谱（1dSFS）和二维频谱或联合频谱（2dSFS/jointSFS）。许多重要的种群遗传学统计量，例如 Tajima's D 和遗传分化指数（FST）都可以从 SFS 中获得（Nielsen et al.，2009）。

频谱会受种群历史动态的影响，不同的种群历史动态情景会改变基础系谱的形状和分支长度，从而改变频谱图的形状。因为两个基因拷贝完成一次溯祖等待的时间与有效种群大小成反比，所以对于种群增长模型，预测系谱会具有较长的外部分支。在相同时间内，两个拷贝在大种群中完成溯祖的可能性较低，而在小种群中完成溯祖的可能性较高。将突变对应到系谱关系中，由于外支较长，因此突变有较高的概率落在外部分支上。种群增长模型与恒定大小的种群相比，频谱图的分布会更大比例偏向低频 SNP。相反，对于种群收缩模型它产生了与种群增长相反的模式，频谱图中低频变异的比例降低。种群收缩后立即扩张，可能对系谱关系以及频谱产生许多影响，具体取决于瓶颈的程度。如果瓶颈非常严重，则所有支系都会在瓶颈期间完成溯祖，从而产生类似于种群增长的系谱关系和频谱图。如果瓶颈程度不严重，那么一些基因拷贝不一定会在瓶颈过程中溯祖，而是回到更大的祖先群体中用更长的时间完成溯祖。这样溯祖将具有更长的内部分支，并且频谱图中低频变异将比种群大小恒定的少。种群结构也会影响 SFS，如果两个种群很早就开始分化，那么来自每个亚种群内的支系可能先完成溯祖，从而产生一个具有很长的内部分支的系谱树，落在内部分支上的突变将仅由两个亚种群的样本分别携带。在极端情况下，这些突变将是两个种群之间的固定差异。如果在统计 SFS 时将两个种群的数据合并在一起，则种群结构将导致频谱图中有过多中频变异（Beichman et al.，2018）。

由于频谱会受到种群历史动态的影响，因此 SFS 是推断种群历史动态参数非常有用的概括统计量。Stairway plot（Liu and Fu，2015，2020）和 PopSizeABC（Boitard et al.，2016）利用 1dSFS 推断单个种群有效种群大小随时间的变化。Stairway plot 2（Liu and Fu，2020）相比于 Stairway plot 1（Liu and Fu，2015）可以利用非折叠频谱信息推断 20 ~ 9 万个世代的有效种群大小波动情况（Nadachowska-Brzyska et al.，2022），同时解决了 Stairway plot 1 在古老的时期检测到的假种群瓶颈信号的问题（Liu and Fu，2020）。PopSizeABC 整合折叠频谱和连锁不平衡信息，可以推断 20 万个世代以内的有效种群大小的波动（Nadachowska-Brzyska et al.，2022）。两种方法均可处理单倍型拆分的 SNP 数据或者未进行单倍型拆分的 SNP 数据，但是需要大量的样本，虽然样本量小于 10 的情况下也能正常计算，但是结果的准确性大打折扣。这些软件只能得到单物种有效种群大小随时间的变化趋势，对于濒危物种和圈养物种的保护和管理具有重要意义（Waples and Do，2010；Hare et al.，2011；Marandel et al.，2019）。然而，不能解决更复杂的进化情景，如多物种的分化时间以及基因流大小的估计。为了解决这一问题，可以构建单个或者多个种群不同的进化模型，通过比较不同进化模型与真实数据拟合程度来选择最佳模型，并估计模型中的参数，如 N_e、分化时间、基因流等。∂a∂i（Nielsen et al.，2009）和 fastsimcoal2（Excoffier et al.，2013，2021）两个软件可以通过比较多个模型的似然值选择最优模型，估计最优模型中所有的种群遗传学参数（分化时间、有效种群大小、基因流等）。值得注意的是，虽然基于 SFS 的分析方法可以分析大样本量的数据且计算速度快，也可以比较各种复杂的种群历史动态情景，但是 SFS 的计算对识别变异的方法、数据质量（如覆盖率、测序错误率）以及外类群的选择和极化衍生等位基因（polarize the derived allele）的方法很敏感。为了解决确定基因型时带来的偏差问题，可以利用基因型似然值（genotype likelihood）直接估计 SFS，可以同时考虑覆盖率和碱基质量（Nielsen et al.，2012；Korneliussen et al.，2014）。由于 SFS 是样本量的函数，虽然没有最低样本量的要求，但更多的样本量（即使是成百上千个个体）会提高检测近期种群历史动态的能力。

2. 基于近似贝叶斯方法和概括统计量（approximate Bayesian computation with summary statistics，ABC）

ABC（Beaumont et al.，2002）是从多个概括统计量中推断种群历史动态参数，如序列两两之间碱基差异个数的均值、FST 或连锁不平衡（linkage disequilibrium，LD）衰减。ABC 方法需要指定种群进化历史模型（有效种群大小、物种分化或者基因流），然后对模型进行参数估计。模型中涉及的参数需要指定先验分布，通常选择均匀分布作为参数的先验分布。对于参数先验分布的区间在多个数量级上变化的，例如迁移率和选择系数可以选择对数正态分布。如果不确定应该使用哪种分布，可以考虑使用多种先验分布来评估结果的稳健性。基于参数的先验分布进行多次溯祖模拟得到模拟数据的概括统计量，然后与真实数据的概括统计量进行比较，如果足够接近，则将保留模拟数据估计的参数值。如果模拟的概括统计量与真实数据不接近，参数将被拒绝。溯祖模拟的次数至少重复几千次，最终参数值的分布会接近一个后验分布。

基于 ABC 方法已经开发了很多软件，包括 DIY-ABC（Cornuet et al.，2008，2014）、popABC（Lopes et al.，2009）、ABCtoolbox（Wegmann et al.，2010）。其可以用少量样本的全基因组 SNP 数据以及多个个体的序列数据或者微卫星数据。ABC 方法可以处理各种复杂的模型，灵活性很高。此外，一些重要的溯祖参数如突变率等很难被估计，ABC 方法可以通过给定这些参数一个先验分布来估计。然而，ABC 方法还存在一些缺点，首先，将多个基因座或者 SNP 数据转换为简单的概括统计量会造成大量有用信息的丢失。例如，对于 SNP 数据来说丢失位点间连锁不平衡信息，而连锁不平衡的信息可以帮助我们更好地推断近期的有效种群大小，因此种群瓶颈很难用 ABC 方法推断。此外，对于大量的全基因重测序数据来说，该方法的计算量很大，通常涉及大量的溯祖模拟，有限的参数搜索空间可能会导致错误的推断。虽然 ABC 方法可以并行，但是计算成本太高。其次，如果参数的先验分布设置较宽或所考虑的模型与真实进化历史不吻合，则 ABC 方法不能得到可靠的估计。更重要的是，ABC 方法在溯祖模拟中如果所选的概括统计量不能从实际数据中获得足够多的信息或相关参数的信息，则参数的后验分布看起来与先验分布相似。选择合适的概括统计量非常重要，例如，估计种群之间的迁移率和分化时间，则选择与种群分化相关的统计数据（如 FST）可以提供有用信息。近些年的研究提供了更系统选择最佳的概括统计量的方法（Joyce and Marjoram，2008；Nunes and Balding，2010；Jung and Marjoram，2011）。

3. 血缘一致性（identity-by-descent，IBD）或状态一致性（identity-by-state，IBS）

等位基因频率统计量（如 SFS）假定位点是独立的，并且相关的推断方法不考虑位点之间的连锁信息。为了利用连锁模型，提出了基于单倍型模式的推断方法，在基因组给定区域中单倍型之间的相似性可能归因于 IBD 或 IBS。IBD 从共同祖先那继承来的序列（样本是来自最近共同祖先的后代，并且未发生重组来打断 DNA 片段之间的连锁关系）。IBS 是指仅在组成上相同的序列，无论它们是否来源于共同祖先。IBD 并不总是对应 IBS，因为即使有共同的祖源（ancestry），给定的序列片段上可能已经产生了新的突变。IBS 也不总是对应 IBD。

IBD 可以反映种群历史动态信息，因为种群历史动态参数直接影响 IBD 的分布（Gusev et al.，2012；Browning B L and Browning S R，2013a）。在中性模型下，种群中随机选择两个个体找到 TMRCA 与有效种群大小成反比，小种群中溯祖概率更高，对于瓶颈种群有更多的基因座会在瓶颈期间完成溯祖，对于大种群具有较低的溯祖概率。TMRCA 可以利用两个样本之间共享的 IBD 水平进行估计。由于较短的 IBD 片段（IBD tracks）对应较长的 TMRCA，较长的 IBD 片段对应较短的 TMRCA，因此祖先种群的大小改变会影响样本之间短 IBD 片段的共享水平，而种群近期的变化则影响长 IBD 片段的共享水平（Gusev et al.，2012）。一些种群进化事件会影响 IBD 的水平，如种群的扩张将导致共享 IBD 片段的长度分布指数下降，种群内部的基因流可能导致共享 IBD 的片段增加。有种群结构存在时，即使种群大小有所增加，亚种群之间较高的基因流也会导致种群内共享的 IBD 片段高于预期，从而不能准确鉴定种群扩张的信号。

要使用 IBD 模式进行种群历史动态推断，首先要鉴定基因组中的 IBD 区段，通常需要使用密集的基因型数据或全基因组测序数据，利用多种软件，如 GERMLINE（Gusev et al.，2009）、IBDseq（Browning B L and Browning S L，2013b）、diCal-IBD（Tataru et al.，2014）、IBDNe（Browning S R and Browning B L，2015）等确定 IBD 区段。目前识别 IBD

区段的方法在检测更长的IBD片段（>2 cM）时表现更好，而较短的IBD片段可能会被错误地识别（Chiang et al.，2016）。因为IBD片段随着时间流逝会被重组打断，所以IBD片段可以为近期进化历史事件提供有价值的信息。一些方法利用个体之间共享的长片段IBD信息和大量样本来推断近期种群历史动态事件，例如，Palamara等（2012）研究共享IBD片段的长度分布与种群历史动态之间的关系，结果表明利用共享IBD片段的分布可以推断出几十代之前发生的种群进化事件。

与IBD不同，IBS可以通过直接观察获得，此外，IBS可以推断古老和近期的种群进化历史事件。IBS的方法适用于全基因组单倍型拆分数据，并已成功应用于人类千人基因组（1000 Genomes Project）数据的分析（Harris and Nielsen，2013），北极熊和棕熊（Liu S P et al.，2014）以及美国土著人群（native American genomes）的迁移、扩散路线的研究（Raghavan et al.，2015）。为了证明IBS的分布在种群历史动态推断中的价值，Harris和Nielsen（2013）使用溯祖模拟证明IBS分布能够准确推断两个种群的混群时间。与SFS相比，IBS的优势在于，IBS结合了位点之间的连锁信息，它可以适应更复杂的种群历史动态情景，使用较大的样本量。需要注意的是，IBS的信息直接通过实际数据来计算，虽然数据容易获得，但是对数据中的测序错误和单倍型拆分错误非常敏感。

4. 序段马尔可夫溯祖模型（sequentially Markovian coalescent methods，SMC）

成对序段马尔可夫溯祖（pairwise sequentially Markovian coalescent，PSMC）方法（Li and Durbin，2011）是建立在隐马尔可夫模型（hidden Markov model，HMM）基础上开发的序段马尔可夫溯祖算法。PSMC可以利用一个二倍体数据推断有效种群大小的变化，通过识别在溯祖之前可能没有经历重组的片段，即拥有最近共同祖先的片段，利用片段中二倍体序列的差异估计TMRCA。最后，利用TMRCA分布信息来估计溯祖率随时间的变化，TMRCA片段越多代表其对应的时段溯祖概率越高，有效种群大小较小（溯祖概率与有效种群大小成反比），结合突变率和世代时间将其不同时段对应的溯祖概率转化为有效种群大小变化的轨迹。

PSMC只需一个二倍体个体的基因组数据，该基因组必须要有足够高的覆盖度，至少需要18×的测序深度，小于25%的缺失数据和每个位点至少有10条测序片段（reads）覆盖，保证可以准确地识别杂合位点（Nadachowska-Brzyska et al.，2016）。对于基因组重复区域容易出现短读序列的比对错误，从而导致假阳性的SNP信息（Treangen and Salzberg，2011），为了避免这一问题，Nadachowska-Brzyska等建议屏蔽重复区的信息（Nadachowska-Brzyska et al.，2016）。然而，对于大多数植物来讲，重复序列的占比较高，如果屏蔽重复区将丢失大量的信息。Bai等（2018）在胡桃属（*Juglans*）的研究中，为了确保SNP的质量，对于比对深度不在基因组平均测序深度1/3到2倍之间的变异进行过滤，从而最小化重复区比对错误的问题（Bai et al., 2018）。PSMC 虽然能够在较低测序深度情况下推断有效种群大小的波动图，但是图形的形状会趋于扁平化。数据量少且覆盖率低，相当于种群历史动态的分析仅仅是基于基因组的一个子集，所以推断结果有可能不可靠（Mather et al., 2020）。PSMC 原则上应该使用全基因组序列，但是也可以从人类基因组的单个染色体上获得信息位点，从而作出有效种群大小的波动图。

Schiffels 和 Durbin（2014）对 PSMC 进行了调整，允许使用多个基因组信息，称为多序段马尔可夫溯祖（multiple sequentially Markovian coalescent, MSMC）。因为在分析中用到的样本有共同祖先时，N_e 会收敛到同一个值，利用这个特点 MSMC 可以粗略地估计种群分化时间（Warren et al., 2015）和物种分化时间（Wang J et al., 2016）。MSMC 使用多个单倍型数据；只有 2 个单倍型时，可以简化为 PSMC 的变体（称为 PSMC′）。理论上，MSMC 可以使用的单倍型数量没有上限，但是随着数据量的增加，计算复杂度迅速增加，以至于真正应用时最多只能使用 8 个单倍型。

相比基于树的方法（如天际线图），PSMC 和 MSMC 可以将更多的基因座信息用于计算。MSMC 相比于 PSMC 因为增加等位基因数量会相应地增加溯祖事件发生的机会，所以能够估计更近期的有效种群大小变化。MSMC 在使用 8 个单倍型时可以推断 70 ~ 4000 个世代 N_e 的变化（Nadachowska-Brzyska et al., 2022）。需要注意的是，MSMC 需要做单倍型拆分，拆分错误会严重影响推断的准确性（Terhorst et al., 2017）。PSMC 基于溯祖理论推断有效种群大小，由于突变率较低，往往需要经过很长时间才能累积到足够的变异，所以通常用于解析较为古老时期的有效种群大小，可以用于推断 400 ~ 20 万个世代有效种群大小变化（Nadachowska-Brzyska et al., 2022）。PSMC 和 MSMC 需要至少有一个本种或近缘种的参考基因组，使用亲缘关系较远的参考序列可能会降低杂合子检测的准确性（Bentley and Armstrong, 2022），从而影响种群历史动态的推断。在分析之前，应该过滤数据中假阳性的杂合位点，对于覆盖率较低的样本，如果不能正确过滤，可能会严重影响有效种群大小的推断。另外，在解读 PSMC 和 MSMC 结果时应注意非随机交配和自然选择可能影响溯祖时间和有效种群大小之间的关系。在非随机交配的种群中（种群亚结构），亚种群之间基因流较小可能会高估有效种群大小（Li and Durbin, 2011; Mazet et al., 2016）。因此，有效种群大小随着时间波动图上出现的峰值可能反映的是种群结构变化，而非真实的种群扩张。对于近交种群，溯祖速率会加快，从而降低有效种群大小的估计值。自然选择可能会对有效种群大小的估计产生影响（Ewing and Jensen, 2016; Schrider et al., 2016），尤其是纯化选择倾向于移除遗传变异（Charlesworth et al., 1993），从而导致有效种群大小被明显低估。

SMC++（Terhorst et al., 2017）结合了 SFS 和 PSMC 两种方法，不需要单倍型拆分数据。可以利用数百个样本推断近期和古老时期的种群历史动态。SMC++在没有基因流的情况下可以推断种群之间的分化时间，如果种群之间存在基因流，那么 SMC++推断的分化时间将无法反映真实的分化历史。

5. 贝叶斯溯祖方法（Bayesian coalescent approach）

G-PhoCS（Gronau et al.，2011）利用基因组中中性、独立的基因座在指定的进化情景中估计种群参数（有效种群大小、分化时间和基因流）。软件的基本框架是在特定的种群历史动态模型下产生系谱关系，然后以该系谱关系为条件，计算获得真实数据的概率。由于大多数系谱关系得到实际数据的概率非常低，因此 G-PhoCS 没有随机抽样一个系谱关系，而是使用 MCMC 方法中的梅特罗波利斯–黑斯廷斯算法来优先抽样与实际数据兼容的系谱关系，从而提高推断效率，并给出相关种群历史动态参数的后验分布。因为它可以利用基因组数据中大量的信息，所以从统计推断角度来看，该方法非常有前景。虽然输入的是序列数据，不需要对序列进行倍型拆分，可以分析成千上万个中性、独立的基因座。程序可以并行，运行速度也很快。然而，G-PhoCS 无法进行模型比较，只能对指定的进化模型估计参数。相比于其他方法，它无法推断近期种群大小的变化。

IMa3（Hey et al.，2018）更加灵活，可以做不同种群进化关系的比较和参数估计。更重要的是，它可以给已有支系增加一个未采到样的幽灵种群，通过比较有幽灵种群和无幽灵模型的边际后验概率（marginal posterior probability）来选择最优模型。然而，IMa3 需要单倍型拆分的序列数据且基因座的数量不能太多（建议不超过 200 个）。单倍型拆分在样本量较小时会产生偏差，从而影响推断结果。

6. 基于连锁不平衡信息

推断近期有效种群大小（N_e）的变化对于濒危物种的保护和人类进化历史的研究均具有重要意义。然而，基于 IBD 信息估计近期 N_e 的方法需要大量样本的基因分型数据（Browning S R and Browning B L，2015）。Santiago 等（2020）开发的软件 GONE 利用当代样本 SNP 之间连锁不平衡信息推断过去 100 个世代以内的种群历史动态。GONE 利用基因组的重组率信息，每个新产生的突变都会与其他多态位点之间产生少量的 LD。LD 程度会受世代之间遗传漂变和重组的共同影响，漂变会增加 LD 程度，由于遗传漂变的强度取决于 N_e，因此 LD 的衰减速率依赖于 N_e，而重组会降低 LD 程度，降低的速率依赖于基因座之间的遗传距离。因而，观察到距离较远位点之间的 LD 现象主要是近期遗传漂变的作用（由于远距离位点间重组频繁，过去的遗传漂变效应带来的影响容易被重组破坏，而近期的遗传漂变效应带来的影响则尚未被重组消除），但是距离较近的 LD 程度是近期和过去遗传漂变的共同作用，依据观测到不同遗传距离的基因座之间的 LD 程度可以获得不同世代之间 N_e 的变化信息。该方法对于输入数据的要求比较宽松，对于大样本量和小样本量

(<10 个)，单倍型拆分或不进行单倍型拆分的二倍体数据均可进行分析，并且对影响种群历史动态推断的因素如单倍型拆分错误、样本采集时间的异质性、种群之间有基因流和种群亚结构等表现出高度容忍。然而，软件计算时需要提供物种的全局重组率或者位点之间的遗传距离，这对于大多数非模式生物来说都不太现实。

6.3 应　用

"本质上讲，所有模型都是错误的，但有些模型是有用的"（Box and Draper，1987）。简化的种群遗传模型也不例外。模型通常假定随机交配大种群和世代不重叠，但在自然界这样的种群几乎不存在。此外，不同种群的基因流事件，如种群结构、混群事件、选择、突变和重组等会在基因中留下印迹。因此，在利用基因组数据推断特定的种群历史动态时，必须排除这些因素的干扰。即使用基因组数据，也不一定能准确地推断种群历史动态（Mazet et al.，2016）。如果假定的模型不正确，可能会产生有误导性的结果，并且增加数据量只会提高错误模型中参数估计的精度，而无法获得准确的种群历史动态参数。因此，在做种群历史动态分析之前，首先要考虑的问题如下：①实验设计是否适合解决种群历史动态问题？②基因组数据或关注的研究系统是否违背了模型的关键假设？③结合已有的生物学知识，判断假设的模型是否符合真实情况？

6.3.1 方法选择

种群历史动态推断的方法（表6-1）有很多，本书已经对每种方法适用的数据类型以及解决问题的时间尺度进行了较为详细的介绍。面对如此多的分析软件，用户可以针对自己的研究目的选择合适方法。人类活动的显著干扰通常集中在近2万年以内的时间尺度，而物种形成和地质气候变化则涉及百万年甚至更长时间尺度的过程。针对不同时间尺度，现有软件的适用范围也有所不同：一些软件能够准确估计近期的种群历史动态，而另一些则更适合推断古老时间尺度下的种群演化历史。在选择种群历史动态推断方法时，研究者首先需要考虑解决自己研究问题应该关注的时间尺度是近期几百个世代（例如人类活动导致的种群瓶颈，通常是保护生物学关注的重点）还是更古老的时间尺度（例如古老的物种形成事件，物种对地质气候变化的响应等）。方法的选择取决于数据类型以及已测序的个体数，例如，基于频谱的方法样本量越多越好，至少需要10个个体。同时，要考虑所用软件对计算资源的需求，用于分析的种群数量，对于多个种群的进化历史分析，可以通过指定模型的方法估计种群的分化时间、有效种群大小和基因流发生时间等重要信息。

表 6-1 常用推断种群历史动态的软件

方法	标记类型	使用信息	估计参数	参考文献
Extended Bayesian skyline	短片段	溯祖时间	θ，τ	Heled and Drummond，2008
MIGRAINE	SSR	溯祖时间	θ，τ	Leblois et al.，2014
VarEff	SSR	溯祖时间	θ，τ	Nikolic and Chevalet，2014
DIYABCskylineplot	SSR	溯祖时间	θ，τ	Navascués et al.，2017
Stairway plot	SNP	folded/unfolded SFS	N_i	Liu and Fu，2015，2020
PopSizeABC	SNP	folded SFS 和 LD	N_i	Boitard et al.，2016
∂a∂i	SNP	1DSFS，2DSFS，3DSFS	N_0，N_i，T，m，θ	Nielsen et al.，2009；Blischak et al.，2020
fastsimcoal2	SNP	1DSFS，2DSFS，nDSFS	模型中任何参数	Excoffier et al.，2013，2021
fastNeutrino	SNP	folded/unfolded SFS	N_i	Bhaskar et al.，2015
PSMC	长 DNA 链	溯祖时间和重组	N_i	Li and Durbin，2011
MSMC	长 DNA 链	溯祖时间和重组	N_i，T	Schiffels and Durbin，2014
SMC++	SNP	SFS 和 SMC	N_i，T	Terhorst et al.，2017
DIYABC	SSR，SNP，序列	用户决定	模型中任何参数	Cornuet et al.，2014
G-PhoCS	序列	突变模式	N_0，N_i，T，m，θ	Gronau et al.，2011
3S	序列	多物种溯祖	N_0，N_i，T，m，θ	Dalquen et al.，2017
IMa3	序列	多物种溯祖	N_0，N_i，T，m，θ	Hey et al.，2018
Msci	序列	多物种溯祖	N_0，N_i，T，m，θ	Flouri et al.，2020
IBDNe	长 DNA 链	IBD	N_i	Browning S R and Browning B F，2015
Inferring-Demography-From-IBS	长 DNA 链	IBS	N_i	Harris and Nielsen，2013

注：N_i 表示任意时刻有效种群大小，N_0 表示当前种群大小，T 表示种群分化时间，$\theta = 4N\mu$（N 表示有效种群大小，μ 表示每世代突变率）和 $\tau = T\mu$（T 表示以世代计的时）。

6.3.2 注意事项

1. 数据质量

数据质量要求因方法而异，基于 SFS 的推断对数据的要求比较灵活，对于大样本量的低测序深度的数据，ANGSD（Korneliussen et al.，2014）可以考虑多种因素（如测序覆盖率差异、测序错误率）导致的不确定性来推断 SFS。在模拟数据中，10 个 1× 覆盖度的二倍体数据使用 ANGSD 也能准确推断 SFS（Nielsen et al.，2012）。但是，鉴于实际数据中的不确定性较高，如果可能，建议对少量样本（～10 个样本）使用较高的覆盖度（>3×）。推断近期扩张的种群（<200 世代）会产生过量的稀有等位基因，因而需要大量样本（>1000 个样本）来识别稀有变异的信号（Beichman et al.，2018）。SFS 推断框架假定位点之间是独立的，如果所有变异数据都局限于高 LD 的基因组区域，将给种群进化历史推断带来困扰。

基因组组装质量对有效种群大小的推断具有鲁棒性（Patton et al.，2019）。Nadachowska-Brzyska 等（2016）发现缺失数据与覆盖度对 PSMC 结果有影响，建议进行 PSMC 时要求基因组覆盖度大于 18×且缺失数据少于 25%，每个位点保证有 10 个以上的短读序列。在几种 SMC 方法中，大量假阳性 SNP（>10%）和不屏蔽基因组中的重复区可能会影响到有效种群大小推断的准确性（Sellinger et al.，2021）。然而，对于大多数植物来讲，如果屏蔽了重复区，将丢失大量的信息，可以将比对深度不在基因组平均测序深度 1/3 到 2 倍的变异位点进行过滤，从而最小化重复区比对错误的问题（Bai et al.，2018）。

2. 自然选择

本章讨论所有用于种群进化历史推断的方法，均假定所用的基因座是中性进化的。但是，基因组中的一些基因座在进化的过程中可能受到自然选择的作用。选择以多种不同方式（正选择、纯化选择、平衡选择）发生，每种选择类型都可以影响突变本身的功能和附近连锁的中性变异。大量证据表明，果蝇和人类基因组中靠近基因和低重组区域的中性位点已受到选择的影响（Sella et al.，2009；Hernandez et al.，2011；Lohmueller et al.，2011；Enard et al.，2014）。

选择的存在会对种群历史动态的推断产生影响（Ewing and Jensen，2016；Schrider et al.，2016），例如，纯化选择将导致遗传变异减少，从而呈现假的种群瓶颈信号。在 PSMC 分析中，受到强背景选择的基因组区域产生近期瓶颈的假信号，受到平衡选择的区域将产生种群扩张的假信号。Murray 等（2017）指出旅鸽的基因组经历了紧密的连锁选择，导致 PSMC 图无法反映种群数量随时间的变化趋势。

为了减弱选择的影响，应尽可能关注中性进化的基因座。选择对种群进化历史推断的影响是不容忽视的，避开位于外显子附近的序列是一个很好的解决策略。另外，如果有重组率信息，则应使用重组率高的位点。Schrider 等（2016）建议不要在 ABC 方法中使用概括统计量中的方差，因为方差可能会因连锁选择而被夸大。

3. 种群结构

种群结构无处不在，但在使用 PSMC 推断有效种群大小变化时却常常被忽略。在 PSMC 方法中，种群结构的存在可能错误推断有效种群大小（Mazet et al.，2016）。针对这一问题已经提出了几种策略来规避或减少种群结构的潜在影响（Chikhi et al.，2010；Heller et al.，2013）。模型中应考虑到未采到样或幽灵种群（Beerli，2004）对 SFS 和概括统计量的影响。对于大多数自然种群，我们不可能对所有的种群都采样，建议在模型中包括这样的幽灵种群（Excoffier et al.，2013），上面提到的 IMa3（Hey et al.，2018）和 fastsimcoal2（Excoffier et al.，2013，2021）等都可以在模型中加入幽灵种群。模拟数据可以用来检测模型是否与真实数据吻合，全面评估结果的稳健性。

6.3.3 建议

近年来随着测序技术的发展与计算方法的完善，比较准确地推断种群进化历史已成为可能，但是不同软件背后的推断原理是有很多前提假设的，研究者在选择分析软件和解释最终结果时应格外谨慎，以防错误解读结果。由于一些软件需要知道物种的突变率、重组率和世代时间等参数，因此研究者在选用软件时需要考虑是否能较为准确地提供这些参数，若本物种的突变率、重组率和世代时间等参数未知，可以采用近缘物种的相关参数作为替代。当本物种及其近缘物种的参数均不可得时，建议使用不依赖这些参数的种群历史动态推断软件。另外，软件需要中性的、独立的位点，确保自己的数据准备符合软件的要求。此外，基于任意指定种群历史动态模型的软件需要用已有的生物学知识判断模型设置是否合理，有没有其他可能的替代模型。对于研究背景不清楚的物种，建议先对数据进行初步分析，例如使用主成分分析（principal component analysis，PCA）（Price et al.，2006）、STRUCTURE（Pritchard et al.，2000）、ADMIXTURE（Alexander et al.，2009）分析检测样本是否存在种群结构或者分组情况，利用 TreeMix（Pickrell and Pritchard，2012）检测样本之间是否存在基因流等。这些先验信息可以帮助我们合理地选择种群历史动态推断软件。由于种群历史动态的推断软件对真实的进化历史进行了简化，因此我们建议尽可能比较多种方法来强化自己的结果。

第7章 实验进化方法*

进化生物学主要表现为一个回溯式的科学。研究人员根据在化石以及现有生物类群中观察到的数据推断进化历史，并发展出进化理论（Dettman et al., 2012；He and Liu, 2016；Mu et al., 2016）。回溯式研究面临诸多局限性。例如，在信息有限的情形下推断历史事件是很难的。再如，回溯式研究往往缺乏真正意义上的对照处理，而历史上发生的进化事件既有其必然性，又表现出偶然性，不容易得出确定性的结论。相反，在前瞻式的研究中，研究人员可以观察甚至操控初始事件，观察事件的变化直至追踪到结束状态，可以建立起事件之间的因果关系。进化生物学发展的困难以及遭遇的不信任的重要原因之一就是回溯式科学的局限性。

实验进化是进化生物学中一个比较“小众”的研究途径，是前瞻式的研究。这种研究途径无法回答历史上发生了哪些进化事件，而主要目的是检验进化理论（Buckling et al., 2009；Dettman et al., 2012）。在实验进化研究中，生物种群在特定条件下进化若干世代，研究人员可以控制实验种群的组成以及种群进化的环境，并实时观察实验种群的进化动态。尽管最早的实验进化可以追溯到达尔文同时代的 William Dallinger 使用水生原生生物进行的增温适应实验（Dallinger, 1887），但在现代综合进化理论的形成过程中，实验进化的贡献非常有限。事实上，目前实验进化也仍然没有成为进化生物学领域的主流研究途径，但是这种途径确实有很多优势。

实验进化在概念上非常简单：一系列重复的实验种群在人为控制的实验条件下进化若干世代。可以通过设计实验来估计诸如突变、遗传漂变、基因流和选择等因素对遗传变异和可遗传表型性状的影响。实验还可以阐明种群对选择的响应变化以及可能加强或限制种群响应能力的因素（Garland and Rose, 2009）。一些进化实验还探讨了生物适应特定环境胁迫的过程，这些实验研究可以为进化过程的遗传基础、分子基础、细胞基础和发育基础以及适应性变化的规律提供见解，从而探究生物适应的机制（Garland and Rose, 2009）。目前，实验进化已经用于解决进化生物学中许多领域的各种问题（Kawecki et al., 2012）。

---

* 本章作者：陈楠、张全国。

7.1 实验进化的研究对象

实验进化的对象可以是虚拟生物（Taylor and Hallam，1998；Yedid et al.，2008），也可以是现实生物；可以是单细胞生物（Blount et al.，2008；van Hofwegen et al.，2016），也可以是多细胞生物（Weese et al.，2015）；实验可以完全在实验室中进行，也可以部分在自然界中进行。

Gould（1989）的一些思维实验可以认为具有实验进化的成分，他断言即使地球生物重新进化几百万次，类似于智人的生物也几乎不会出现。但同时他认为无法在现实中进行这样的实验。Darwin（1859）也在《物种起源》中提到过进行实验研究的困难：我们无法观察到这些缓慢变化的过程，除非经历很长的时间，并且我们对过去地质时代的认识仍然存在不足，以至于我们只能观察到生命形式在过去与现在的区别。

其实，无论是在实验室中还是自然界中进行的实验进化并不在少数（Blount et al.，2018），甚至自然界本身就一直进行着实验进化，只要我们在此基础上加以改进，就可以对我们所研究的进化生态学问题产生巨大帮助（窗口 7-1 提供了一个研究实例）。

窗口 7-1　自然界中的实验进化

对于某些多细胞生物来说，它们在自然进化过程构成了实验进化的第一个阶段。固氮细菌可为豆科植物提供有机氮，而豆科植物可为固氮细菌提供生存环境、碳源等，两者是互利共生的关系。然而，农业化肥的使用以及化石燃料燃烧产生的大量氮沉降导致土壤氮肥增加，可能会使得豆科植物对根瘤菌的依赖性大大减小，从而改变两者之间的互利共生关系。为验证这一假说，Dylan Weese 等通过一项长达 22 年的实验来模拟大气氮沉降的影响。自 1992 年开始，实验人员每年向凯洛格（Kellogg）生物研究站的实验样地添加粒状硝酸铵以模拟大气氮沉降，而对照组不采取任何措施。到 2012 年时，实验人员采集加氮土样与未加氮土样，并分别制成土样溶浆，注射至 3 种与大多数根瘤菌能互利共生的豆科植物（瑞典三叶草、白车轴草和红车轴草）根部。完成后将这些植物置于相同条件的温室中培养。2 个月后测量叶绿素含量，3 个月后测量地上生物量与根部的根瘤菌数量。研究人员发现，注射未加氮土样溶浆的 3 种豆科植物的生长状况优于注射加氮土样溶浆的 3 种豆科植物。这一实验证实了长期的氮沉降将削弱豆科植物与固氮细菌之间的互利共生关系（Weese et al.，2015）。

另外，得益于计算机技术的发展，研究者发现计算机程序在某些方面具有和现实种群相同的属性，如进行复制、发生突变以及存在竞争关系等。因此，可以使用一些被称为“数字生物”的计算机程序进行虚拟实验研究（Yedid et al.，2008）。相对于自然环境，人为创造的程序环境的所有参数都可以控制，历史事件也能完全把控（Blount et al.，2018），因此自 20 世纪末期以来，利用数字生物种群进行的实验进化越来越多，相关平台、程序也越来越完善（窗口 7-2）。

窗口 7-2　数字种群模拟实验

生命现象无疑是自然界中最复杂的涌现事件（emergent phenomena）之一。可以认为，生命无非是一团分子遵循化学规律组成的系统整体，只是这个系统体现了完全不同于底层组成单元的涌现规律。人们也许很难想象，得到生命的各种涌现属性可能并不是那么复杂，因为利用计算机，人们可以通过编写简单的代码得到类似生命的复杂现象，如寄生、反寄生、合作、军备竞赛、断点平衡、开放式进化等（Liang，2007）。20 世纪末期以来，越来越多的研究者被自我复制的电脑程序吸引，加之有关电脑病毒的报道不断增多，激发了研究者对受控环境中程序复制的生态学研究（Wilke and Adami，2002）。

最初的相关研究都是以游戏的形式进行的。1961 年在贝尔实验室，研究人员创造了一个名叫“Darwin”的游戏，游戏由一个称为裁判的程序和一个称为舞台的计算机内存指定部分组成，其中装有两个或多个由玩家编写的小程序。这些被称为数字生物体的小程序能够自我复制，并且要与其他小程序竞争，阻止其他程序的运行。存活到最后的一个程序的编写者被宣布为获胜者（Bratley and Millo，1972）。在“囚徒困境”比赛中，组织者邀请世界各国对此感兴趣的人来参加该比赛并提交竞争策略，这些策略都可以写成计算机程序，策略之间进行博弈，然后将每个策略的所有收益累加起来，最后分析哪个策略总分最高（Axelrod and Hamilton，1981）。1984 年，在一款名为“核心战争”的游戏中，人们用抽象汇编语言 Redcode 编写了多个“战斗程序”，程序互相竞争，争夺电脑空间。“战斗程序”能够通过重写虚拟“内存”中的指令来使自己或其他“战斗程序”发生变异。这使得相互竞争的程序可以相互嵌入破坏性指令，从而导致错误（终止读取该程序的进程）或“奴役进程”（使敌方程序为自己工作），甚至在游戏过程中更改策略并自我修复（Dewdney，1984）。热带植物生态学家 Thomas Ray 在 20 世纪 90 年代初期成功开发了 Tierra 模拟平台。Ray 对编程语言进行了一些关键的改编，使得通过变异破坏程序的可能性大大降低。他首次观察到计算机程序有意义并且复杂的进化方式。因此，在这种环境下，Tierra 中的计算机程序被认为是可进化的，并且可以变异、自我复制和重组（Ray，1991）。研究人员对1993 年由密歇根州立大学开发的 Avida 平台进行了改进，使得每个程序都位于自己的地址空间中。由于进行了这种修改，使用 Avida 进行的实验比使用 Tierra 进行的实验更加清晰和容易理解（Adami，1998）。借助 Avida，数字生物研究开始被越来越多的进化生物学家接受为有效的实验进化方法。例如，Richard Lenski 等借助 Avida 详细研究了生物体复杂特征的进化起源以及群落复杂特征在生物大规模灭绝过程中丢失后，历史事件和偶然因素对复杂特征重新进化的影响（Lenski et al.，2003；Yedid et al.，2008）。之后，Amoeba、Cosmos、Autolife 等一系列模拟生物进化的平台被开发出来。在 Amoeba 中，祖先种群是由机器指令的随机序列组成的混乱系统，不具备自我复制能力，需要不断进化（接收指令），逐渐成为一个包含自我复制程序的有序系统（Pargellis，2001）。在 Cosmos 中，数字生物的多样性和复杂性得到了增强，它们还具有简单细胞生物体所具有的某些功能，如沟通和对环境刺激的响应机制（这可能会促进生物体之间的共同进化），以及调节基因组的机制（这可能促进差异性程序的进化）；此外，虚拟细胞只能在一定范围内对指令进行操作，虚拟细胞之间也不能直接交流。Autolife 是开发者在经典数字世界研究基础上对数字生命、开放式进化所做的一次有创意的探索。Autolife 在计算机内存中营造了一个虚拟世界，然后让多个运行在内存中的程序作为生命体进行竞争并让竞争获胜者能够自我繁殖。用不了多久，这个小世界中竟然诞生了几百代生命体，它们不断地进化发展并且逐渐出现了寄生、反寄生、合作、分裂死亡等非常复杂的事件。在 Autolife 世界中，可以观察到许多类似于现实世界的生命现象，并且研究人员可以在研究初期创建不同的生命体（Liang，2007）。

目前，随着人工智能的发展，对于人工生命（artificial life，AL）的研究已经到达了一个新的阶段，特别是对于真实生物的模拟程度不断提高。即使面临诸多挑战（Wilke and Adami，2002），数字生物研究仍旧是开发和快速检验有关生态和进化过程中新假说的重要手段（Ray，1993）。

7.2 微生物实验进化

实验室条件下的微生物种群容易控制，生长速度快，种群数量大，而且它们通常进行无性繁殖，使得研究人员能够很容易地获取相同基因型的多个种群，并且微生物容易冰冻保存，更有助于研究种群进化历程（Blount et al.，2018）。因此，微生物是实验进化的主要研究对象。

第一个严格意义上的实验进化研究就是使用微生物进行的，曾任英国皇家显微镜协会主席的 Dallinger 将 3 种具有鞭毛并且形态不同的原生生物作为实验对象，让它们在自制的恒温箱中培养。在接下来的 7 年中，他逐渐升高恒温箱的温度。Dallinger 发现，要使恒温箱中的生物不灭绝，他只能缓慢升高温度，并且在升高一小段温度后停止升温一段时间（大概几周）。他还对整个实验过程中的生物形态进行绘制，并指出这些生物在形态上并未发生改变。最终他将温度升高至 158℉（70℃），而祖先型最大耐受高温不超过 140℉（60℃）。遗憾的是，由于恒温箱出现问题，这个实验未能继续下去。但在结束之前，Dallinger 将耐高温的微生物转移至原先祖先型生活的温度（60℉，15.6℃）中，发现它们无法生长。他认为这是由于人为创造的选择压力类似于自然选择淘汰了适应于祖先环境的微生物，而留下了适应高温的微生物。这一实验可以认为是对自然选择学说的第一个直接实验验证，也为生物进化过程中的权衡关系提供了案例，即对不同温度适应之间的权衡。

此后有很多生态和进化理论的发展借助了微生物种群实验途径。Gause（1934）根据对酵母和草履虫的研究，认为生态位重叠的物种不能共存，这是生态学的基本定律之一（Gause，1934）。Novick 和 Szilard（1950）及 Atwood 等（1951）通过研究大肠杆菌（*Escherichia coli*）长时间培养过程中基因型的周期性变化，判断生物进化过程中会出现周期性的选择效应。在抗生素被广泛使用后，通过微生物实验进化方法对细菌抗药性的研究也日益增多（Andersson and Hughes，2011）。20 世纪 90 年代，Lenski 和他的同事发表有关大肠杆菌长期进化实验相关研究成果之后，微生物作为实验进化对象进一步受到广泛关注（Buckling et al.，2009）。此后，研究人员通过微生物实验进化直接检验了大量生态学理论或假说，这一独特的研究方式几乎涉及生态学的各个领域。下面将介绍几方面研究，对这些领域微生物实验进化研究做出了独特的贡献。

（1）进化过程中的随机性与确定性

对于生物进化过程存在着两种相反的看法：以 Gould 为代表的科学家认为我们当今的生命世界由特定的历史事件产生，如果这些历史事件不同，今天的世界也会大为不同（Gould，1989）。相反，包括 Simon Morris 在内的另一些科学家认为，如果生物在一颗类地行星上开始进化，那么进化结果将与目前地球上的状态极为相似（Morris，2003）。更多的科学家接受随机性和确定性并重的观点。

历史进程在生物的进化过程中显示出了一定程度的“偶然性”，这意味着看似无关紧要的事件可能会对生物进化的结果产生巨大影响，甚至这些事件可以彻底改变未来。生物进化过程中的偶然性使得历史事件产生的结果无法预测。与许多其他的自然现象不同，进化是一个历史过程。进化过程中发生的变化通常是由自然选择的确定性力量驱动的，但是自然选择是作用于一系列无法预测的随机突变，甚至有益的突变也可能因遗传漂变而意外丢失。此外，进化发生于具有特定历史的环境中。这些确定性和随机性之间的结合使进化生物学成为科学与历史的混合学科。当哲学科学家在研究偶然性之间的细微差别时，生物学家已经进行了许多关于进化可重复性和随机性的实证研究（Blount et al., 2018）。这些研究可大致分为重演实验和历史差异性实验。

重演实验包括平行重演实验与分析重演实验，两者经常同时进行，互为补充。平行重演实验是最简单的现实种群操控实验，就是使相同的多个重复的祖先种群在相同环境中进化（图 7-1）。这相当于在同一时段多次"播放"生命进化过程（Blount et al., 2018），实验人员可以在进化过程中的特定时段收集样品，将其冰冻保存，这些保存的样品称为"冰冻化石记录"（frozen fossil records，FFR）。一个例子就是大肠杆菌长期进化实验（long-term experimental evolution，LTEE）。大肠杆菌长期进化实验由 Richard Lenski 等于 1988 年 2 月 24 日开始进行，至今仍然在继续。实验具有固定的流程：从 12 个来自两个祖先种群的大肠杆菌种群开始，在实验室条件下使用以葡萄糖为限制性碳源的培养基培养，每天稀释 100 倍至新鲜培养基，每经过 75 天（大约 500 个世代），研究人员进行取样冰冻保存，目前已经培养了超过 65 000 个世代（Fox and Lenski，2015）。此外，实验还对特定世代的样品进行克隆培养。可以通过平行重演实验结果之间的差异性来推断进化事件在多大程度上是可重复的（Cooper，2012）。

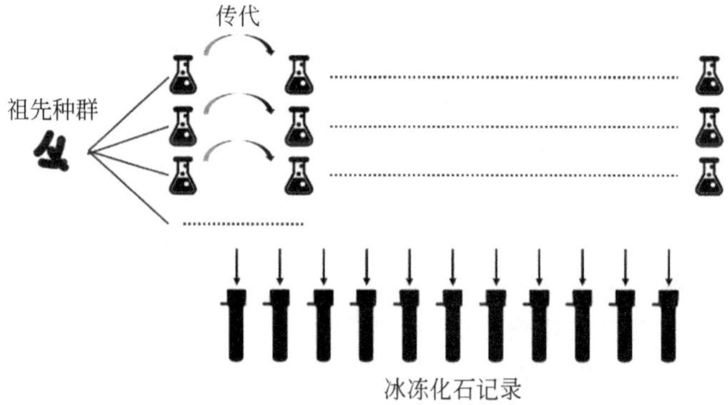

图 7-1　平行重演实验示意图

分析重演实验可以对进化中必然性和随机性的相对重要性进行更精准的推测。这类实验往往以具有冻存生物样品的平行重演实验为基础进行（图 7-2）。在分析重演实验中，首先使用多个冰冻化石记录建立新的种群，再观察这些种群的进化过程。研究人员使用这种实验方法来查明重要的历史时间点，若使用这些历史时间点前后保存的样品重新进行培养，出现某特定实验结果的概率可能变得更大或更小。在查明重要的历史时间点后，研究人员可以进一步在这一时间点左右探究导致这一特定实验结果出现或不能出现的重要突变或历史事件。分析重演实验从本质上来说类似于 Gould 的思维实验，因为它是关于生物在历史的某个时间点重新开始进化的实验，并查看结果是否或者在多大概率上与原始结果相同（Blount et al.，2018）。

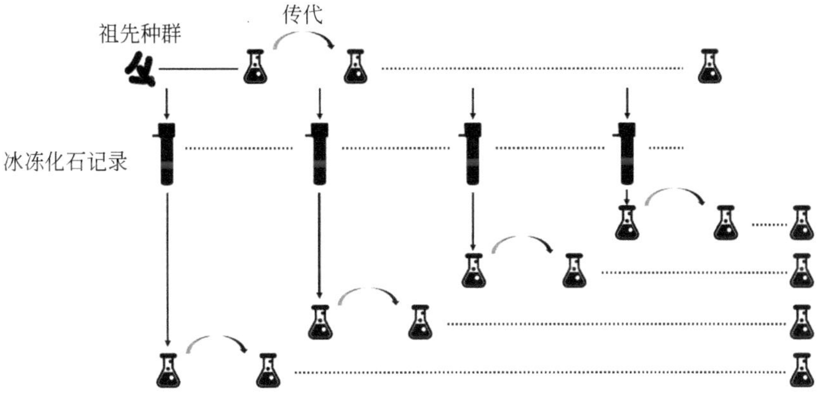

图 7-2　分析重演实验示意图

一个研究例证是大肠杆菌长期进化实验中对消化柠檬酸盐能力的进化事件的探究。该实验的培养基中有大量的柠檬酸盐（作为缓冲系统存在），其含量达到葡萄糖浓度的十多倍。一般来说，在有氧条件下，大肠杆菌不能代谢柠檬酸盐（Cit^- 型）。但是，该实验的种群进化到约 3.15 万代时，12 个种群中的 1 个种群进化出了消化柠檬酸盐（Cit^+ 型）的能力。对此，研究人员提出两种假说：罕见突变假说与依赖突变假说。前一种假说认为，这一突变型的产生只涉及一个相关基因的变异，只要这一基因发生变异，Cit^+ 型就会出现。因此，如果对 Cit^+ 型出现前冻存的样品进行分析重演实验，不同历史阶段的进化种群发生 Cit^+ 型突变的概率应该相同。后一种假说认为，Cit^+ 型突变涉及多个相关基因，只有这些基因都发生突变时，Cit^+ 型突变才能出现。如果是这样，不同时间点冻存的样品进化出 Cit^+ 型的概率不同——后面世代的概率更大。为了检验这两种假说，实验人员进行了分析重演实验，选取突变菌株历史上的多个时间点的冰冻祖先样品进行连续培养，这个新的实验进行了 32 500 个世代。发现，以大肠杆菌长期进化实验的 0 ~ 15 000 代进化种群为起点开展的新实验中，无一例种群进化出 Cit^+ 型；以 20 000 ~ 30 000 代进化种群为起点的新实验中，有 13 例成功。因此，研究人员得出结论，在大肠杆菌长期进化实验中 Cit^+ 型突变体的产生并非是由单一突变导致的；而是需要一定的变异累积（Blount et al.，2008）。

另一个使用分析重演实验进行的研究案例也与 Cit^+ 型相关。在一个进化种群中 Cit^+ 型和 Cit^- 型稳定共存了近 10 000 个世代后，后者灭绝。研究人员开始认为 Cit^- 型的灭绝是因为 Cit^+ 型进化出了适合度更高的类型，从而 Cit^- 型在竞争中灭绝，于是他们以不同时间点的样品为祖先重新建立种群培养，但这一次 Cit^- 型并未灭绝。如果在原来 Cit^- 型灭绝的进化种群中人为引入该基因型，它可以成功入侵 Cit^+ 型。因此，实验结果表示 Cit^- 型的灭绝并非原环境中会必然出现的结果（Turner et al.，2015）。

另外，包含了重演实验成分的更复杂的设计可以称为历史差异性实验。历史差异性实验一般包含两个实验阶段，主要研究已经出现的趋异进化模式对后续进化的影响。在最简单的实验模式中，相同的种群最初会在同一条件下进化，就像上面所提及的平行重演实验。在此阶段内，由于空间上的隔离，重复种群之间会产生差异。到了第二阶段，这些重复的实验组就被转移至新的环境中，并在这一环境中继续进化（图 7-3）。通常来说，第二阶段的目的是查看重复的实验组是否以相同的方式进化，即使它们在第一阶段经历了不同的历史事件。例如，Lenski 等通过两个差异性实验研究了进化过程中的偶然性、适应能力以及前一种环境的历史动态对适合度与细胞大小的影响。研究人员首先将大肠杆菌在37℃的葡萄糖限制培养基中繁殖 2000 个世代，作为差异性实验的第一阶段；其次分别将这些大肠杆菌在麦芽糖培养基中以及温度为 20℃的培养基中繁殖 1000 个世代；最后通过测量大肠杆菌的适合度和细胞大小变化量化偶然性、适应进化以及前一种环境的历史事件积累对生物进化的影响（Travisano et al.，1995）。

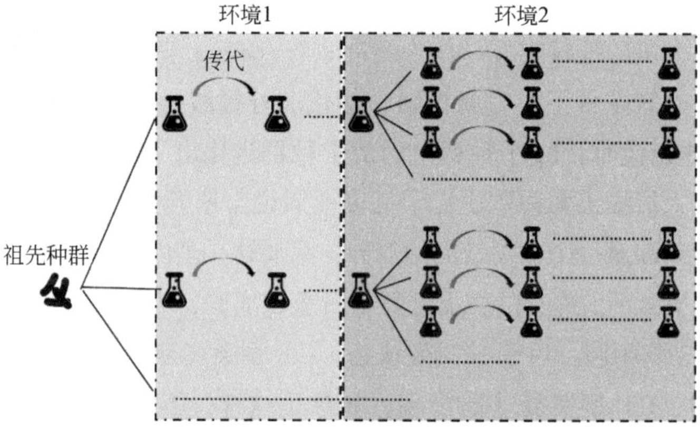

图 7-3　历史差异性实验示意图

另外，历史差异性实验除了上述实验模式，还有其他两种模式。在其中一种模式中，多个祖先进化而成的种群所经历的第一阶段包含了多种环境；第二阶段中，依然是种群继续在不同于第一阶段的环境中进化。在另一种实验模式中，实验种群是直接在自然界中采集或建立的，它们在野外的自然进化构成了第一阶段，然后将这些种群置于实验环境下继续进化作为差异性实验的第二阶段。

（2）适合度景观与进化死胡同

如何将生物的基因型、表型以及适合度联系起来，或者说探究每种基因型对应的表型以及测量每种表型的适合度，是整个生物学领域的最重要问题之一（de Visser and Krug，

2014)。1932 年，为了对这个问题进行直观的阐述，Wright（1932）用“适合度景观(fitness landscape)”来描述基因型和适合度的对应关系。适合度景观是基因型与适合度的对应关系。

在一个三维的适合度景观上，可以有多个高度不一的“山峰”；而“地表”的海拔(色调越深，海拔越低）表示生物基因型的适合度，地表平面的任意一点对应不同的基因型（图 7-4)。生物进化的轨迹可以是通过突变，沿着“地表”移动，找到一条通往更高海拔的路径，如图 7-4 中的虚线箭头。由于实验进化能对生物的整个进化过程进行监控，并且在大多数情况下可以中途暂停实验，对某时刻生物基因型、表型以及适合度进行准确测量，加之微生物的这些指标测量方法比较简单，因此微生物实验进化被广泛用于构建适合度景观以及研究相关问题。

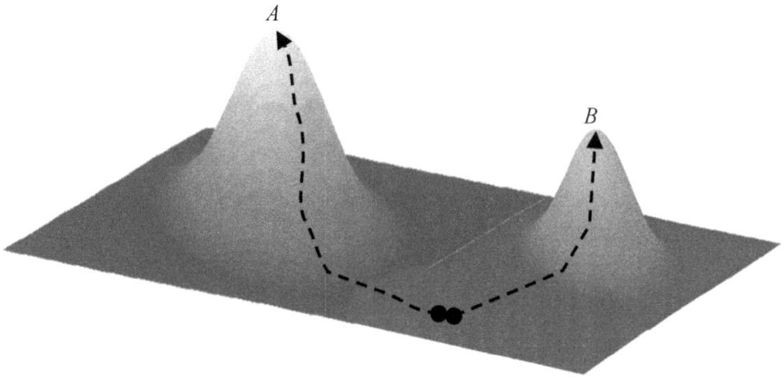

图 7-4　一个适合度景观示意图

研究局部适合度景观是可行的：仅针对少数几个特定基因位点上的变异所产生的可能的基因型空间进行研究，这样的实验共有 3 个基本组成部分：被识别出的一组感兴趣的突变；构建涉及这些有关基因位点的所有可能基因型（在每个位点有两个等位基因的情形下，涉及 L 个位点的所有基因型有 2^L个)；然后测量所有表型的适合度或适合度指标（de Visser and Krug，2014)。

在 2006 年，Daniel Weinreich 等通过实验认识到，理论上的突变累积进化路径在实际中可能并不全部可行。例如，如果大肠杆菌的 β-内酰胺酶蛋白质序列的 5 个氨基酸发生特定的突变，可以让大肠杆菌对一种抗生素头孢噻肟（cefotaxime）的耐药性提高 1000 倍。理论上，这 5 个突变可以按照任意顺序发生，也就是说一共有 5！= 120 条可能的进化路径。然而，当他测定了与这 5 个突变相关的所有基因型（2^5=32 个）对抗生素的耐药性之后，他发现其中只有 18 条路径是可“通行”的。在剩下的 102 条路径中，由于受到前一步或前几步突变的影响，这 5 个氨基酸中的 4 个氨基酸突变都会降低耐药性。只有在这 18 条路径上，每步新的突变都是提高而不是降低耐药性的（Weinreich et al.，2006)。

突变的产生是“盲目的”，因此生物在适合度景观中可以向任意方向移动，这就使得生物可能停留在某局域最高峰。例如，在图7-4中，当生物选择右边那条进化路径时，很可能只进化到局域最高峰*B*点就会停止进化，因为以*B*点为起点时，生物无论向哪个方向移动总要经历适合度的降低。但是，若又有生物进化到了全局最高峰*A*点，并且*A*、*B*两点所代表的适合度差异较大，*B*点上的生物很可能因为同*A*点上的生物竞争而灭绝。也就是说，*B*点上的生物进入了进化中的“死胡同”。那么，生物怎样才能摆脱死胡同，到达全局最高峰呢？对于这个问题有若干可能的答案（Wright，1932；Weinreich and Chao，2005；Borenstein et al.，2006；Tanaka and Valckenborgh，2011；de Vos et al.，2015；Zheng et al.，2019）。一些微生物实验进化研究对其中两个机制（环境变化和隐性基因的突变）给出了明确的实验证据。

de Vos等（2015）用经典的大肠杆菌乳糖操纵子建立了一个模型，用来研究环境及其对应的适合度景观的变化是否真的可以为进化开辟新的道路。操纵子是启动基因、操纵基因和一系列紧密连锁的结构基因的总称。当乳糖作为大肠杆菌的唯一碳源时，乳糖操纵子会被激活，使细胞吸收和利用乳糖；当大肠杆菌的生存环境中存在大量葡萄糖时，乳糖操纵子会被抑制，使细胞吸收和利用葡萄糖。大肠杆菌对葡萄糖的转化利用效率高于乳糖。因此，在只有乳糖的环境下，大肠杆菌的适合度主要依赖于启动子激活基因表达的能力，而在有葡萄糖的环境下，大肠杆菌的适合度主要体现了启动子抑制基因表达的能力。以启动子抑制基因表达的能力为例，当大肠杆菌一直处于以葡萄糖为碳源的环境中时，可以发生一个突变到达局域最适点，但由于继续突变会削弱启动子抑制基因表达的能力，降低适合度，因此便不能继续沿局域山峰移动到达全局最高峰。而当大肠杆菌处于局域最高峰时，其将环境中的碳源由葡萄糖转变为乳糖，并在发生两个突变后再将环境中的碳源由乳糖变为葡萄糖，这时启动子抑制基因表达的能力继续提升，从而大肠杆菌能更高效地利用葡萄糖，具有比原来更高的适合度（de Vos et al.，2015）。

Zheng等（2019）通过微生物实验进化发现，隐性基因突变的累积可以导致生物在适合度景观中到达更高的山峰。研究人员先通过对大肠杆菌进行黄色荧光特性的多次重复筛选，积累隐性基因突变，然后以绿色荧光特性为选择条件，对上述大肠杆菌与未经过黄色荧光特性筛选的大肠杆菌进行定向选择，选择具有较强绿色荧光特性的菌落。其中，对于不同颜色荧光特性的大肠杆菌的筛选都经历了4个世代。研究结果显示，经历过黄色荧光特性筛选的大肠杆菌具有更高的绿色荧光特性指标，表明其在以绿色荧光特性为选择条件的人为环境中具有更高的适合度，并且比未经过黄色荧光特性筛选的大肠杆菌早1个世代到达绿色荧光特性的最大值（Zheng et al.，2019）。

（3）适合度代价与补偿进化

就降低人类发病率和死亡率而言，抗生素的使用是最成功的医疗措施之一，但是大量使用抗生素极大地增加了病原体（主要为细菌类病原体）的耐药性。根据世界卫生组织的有关报告，2016 年全球有 70 万人的死亡可归因于病原体的耐药性，而今后 35 年内每年的死亡人数可能将攀升至 1000 万人。报告还表示，如果不采取任何措施扭转这一趋势，到 2050 年病原体耐药性将造成 100 万亿美元的损失（Humphreys and Fleck，2016）。病原体耐药性的增加不仅大大降低了对细菌感染的有效治疗概率，还增加了出现并发症和致命后果的风险（Andersson and Hughes，2010），但是大量的实验进化表明，产生了耐药性突变的菌株在其他方面的能力如侵染能力、毒性等会降低，称为适合度代价。这是因为许多抗生素作用于重要的细胞过程，细菌对药物的耐药性会破坏这些过程或施加巨大的能量负担，从而降低其相对于敏感菌株的竞争能力。测量适合度代价主要有体外生长速度测量、体外竞争实验、体内竞争实验 3 种实验方法。体外生长速度测量是指在相同的培养条件下，分别培养并测量突变型和野生型微生物的生长速度，通过比较其生长速度的差别计算适合度代价；体外竞争实验是指将耐药突变菌株与缺乏该突变的野生型病原体在培养基中共同培养，通过监测野生型病原体和耐药突变菌株随时间推移的相对数量变化来计算适合度代价；体内竞争实验的原理与体外竞争实验类似，只是将病原体在动物（一般是小鼠）体内共同培养（Andersson and Hughes，2010）。

通过对一系列细菌耐药性实验进行综合分析，发现在没有抗生素的情况下，突变产生的抗性水平与其适合度呈负相关。此外，不同细菌产生耐药性的代价差异较大，这可能是由于一些突变的代价很高，而另一些突变的代价不高，并且这些突变产生的代价与遗传背景无关；或者是由于一个特定的突变在一些遗传背景下代价不高，而在另一些遗传背景下代价很高（Melnyk et al.，2015）。

鉴于耐药性通常与细菌的适合度降低有关，有人提出可以通过减少抗生素的使用让适合度更高的细菌在与耐药性菌株的竞争中获胜，从而消灭耐药性菌株，但是补偿性进化可以在不丢失耐药性的情形下减小适合度代价（Andersson and Hughes，2011）。在没有抗生素的环境下，抗药型细菌能够与野生型细菌共存的原因就是补偿性进化。氟喹诺酮类药物（FQ）是伤寒的推荐抗菌药物，伤寒是由伤寒沙门氏菌引起的严重全身感染。体外竞争实验发现，在没有抗生素压力的情况下，11 个突变体中有 6 个菌株比敏感型菌株具有更高的选择优势，这表明伤寒沙门氏菌的 FQ 耐药性通常与适合度代价无关（Baker et al.，2013）。在实际治疗中，伤寒沙门氏菌的 FQ 耐药性突变已很普遍，阻碍了伤寒的治疗和控制工作。其他大量的体内竞争实验、体外竞争实验以及医学实验也验证了这一现象（Björkman et al.，2000；Levin et al.，2000；Comas et al.，2011）。补偿性进化发生的机制一共有 5 种。其中，第 1 种和第 2 种分别是通过基因突变来恢复缺陷的 RNA 和蛋白质的结构和功能，这也可能是最常见的机制。第 3 种是通过基因突变恢复突变的多亚基复合分子或细胞器（如 RNA 聚合酶或核糖体）的结构和功能。第 4 种是减少对发生了突变的相关功能的需求。第 5 种是对于突变造成缺陷的酶，可以通过增加该酶量弥补缺陷（Maisnier-Patin and Andersson，2004）。

（4）对抗性的协同进化机制

资源种-消费种构成的对抗性系统中可以发生快速的进化过程，对此进行研究具有许多实验上的困难之处，特别是需要对相互作用物种的表型进行测量才能探究双方在进化过程中产生的影响（Gandon et al.，2008）。例如，通过在不同时间点测量受到黏液瘤病毒侵染后兔子的死亡率研究黏液瘤病毒毒力的变化（Fenner and Fantini，1999）。微生物具有较短的世代时间，并且能够在实验进化的任意时间点冰冻保存，从而可以方便地测量某特定进化阶段的消费种对若干进化阶段的资源种的相对适合度；这样的检测可称为时间穿越实验（time shift experiment），因此许多协同进化的研究都是通过微生物实验进化进行的（Buckling and Rainey，2002）。

关于具有对抗性的协同进化系统，我们经常用红皇后假说来描述它的一个基本特点——永无休止的进化。这一假说来源于《爱丽丝镜中奇遇记》，是指在这种对抗性的系统中，虽然每个物种都在发生适应性进化，但它们在系统中的相对适合度并没有提升；但若某物种没有发生适应性进化或进化非常缓慢，那么就很可能被淘汰（van Valen，1973）。关于对抗性协同进化生物这种“永无休止的进化”，存在着两种差异明显的可能机制（Woolhouse et al.，2002）。第一种是军备竞赛，这一机制不具有频率依赖性，协同进化的物种都通过积累适应性突变增加适合度；第二种是波动选择动态（fluctuating selection dynamics，FSD），它是指协同进化的对抗性物种由于受到负频率依赖的作用，它们的基因型频率产生周期性动荡（Gandon et al.，2008）。随着时间的推移，这两种协同进化动力学机制可能会产生截然不同的生物适应模式（Gandon and Day，2009），但也有可能相互转化为另一种机制（Hall et al.，2011；Pascua et al.，2014）。

军备竞赛式的协同进化的最好实验证明是利用荧光假单胞菌（*Pseudomonas fluorescens*）及 ϕ2 噬菌体的长期侵染实验，利用冰冻化石记录，研究人员比较了多个时间点前后细菌的抗性与噬菌体的侵染性，发现这两者都随着时间的推移越来越强，直接证明了军备竞赛机制主导的生物协同进化（Buckling and Rainey，2002）。军备竞赛还能加速分子进化。在一个实验中，研究人员设置了两种细菌-噬菌体体系，在第一种体系中，每次进行传代时将上一世代的细菌和噬菌体都传入下一世代的培养环境中（协同进化系统）；而在第二种体系中，每次传代只接种上一世代的噬菌体，并在新的培养环境中加入祖先型细菌（进化系统），一段时间后发现第一种体系中的噬菌体种群发生了更多的氨基酸替换事件，重复进化种群之间的遗传差异也更大（Paterson et al.，2010）。在另一个实验中，荧光假单胞菌分别在存在噬菌体的环境中以及无机环境中进化，研究人员发现同噬菌体协同进化的细菌种群有较大可能进化成为突变率明显增加的“突变子”，而单独进化的细菌的突变率和祖先型几乎相同。该研究证明了在噬菌体存在的环境中，这些高突变率的细菌具有更高的相对适合度（Pal et al., 2007）。但是，在军备竞赛动力学机制中，抗性进化与侵染性进化都是有代价的。例如，与噬菌体协同进化的细菌相对于祖先型的竞争能力会随着协同进化时间的延长而下降（Buckling et al., 2006）。此外，与细菌协同进化的噬菌体相较于一直侵染祖先型细菌的噬菌体，其侵染能力更强，但生长速度更慢（Poullain et al., 2008）。

关于波动选择的实验例证，一个经典例子是萼花臂尾轮虫（*Brachionus calyciflorus*）和小球藻（*Chlorella vulgaris*）系统的快速进化（Yoshida et al., 2003）。Yoshida 等（2003）发现在开始的一段时间内，系统中的猎物和捕食者的数量呈 Lotka-Volterra 捕食模型所预测的那样周期性波动，但后面种群数量的波动会偏离这一预测。对此，他们又建立了模型并进行了实验研究，分别控制猎物种群为单一基因型与多个基因型，结果发现，猎物种群只有一个基因型时，种群动态呈现经典的猎物–捕食者振荡动态，但当猎物种群具有两个或更多基因型时，种群动态无法由经典模型预测（Yoshida et al., 2003）。2007 年，他们利用相同的实验系统继续进行了更加深入的研究，发现若在实验开始时就同时加入猎物与捕食者，猎物数量几乎稳定，捕食者数量振荡变化，但振幅越来越小；若先加入猎物，半个月后再加入捕食者，那么前期猎物和捕食者呈规律性的周期波动，后期种群动态类似于同时加入猎物与捕食者的情况。他们猜测这是由猎物基因型在捕食者存在与否的情况下表现出的竞争能力差异引起的，因为捕食者增多之后可以导致敏感型猎物减少，而不会导致猎物种群减小，但在缺少捕食者的情况下敏感型个体具有较高的适合度，从而占有更大的基因型频率。为了更好地验证这一假说，他们也用敏感型大肠杆菌、抗性大肠杆菌以及 T4 噬菌体三者的混合系统进行了实验，发现敏感型大肠杆菌与噬菌体呈周期波动，而大肠杆菌的种群数量保持不变（Yoshida et al., 2007）。

此外，由于军备竞赛会导致局域适应的产生以及细菌抗性或噬菌体侵染性的适合度代价增加，因此在军备竞赛主导的协同进化后期种群间的协同进化机制可能变为波动选择（Hall et al., 2011），但是环境资源的增加，特别是环境中养分有效性的增加，又可以使种群间对抗性的协同进化机制由波动选择变为军备竞赛（Pascua et al., 2014）。

7.3　实验进化的局限性及其新发展

与任何方法一样，实验进化也有其局限性和不足之处。第一，大多数实验进化研究缺乏对自然界复杂的真实情景的考虑。例如，鉴于有效种群大小与自交率的差异，实验进化与自然进化的种群遗传学机制可能不同；鉴于进化实验中的选择条件单一、强烈，实验室中生物的进化过程可能涉及与自然界中不同的等位基因的变化（Kawecki et al., 2012）。第二，由于实验进化通常需要使用种群数量大和繁殖速度快的生物，因此必须将实验对象限制为某些易在实验室中进行维护和繁殖的生物，如微生物、昆虫、小型哺乳动物等（Garland and Rose，2009）。第三，尽管大多数实验进化可以在短时间内完成，但某些进化过程仍然太慢，以至于在研究人员的职业生涯中都看不到实验结果（Kawecki et al.，2012），例如需要足够长的实验时间发生物种分化或产生某种突变。第四，实验进化中的微生物通常进行无性繁殖，而自然界中的大多数高等生物与部分低等生物一般进行有性繁殖。第五，进化实验可能会因污染而受损，也就是说，容易无意中将其他生物特别是微生物引入实验种群，从而使研究者对实验结果产生误判。

2010 年以来，实验进化在越来越多的问题上得到了应用。利用实验进化研究生态学假说的优势在于进化实验的核心——重复和可控。基于多个重复的实验种群在新环境中的进化改变，研究人员实际上可以多次检验进化过程中发生的变化，并检验进化结果是否具有一致性。Gould（1989）认为，生命和进化的录像带可以根据需要进行重播，以确定其最终结果的相似性。自然种群的进化谱系是一系列独特的事件，从表面上看，几乎不可能确定进化结果是否可能有所不同，或者什么因素导致了观察到的差异。然而，在实验进化中，可以直接比较生物对环境响应的多样性。通过对实验种群进行重复测量，可以对这些多样化的响应进行统计分析，以检验进化假说。此外，实验进化还可以生产出全新的生物类型用于生物学研究。也就是说，在新的选择条件下，生物某些生理功能增强和整体适合度提高，随后所得的“改良”生物可用于功能和遗传分析。不同的重复实验种群可能具有针对相同环境挑战的不同适应性策略，甚至出现以前从未观察到的或无法预料到的策略。由于生物系统很复杂并且其进化是难以预测的，因此特定种群之间出现的变异可能有助于解释某种适应性机制的适用范围（Garland and Rose，2009）。同时，各类新的组学技术和其他诸如计算机技术、人工智能算法的进步为实验进化开辟了新的空间，而在遗传学、发育生物学和全球变化等领域的假说和结论也可以通过实验进化进行验证和进一步研究（Kawecki et al.，2012）。此外，实验进化也改革了生物学的传统教学模式，使教学材料不仅仅是静止的课本、标本，还包含亲眼见识甚至操控、测量生物的进化过程。

第8章 环境DNA在生物多样性和生态系统功能监测研究中的应用*

环境DNA（environmental DNA，eDNA）是指环境中的DNA，由生物有机体细胞释放到环境中形成，可以源于动物排泄物、毛发、配子、尸体降解的残留物、啃食痕迹、足迹等。环境DNA在水生环境和陆生环境中皆广泛存在。环境DNA的存在形式一般是胞外DNA，还可以是胞内DNA。

环境DNA的概念起源于环境微生物研究（Olsen et al.，1986）。多种微生物往往共存于同一个环境样本中，传统的微生物鉴定是通过分离、培养完成的。然而，并不是所有微生物都可以在实验室条件下成功培养，这必然导致环境样本中微生物组成和真实微生物组成存在偏差。直接提取、扩增、分离和鉴定环境DNA可能是完整获取环境微生物组成信息的唯一机会（Thomsen and Willerslev，2015）。当宏生物（macro-organisms）的环境DNA也可以用同样的原理、方法获取时，利用环境DNA进行生物多样性组成、物种间捕食与被捕食等种间关系以及种内遗传多样性等方面的研究越来越多，使得环境DNA逐渐成为生物多样性和生态系统功能监测研究的一个重要手段（Thomsen and Willerslev，2015）。

虽然关于环境DNA的形成方式没有过多的争议，但由于DNA降解程度的差异，环境DNA浓度变异较大。然而，关于环境DNA的样品形式，不同学者的定义却存在争议。在Cristescu和Hebert（2018）关于环境DNA的正确和错误应用的综述中，将大块的生物体材料包括粪便、降解的尸体等排除在外。在综述环境DNA在生物多样性保护和监测中的应用的文章中，Thomsen和Willerslev（2015）只将无明显生物痕迹的材料（如土壤、水、空气等）作为环境DNA的来源。但通观在2019年5月新创刊的杂志*Environment DNA*（ISSN：2637-4943）中，所收录文章中的环境DNA样品形式显然更加多样，除了占优势地位的水生环境样品（Harper et al.，2020；Schabacker et al.，2020；Schweiss et al.，2020），还包括了空气样本监测花粉（Johnson et al.，2019）、土壤样本探究沉积古DNA（Chen and Ficetola，2020）、粪便监测食性的空间变异（Jorns et al.，2020）、节肢动物消化道样本监测哺乳动物生物多样性（Lynggaard et al.，2019）、被啃食的叶样本用于追溯可能啃食的昆虫（Kudoh et al.，2020）等研究。事实上，可被接受的环境DNA样品一般被认

---

* 本章作者：王红芳、葛剑平。

为是不直接接触目标生物体，不需要分离目标生物的样品，环境 DNA 在环境中的存在形式包括胞内 DNA 和胞外 DNA（Pawlowski et al. 2020）。由于获取样品相对容易、环境 DNA 浓度相对较高、研究历史相对其他环境 DNA 较长，因此粪便样品在环境 DNA 的讨论和介绍中往往被排除（Cristescu and Hebert，2018；Thomsen and Willerslev，2015）。然而，利用粪便样品进行食性分析时，不接触食性物种，也不需要在分析的第一步分离各个食性物种，完全符合环境 DNA 的定义（Pawlowski et al.，2020；Yoccoz，2012）。除了样品获取方式与其他环境 DNA 存在差异，后续分析方法都十分相似，因此粪便样品对其他样本的环境 DNA 分析具有十分重要的启示作用。此外，粪便环境 DNA 样品在生物多样性监测和生态系统功能研究中扮演着重要的角色。因此，本章综述的环境 DNA 样本包括包含粪便的多样的样本形式。

随着二代测序技术的发展和测序成本的下降，环境 DNA 在 2009 ~ 2019 年得到了快速的发展，环境 DNA 相关的研究发表数量处于逐年上升的趋势（图 8-1）。国际著名期刊 *Molecular Ecology* 在 2014 年和 2018 年分别以“营养级相互作用的分子鉴别”和“物种间相互作用、生态网络和群落动态”为主题，出版了环境 DNA 相关的专刊，介绍、推广利用环境 DNA 进行的生态学研究。2015 年 *Biological Conservation* 杂志出版专刊，以“环境 DNA”为主题，介绍了环境 DNA 在保护生态学中的应用；2021 年，*Diversity and Distribution* 出版专刊，主旨是“基于环境 DNA 的生物多样性评估和保护”。此外，2019 年 5 月，Wiley 公司出版新杂志 *Environment DNA*，该杂志旨在关注环境 DNA 技术本身以及探讨技术的应用。本章将介绍环境 DNA 分析技术的流程和技术陷阱，还将介绍环境 DNA 在生物多样性和生态系统监测和研究中的应用情况，希望通过本章的介绍，更多研究者可以了解环境 DNA 技术及其可能的应用前景，从而使环境 DNA 在生物多样性和保护生态学研究中发挥更大的作用。

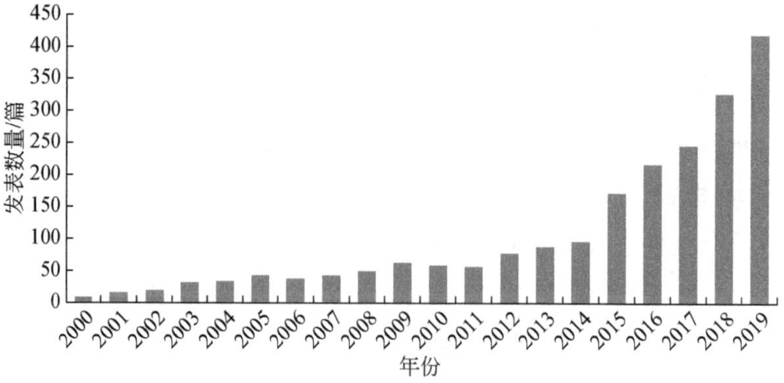

图 8-1　环境 DNA 研究的发展态势

该图表示 *Web of Science* 上搜索主题含有“environment * DNA”的每年文章发表数量

8.1 环境 DNA 分析技术流程

1. 环境 DNA 样品的采集和保存

含有环境 DNA 的样品包括动物的排泄物、土壤、水生生物生存的水环境、空气、吸血昆虫的消化道等，此外，动物活动过的痕迹（如昆虫啃食过的叶片、动物的足迹等）也可能包含环境 DNA。除少数具有活体细胞的环境 DNA（如含有微生物的样品）外，离开生物体的环境 DNA 将逐步降解，其降解的程度将影响后续分析的难度。动物消化道的消化过程长短直接影响进食物种 DNA 的降解程度。环境的温度和湿度也直接影响环境 DNA 的降解程度，低温、干燥、缺氧环境下的 DNA 质量相对较好，例如海洋沉积物、永久冻土被认为富含环境 DNA（Thomsen and Willerslev，2015），而动物排泄物中的环境 DNA 在冬季的降解速率相对其他季节慢。

当环境 DNA 浓度极低时，采取富集的措施可以提高环境 DNA 得率。由于环境 DNA 所处的环境以及浓度的差异，目前众多科学家尝试了多样的富集方法。例如，对于研究比较多的水环境 DNA，主要的富集方法包括过滤法（filtration）、酒精沉淀法（ethanol precipitation）和离心超滤法（centrifugation and ultrafiltration），其中过滤法是最常用的一种方法（Tsuji et al.，2019）。水样品流过滤膜，小于滤膜孔径的 DNA 被截留在滤膜的一侧，从而达到富集 DNA 的目的。过滤法往往可以过滤大量水体积，因此可以更加灵敏地监测痕量 DNA［图 8-2（a）、（b）］。滤膜材料、孔径的大小以及过滤过程中藻类等物质导致的滤膜堵塞等是在使用过滤法富集水环境 DNA 时需要考虑的重要因素（Tsuji et al. 2019）。空气环境 DNA 的主要来源是风媒花粉，也包括虫媒花粉和其他来源的 DNA。灰尘收集器、集沙器甚至家用蛋糕盘都可以改装成空气环境 DNA 收集的工具（Johnson et al.，2019）［图 8-2（c）~（e）］。

(a)

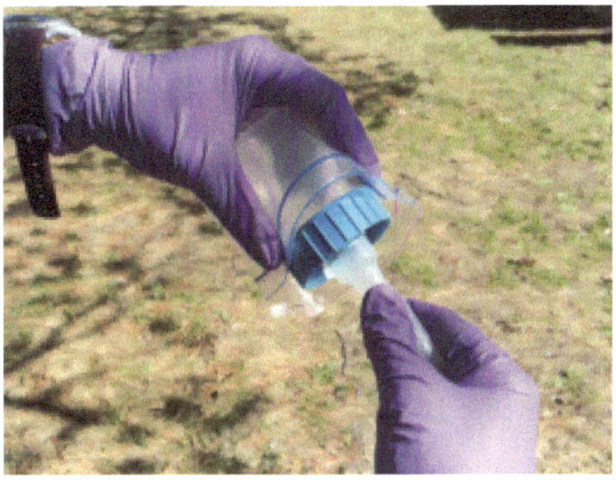

(b)

(c) (d) (e)

图 8-2 部分富集环境 DNA 的取样装置

(a)、(b) 水环境 DNA 收集器（Carim et al., 2016）；(c) ~ (e) 空气环境 DNA 收集器（Johnson et al., 2019）

由于环境 DNA 的浓度多为痕量级，因此样品采集过程中应十分注意避免污染，这些污染的来源包括采集人本身的污染、采集过程的交叉污染以及环境背景的污染等。避免直接接触环境样品、严格把控采集过程可以避免绝大多数的人为污染。在采集过程中加入阴性对照可以有效评估采集过程中的污染情况。例如，水环境 DNA 采集过程中，一般用双蒸水代替野外实验材料，模拟采集过程，获得阴性对照。然而，这种阴性对照的获取方法只能评估 DNA 富集系统是否存在污染，而对于环境中可能的背景污染或者交叉污染，一般采取不同时间或者不同空间的平行样品进行估计（Carim et al., 2016）。含有动物排泄物的环境介质可能是土壤、岩石、植物叶片等，这些不同介质将影响环境 DNA 的降解情况，同时影响环境 DNA 被污染的程度。Ando 等（2018）发现越新鲜的样品，被污染的概率越低；而在潮湿土壤上的样品被污染的概率最高。因此，选择合适环境介质的实验材料，可以有效地降低环境 DNA 的污染程度。

含有活体细胞的环境 DNA，如含有微生物的样品，环境样品采集后需尽快冻存于低温环境，抑制活体细胞分裂、增殖。这类含有活体细胞的环境样品的长期保存应选择低温环境，建议-80℃。对于不含活体 DNA 的环境 DNA，除了低温保存外，还可以选择酒精脱水处理后，在变色硅胶中常温干燥保存。

2. 环境 DNA 提取

环境 DNA 与常规 DNA 提取的原理大同小异，差别在于提高 DNA 得率和控制污染方面。针对不同样本类型的环境DNA，目前已开发出非常多样的提取方法。由于DNA得率较高、污染小、操作难度小，大部分研究者选取的是商业试剂盒（Tsuji et al.，2019）。值得注意的是，DNA富集方法可能会影响DNA得率，所以应根据样品采集方法，选择合适的DNA提取方法。

DNA提取过程中可能的污染途径有DNA提取试剂、实验室台面、仪器、空气等环境污染。由于环境DNA多为痕量级，其提取过程应在独立的空间进行，避免和普通DNA提取共享实验室。有条件的情况下，选取正压实验室进行DNA提取和其他聚合酶链式反应（PCR）前操作，可以最大限度地降低可能的环境污染。此外，DNA提取前，使用84消毒液或核酸清除剂（DNAaway）等试剂擦拭实验室台面、仪器等也可以降低DNA提取过程的环境污染。对DNA提取过程以及后续的PCR过程设置阴性对照，可以有效评估实验过程中的污染情况。

3. 利用条形码引物进行PCR扩增和生物信息学分析

（1）条形码引物及其选择

DNA条形码（DNA barcodes）是指基因组上的一小段DNA序列，可以特异性地识别物种之间的差别，这段序列的功能类似于产品通用条形码（the universal product codes），DNA条形码存在于生物体每个细胞的基因组内。与传统分类学家基于形态的物种鉴定相比，利用DNA条形码技术鉴别物种降低了对研究者的分类学专业要求和对样本本身的完整性、生活史阶段的要求，提高了鉴别的准确度，因此在物种分类和生态学研究中得到了推广（Hebert et al.，2003）。利用高通量测序法和DNA条形码从混合样本中鉴别多个物种的技术则被称为“DNA宏条形码”（DNA metabarcoding）技术。

由于叶绿体、线粒体基因组具有保守性，而且相对于核基因组而言，叶绿体、线粒体的拷贝数相对更多，因此选用叶绿体、线粒体上的通用引物，可以提高扩增成功率。此外，核基因组上的核糖体间隔区序列（ITS1、ITS2）由于具有较高保守性和存在大量的串联重复序列也常被当作植物的DNA条形码序列之一。原核生物的16S rRNA既具有高度保守区，又具有可变区，具有较好的物种特异性，因此在环境微生物的研究中应用较多。虽然环境DNA的条形码技术原理与常规DNA条形码技术一致，但除了含有活体细胞的环境DNA之外，大多环境DNA样本多为降解的DNA，因此与常规的DNA条形码序列不同的是，用于环境DNA的条形码序列，为了扩增更多物种的DNA，一般扩增片段较短，因此被称为微DNA条形码（Hollingsworth et al.，2011）。一般来说，常规DNA条形码扩增片段长度为700bp左右，而微DNA条形码扩增片段长度仅为50～150bp。

微条形码长度明显缩短，条形码序列的变异也明显降低，所以微条形码能复原的物种分类信息也将受限。在实验设计阶段，根据研究目标选择合适的DNA微条形码引物时，有两个指标需要重点考虑，即物种覆盖度（taxonomic coverage）和物种分辨率（taxonomic resolution）。物种覆盖度是指该引物能扩增的物种范围；而物种分辨率则指该条形码能分辨的物种分类水平（门、纲、目、科、属、种）。一般保守性比较强的引物覆盖度比较高，但相对序列的变异性有限，分辨率可能受限（CBOL Plant Working Group et al.，2009）。目前，大部分关于动植物条形码的覆盖度和分辨率的讨论多关注的是常规条形码，而非微条形码（Li et al.，2015）。数字模拟 PCR 的方法（in silico PCR，ecoPCR，Ficetola et al.，2010）可以通过现有数据库和 PCR 条件的模拟估计引物对某个类群扩增的覆盖度和分辨率，为选择符合研究目标的引物提供参考（Cheng et al.，2016；Xiong et al.，2016）。

由于物种进化的不均一，同一个条形码引物在不同类群中的覆盖度和分辨率可能是不一致的。例如，草本植物的总体分辨率要高于木本植物（Tan et al.，2018）。在实际研究中，当覆盖度和分辨率不可兼得时，可以在一个研究中选取多个微条形码组合的方式达到目标。例如，棕熊为典型的杂食动物，其食谱中包括脊椎动物、无脊椎动物和植物。从粪便中溯源该物种的食谱时，分别使用了针对这 3 个类群的微条形码。由于针对植物的微条形码不能将物种鉴定到种水平，因此引入提高菊科、莎草科和禾本科食谱分辨率的 ITS1 引物，以及提高蔷薇科分辨率的 ITS2 引物（de Barba et al.，2014）。

另外，在常规条形码中常被述及的种内多样性对物种界定的影响（Bergsten et al.，2012；Gaytán et al.，2020；Lukhtanov et al.，2009；Meyer and Paulay，2005）在微条形码中被讨论的较少，尚无研究评估这种种内多态物种鉴定的可能误差。

（2）PCR 扩增和测序

环境 DNA 的 PCR 和常规 DNA 的 PCR 基本一致。在某些肉食性脊椎动物的分子食性分析中，由于条形码引物不仅能扩增出猎物的 DNA，还能扩增捕食者本身的 DNA，而且捕食者 DNA 在数量上占优势，因此 PCR 扩增往往得到的主要是捕食者 DNA 的扩增结果。在 PCR 过程中加入阻断引物（blocking primers），可以特异性地抑制捕食者 DNA，增强稀有序列的扩增（Vestheim and Jarman，2008）。

目前，二代测序平台主要有 Hi-seq 系列、Mi-seq、Ion torrent、454、SOlid、BGI 测序平台等。虽然不同测序平台都可以达到高通量平行测序的目的，然而在建库、数据通量、数据读长和价格等方面均存在差异。Hi-seq 系列的测序长度可以满足环境 DNA 混合样品的测序，并且其通量在各个平台中最大，价格是最便宜的，所以 Hi-seq 系列平台是目前环境 DNA 中使用最多的平台（Goodwin et al.，2016）。

由于二代测序平台的通量大，目前的环境 DNA 测序多采取多个环境样本混合测序。为了区分不同环境样本，给不同样本加上具有独有序列的数个碱基作为标签（tag），从而达到混合测序的目的，进一步并压低了测序的成本。

（3）生物信息学分析

应用于宏条形码的二代测序数据的常用分析软件有 QIIME（Caporaso et al.，2010）、

OBItools（Boyer et al.，2016）、DADA2（Callahan et al.，2016）、MOTHUR（Schloss et al.，2009）等。数据分析流程包括数据过滤、数据降噪、序列比对等计算步骤。数据过滤是指去除低质量序列、读长过短或过长序列、无tag或引物序列、计数不足的序列。即使在非常严格的实验条件下，二代测序数据中仍然可能包括众多污染的序列，一般情况下，污染序列的计数不高，因此去除计数较低的序列可以极大地减少污染。Ando等（2018）分析发现删除频率低于1%的序列可以减少30%的污染。删除计数不足的序列虽然可以大大减少污染，但也可能降低发现稀有DNA的敏感度。实验选择合适的参数仍然是未来环境DNA分析中需要探索的问题。

数据降噪区分测序错误和序列本身变异，这一步骤在环境DNA数据分析中至关重要。目前，存在多种数据降噪的方法。其中，一种方法是将序列分为头（head）序列、内部（internal）序列、单例（singleton）序列3种类型，internal序列可以通过head突变形成，在数据处理中一般被删除。而head序列和singleton序列可根据序列的计数决定是保留还是删除（de Barba et al.，2014）。另一种方法是构建一个误差模型，计算一个序列由另一个序列突变形成的概率，该概率大小与测序质量、序列计数以及序列本身之间的差异大小有关。利用该模型反复迭代计算，直至产生稳定的中心序列（Callahan et al.，2016）。

序列比对是通过与公共数据库或者本地数据库比对，获取序列所属物种的过程。常用的公共数据库有Genebank、EMBL和DNA条形码库（BOLD）。公共数据库为快速获取环境DNA的分类信息提供了便捷，但值得注意的是，公共数据库可能存在数据错误、物种覆盖度不足等情况，导致环境DNA比对结果的分类精度较低（Harris 2003）。建立本地数据库可以较为有效地提高研究的分辨率。

4. 利用物种特有引物进行物种特异性分析

当研究项目仅对某个物种是否存在以及该物种的特征感兴趣时，一般选择物种特有引物进行分析。设计物种特有引物是该环境DNA检测方法的关键。在设计过程中，应同时考虑目标物种的序列和非目标物种的近缘种序列。在3′端增加与非目标物种的不匹配碱基数可以提高引物的物种特异性（Farrington et al.，2015；Tsuji et al.，2019）。在实时荧光定量PCR和数字PCR方法中，增加物种特异性探针也可以增加物种特异性的扩增和检测敏感度（Farrington et al.，2015；Schweiss et al.，2020）。

凝胶电泳检测特定大小的扩增片段是物种特异性环境DNA检测的最简便和最廉价的方法。部分研究除了凝胶电泳，还增加目标条带的Sanger测序，测序结果与已知数据库比对，确认目标条带为目标物种。这一确认步骤既可以确定目标物种是否存在，又可以检验引物的物种特异性（Farrington et al.，2015）。这类方法需在PCR结束后才可获取足够PCR产物进行检测，电泳过程增加交叉污染的可能性。为了降低污染，电泳应避免和其他步骤在同一空间进行。凝胶电泳法灵敏度较低，仅能判断目标物种的存在与否，或者根据阳性对照粗略估计环境 DNA 的浓度高低（Evans and Lamberti，2018；Tsuji et al.，2019）。因此，在环境 DNA 应用中，凝胶电泳法使用较少。

目前，主流的检测方法是实时荧光定量 PCR，其可以量化 DNA 的浓度，从而推测目标物种的丰富度情况（Farrington et al.，2015；Tsuji et al.，2019）。实时荧光定量 PCR 利用 PCR 指数期扩增的速率与模板初始浓度具有一定线性关系，从而达到对模板拷贝数的相对或者绝对定量。比较不同样品达到特定荧光阈值所需的循环数即可相对定量；而实时荧光定量 PCR 的绝对定量则需已知模板浓度样品的标准曲线。Farrington 等（2015）比较了传统 PCR 产物测序和实时荧光定量 PCR 在监测两种入侵物种（鳙鱼和鲢鱼）方面的效率差异，发现无论是单个物种，还是两个物种的联合监测，实时荧光定量 PCR 在入侵物种的存在与否以及 DNA 模板浓度定量方面都表现出了更强的优势。

另外一种新兴的检测方法是数字 PCR。数字 PCR 是将 PCR 反应液分成大量的独立反应室（如微滴），每个独立反应室一般或者含有一个 DNA 模板（阳性），或者没有 DNA 模板（阴性）。利用荧光反应，获取每个反应室的模板有无信息，统计比较阳性和阴性反应室的数量即可获得初始模板的绝对定量（林佳琪等，2017）。相比于实时荧光定量 PCR，数字 PCR 的绝对定量不需要标准曲线，对 PCR 抑制剂具有更高的耐受性，因此能更灵敏地监测样品浓度的变化（Doi et al.，2015；Hunter et al.，2017；Tsuji et al.，2019）。Schweiss 等（2020）利用数字微滴 PCR（droplet digital PCR）可以监测到低至每微升 0.6 拷贝的鲨鱼环境 DNA。虽然数字 PCR 相较实时荧光定量 PCR 有更多的优势，但检测成本高昂是目前限制其应用的主要原因（Tsuji et al.，2019；林佳琪等，2017）。

8.2 环境 DNA 分析技术在生物多样性和生态系统功能研究方面的应用

环境 DNA 分析技术由于不直接依赖于是否观察或者接触野生动物，为非损伤取样，因此可以还原生物多样性或者物种间相互关系的自然状态。此外，环境 DNA 分析技术大大降低了研究的准入门槛，从而可以监测更大范围的生物多样性，以及更多物种间的相互关系，在生物多样性和生态系统功能监测研究方面具有广泛的应用前景。不同类型的环境 DNA 分析技术虽然存在的缺陷大同小异，但是对生物多样性和生态系统功能研究的侧重点却有所不同，为了更好地理解环境 DNA 的应用，本章将介绍目前研究较多的几种环境 DNA 所侧重的研究问题，希望为后继的研究者提供快速入门的背景，也为开拓环境 DNA 更多应用提供可能。

1. 水环境 DNA：生物多样性、物种入侵监测

水环境 DNA 包括淡水环境以及海洋环境的 DNA，水环境 DNA 来源的生物类群包括鱼类、脊椎动物、无脊椎动物、植物等。在不包含粪便类型样品的环境 DNA 研究中，水环境 DNA，尤其是淡水环境 DNA，是环境 DNA 研究的主流（Cristescu and Hebert，2018；Díaz-Ferguson and Moyer，2014；Evans and Lamberti，2018；Thomsen and Willerslev，2015）。最早的水环境 DNA 研究是为了探讨可能对水源产生粪便污染的物种（如人、猪、羊等）（Martellini et al.，2005）。随后该方法逐步应用于入侵生物、濒危生物的监测，或可成为生物多样性监测的一种重要手段（Cristescu and Hebert，2018；Sepulveda et al.，2020）。

传统生物入侵监测多依靠的是野生动植物抽样调查。物种是否成功入侵或者定殖需以观察到入侵个体为准，这意味着抽样调查获取的成功入侵数据往往对应着有较大数量的入侵个体已经在本地出现，入侵生物的危害或已开始展现。水环境 DNA 可以检测到低至每微升 0.6 ~3.4 个拷贝的 DNA（Farrington et al.，2015；Schweiss et al.，2020）。此外，由于 DNA 在水环境中续存的时间较短，淡水环境 DNA 续存一般在数天或数周内，而海洋环境由于高盐浓度，其 DNA 降解速度更快（Cristescu and Hebert，2018；Dejean et al.，2012；Thomsen et al.，2012；Thomsen and Willerslev，2015）。由于这种降解速度特征，水环境 DNA 所反演出的是近期生物多样性分布情况，很少受到不同时段 DNA 沉降的影响。因此，利用环境 DNA 可以提高生物入侵监测的时效性和灵敏性，可以在入侵生物定殖产生危害前，及时发现并采取行动，降低入侵生物带来的生态和经济损失。目前，多个入侵物种已经尝试建立环境 DNA 的监测手段，如入侵美国的鲢鱼和鳙鱼（Darling and Mahon，2011；Farrington et al.，2015；Jerde et al.，2013，2011）及美洲红点鲑（*Salvelinus fontinalis*）（Carim et al.，2020）、信号小龙虾（*Pacifastacus leniusculus*）、中华绒螯蟹（*Eriocheir sinensis*）（Robinson et al.，2019）、斧形荞麦蛤（*Xenostrobus secures*）（Miralles et al.，2016），以及入侵中国的美洲牛蛙（Lin et al.，2019）。部分研究结果已经被纳入国家生物入侵的常规监测手段，例如美国鱼类和野生动物服务组织制定了详细的环境 DNA 样品采集、提取、数据质量监控等程序（Woldt et al.，2020），用以监测入侵的鲢鱼和鳙鱼。新西兰和澳大利亚也是利用 DNA 条形码技术进行生物入侵监测的早期支持者，目前也积极推广环境 DNA 进行水生生物多样性监测（Armstrong and Ball，2005；Darling and Blum，2007；Wood et al.，2013）。

濒危生物的种群密度往往很低，这就导致传统的生物多样性调查很可能错漏濒危生物存在的信息。环境 DNA 的高灵敏性有助于监测和调查濒危生物。例如，大冠蝾螈（*Triturus cristatus*）是英国本地分布的一种蝾螈，自 20 世纪以来，其栖息地大量丧失，种群数量下降。其目前受到英国和欧洲法律的严格保护。Biggs 等（2015）比较了传统调查

方法和环境 DNA 监测方法的效率，计算了志愿者在全英国 239 个地点采集的环境 DNA 样品的蝾螈 DNA 阳性率和假阴性率。在这些调查的基础上，作者总结环境 DNA 是一种高效的监测方法，可以作为全国尺度蝾螈监测的基础项目。英国的英格兰自然署（Natural England）在 2014 年制定了蝾螈环境 DNA 详细的野外取样和实验室标准，所有参与监测的实验室必须通过其检测能力测试，即能准确区分阳性和阴性样品的实验室，其蝾螈环境 DNA 检测结果方可被英格兰自然署认可（Sepulveda et al., 2020）。在应用环境 DNA 结果时，英国也采取了非常激进的态度，即一旦湿地环境 DNA 显示结果为阳性，该地区的后续开发即被禁止。

然而，DNA 可随着水的流动扩散至很远的距离，因此需要考虑水环境 DNA 尤其是淡水环境 DNA 扩散对 DNA 分布的空间尺度影响。由于海洋环境 DNA 续存的时间短，这种扩散对环境 DNA 分布的影响相对淡水环境小（Foote et al., 2012）。由于水环境 DNA 的这种扩散、转移的特点，因此在环境 DNA 监测中，目标物种阳性的结果不一定代表监测点存在目标物种或者目标物种会长期存在，这导致如何处理环境 DNA 阳性结果，并做出合适的决策，仍然缺乏统一的标准。由于入侵物种带来巨大经济损失，因此一些案例积极采纳环境 DNA 的建议，例如，一旦目标物种的环境 DNA 为阳性，即采取措施，清除入侵物种（Carim et al., 2020；Miralles et al., 2016；Robinson et al., 2019）。而另外一些案例则考虑采取措施将付出的经济成本，因此对环境 DNA 阳性结果更加慎重。例如，由于涉及多条经济活动密集的航道，因此美国鲢鱼和鳙鱼环境 DNA 监测结果的应用更加慎重（Cristescu and Hebert, 2018；Woldt et al., 2020）。管理决策者的风险容差度（risk tolerance）决定了其如何看待环境 DNA 结果。虽然存在不确定性，但是 Sepulveda 等（2020）认为环境 DNA 仍然是稳定可信服的，管理决策者可以根据风险容差度决定是否增加更多环境样本以及启动其他非分子检测手段，从而做出合理的决策。

2. 沉积物环境 DNA 和土壤环境 DNA：生物多样性和生态系统历史动态

沉积物环境 DNA 是环境 DNA 应用于宏生物监测的最早期应用。沉积物包括水生环境沉积物和陆地环境沉积物，前者包括海洋和湖泊沉积物，后者包括洞穴、永久冻土、冰原、土壤等样本的生境类型（Thomsen and Willerslev, 2015）。从沉积物中提取出的 DNA 包括陆生哺乳动物（Haile et al., 2009）、鱼类（Matisoo- Smith et al., 2008）、植物（Sønstebø et al., 2010）、真菌（Epp et al., 2012）、昆虫（Thomsen et al., 2009）、鸟类（Haile et al., 2007）等的 DNA。由于冰冻或者缺氧环境可以降低 DNA 的降解速率，冻土、湖泊以及海洋等环境的沉积物 DNA 可以保存相对较长的时间，目前沉积物环境 DNA 恢复的历史时间尺度从百年至百万年，因此这些沉积物环境 DNA 记录并保存了不同历史时期的群落，这为研究生物多样性和生态系统功能历史动态提供了不可多得的机会（Bálint et al., 2018; Chen and Ficetola, 2020; Rawlence et al., 2014; Thomsen and Willerslev, 2015)。

连续的生物多样性和生态系统功能监测多始于20世纪末，因此生物多样性和生态系统历史动态往往只有几十年的时间尺度（Bálint et al., 2018）。虽然这些连续监测取得了重大的成果，但是生物多样性和生态系统中一些关键过程的时间尺度可能远远大于目前的直接监测时间跨度。例如，我们往往将近期直接监测观察到的入侵物种定义为入侵，其他物种为本地物种。然而，本地物种的概念是相对的，从更长的时间尺度来看，一些本地物种也是外来的，并可能对本地群落产生重大的影响（Ficetola et al., 2018）。从更长的时间尺度分析群落和生态系统的历史动态，可以解析群落形成和生态系统动态过程中的一些关键环境驱动力。例如，气候变化和人类活动被认为是群落和生态系统动态的重要驱动因素，然而这两种因素孰轻孰重、作用的时间尺度没有直接证据。Capo 等（2016）利用环境 DNA 恢复了法国阿尔卑斯山和格陵兰两个湖泊2000年以来真核微生物群落的历史动态，并指出该群落主要受气候变化的影响，人类活动的影响在20世纪40年代以后才凸显。同样地，气候变化也被认为是加拿大魁北克西部的加蒂诺（Gatineau）国家公园水华发生频率增加的主要原因，而不是国家公园建立导致的土地利用变化，因为湖泊沉积物环境 DNA 中的蓝细菌群落在国家公园建立前后没有显著性的差异（Pal et al., 2015）。沉积物环境 DNA 除了可以监测物种组成、丰富度数据的历史动态外，还可以利用与生态系统功能相关的基因推断生态系统功能的历史动态。例如，耗氧氨氧化过程与氮沉降直接相关，利用氨氧化过程相关基因的有无，Yang 等（2015）推断了青海湖过去18 500年以来的营养水平和盐度变异。除上述应用之外，沉积物环境 DNA 还可以推断物种间的相互作用（如捕食和被捕食关系、共生关系等）（Bohan et al., 2011; Willerslev et al., 2014; Zobel et al., 2018）等。沉积物环境 DNA 适用于更多的地区和环境，因此可以弥补生物多样性监测资料十分缺乏的地区（Bremond et al., 2017），从而有可能得到更加全面的生物多样性和生态系统动态的观点。未来，沉积物环境 DNA 也许可以更直接地反映灾难性事件对群落和生态系统的影响，以及种群的遗传和适应性进化等（Bálint et al., 2018）。

虽然沉积物环境 DNA 在生物多样性和生态系统功能监测应用方面前景喜人，但是其存在的问题也是未来研究的重要挑战。除了环境 DNA 固有的问题外，对于沉积物环境 DNA 而言，沉积后改造（post-depositional reworking）过程或者 DNA 浸出（DNA leaching）现象可以导致 DNA 从古老地层向年轻地层迁移，也可以使其反向迁移，这种 DNA 垂直迁移现象使得一些物种在某些地层中产生假阳性的结果（Bálint et al., 2018; Cristescu and Hebert, 2018; Rawlence et al., 2014; Thomsen and Willerslev, 2015）。例如，在西伯利亚冰冻沉积物中，在定年约5000年前的地层中分离出猛犸象的 DNA，这一时间远远年轻于该地区猛犸象灭绝的时间，沉积后改造导致古老 DNA 上行迁移可能是这一发现的主要原因（Arnold et al.，2011）。由于DNA浸出现象，Haile等（2007）发现了古老的地层中现代羊的DNA。沉积后改造过程可能较多发生在冰期-间冰期转换过程或者土壤成土过程中，而DNA浸出现象则可能源于动物排泄、洪水漫灌等，发生频率与动物行为、土壤纹理、结构有关（Andersen et al.，2012；Rawlence et al.，2014）。一般认为DNA垂直迁移现象在永久冻土、水生环境沉积物、干燥洞穴沉积物中发生频率较低，而在湿润环境或者表土和近表土中发生频率更高（Domaizon et al.，2017；Rawlence et al.，2014）。控制样本的取样可以用来评估这种DNA垂直迁移现象是否存在，此外，研究者需要对地貌过程、成土过程和地层学有很深入的理解，以便进行合理的实验设计以及判断假阳性结果存在的可能性。

3. 粪便环境DNA：物种相互作用分析

粪便中除了包含动物本身的遗传信息外，还包含其进食物种的DNA以及与其共生的微生物信息，因此在物种相互作用研究领域对粪便环境DNA的研究较为深入，这些物种相互作用包括但不限于捕食与被捕食关系、共生关系以及种间竞争关系。

基于粪便的食性分析在研究动物间的捕食与被捕食关系方面由来已久。传统的粪便食性分析方法包括利用微形态学直接观察，例如根据粪便中残留的猎物毛发、植物碎片等进行猎物物种鉴定（Seto et al.，2015；Tarango et al.，2002；张春杨，2011）；或者利用同位素法判断不同类型食物的比例，如进食 C_3 植物和 C_4 植物的比例（Estrada et al.，2005；Kartzinel et al.，2019；郑新庆等，2015）。然而，这些传统方法对食物鉴定的分辨率有限，一般要求食物残留形态明显，消化较为彻底的食物或者稀有食物很难被分离。此外，传统方法对分类学要求较高，这也限制了这些方法的广泛应用（King et al.，2008；Pompanon et al.，2012）。基于粪便环境DNA的食性分析降低了对研究者分类学的要求，增加了物种识别的分辨率，减少了实验劳力成本，因此可以在时间尺度和空间尺度上增加样本量，对动物食性的时空变异进行更深入的探讨。例如，很多动物分子食性分析都探讨了动物食性的季节变异（Jorns et al.，2020；Nakahama et al.，2021；Tang et al.，2021）。Jorns等（2019）在洲尺度上探讨北美野牛的食性变异以及季节变异，他们发现北美野牛并不是一个严格的啃食者，气候对食性组成、食物质量、元素获取等具有重要的影响。因为分子食性分析提供了更精准的动物食性组成和偏好，所以粪便环境DNA还可以用于物种间生态位分化和种间竞争等问题的探讨。非洲共存着多种大型食草哺乳动物，这些哺乳动物的食谱范围都很宽，它们如何共存？Kartzinel等（2015）利用分子食性分析发现物种间体型差异越大，食性差异越大，而在啃食者或者游食者各自的食性集团内，不同动物物种的食性生态位分化，主要表现在一些植物物种进食比例的差异上。

粪便环境DNA方法虽然提供了非损伤取样方式以及提高了食性研究的深度和广度，

但仍然存在很多陷阱，研究者需熟知这些陷阱，并对研究结果进行合理的解释。例如，粪便环境 DNA 方法可以十分灵敏和高精度地判断食物分类水平，却无法判断动物进食的部位（如植物的叶、芽、根、树皮等）（Pompanon et al.，2012）。此外，动物的食性偏好是分子食性分析的重要内容。不同物种本身 DNA 含量、分子实验抑制成分的差异、条形码引物的结合能力差别、对消化过程的不同响应将导致宏条形码数据中的序列数与真实动物进食比例间存在差异（Deagle et al.，2019；Thomas et al.，2014），所以目前宏条形码数据常用的刻画食性偏好的指标是某个物种在样品中的出现频率（frequency of occurrence，FOO），而不直接采用序列数。由于计算 FOO 时只考虑样品中是否出现目标物种，而不考虑序列数，因此很容易造成稀有物种膨胀（rare species inflation），这一现象可能在一次进食很多物种的食草动物中更为严重，使得 FOO 与实际的食性偏好有较大的出入（Deagle et al.，2019）。事实上，越来越多的研究者认为序列数在一定程度上可以反映食性偏好（Deagle et al.，2019；Kartzinel et al.，2019；Willerslev et al.，2014），并着力探讨如何校正序列数中存在的组织偏差和消化偏差（Mclaren et al.，2019；Thomas et al.，2016，2014）。

粪便环境 DNA 中除了包含进食物种的信息外，还包含了与动物共生的肠道微生物信息。肠道微生物与宿主的健康、营养、免疫等方面都有着极其重要的影响（Buddington and Sangild，2011；张家超，2018），因此基于粪便的肠道微生物研究是动物保护生物学领域的热点，包括调查肠道微生物的组成和功能，并探讨其与动物的健康、食性适应、协同进化等的关系（Amato et al.，2013，2014，2015；Wu et al.，2017）。肠道微生物的形成和动物的进化历史相关，因此动物间的系统发育亲缘关系可以解释肠道微生物组成的相似性（Ley et al.，2008；Muegge et al.，2011）。此外，肠道微生物可以帮助宿主消化某些特定食物，而宿主从食物中获取的营养也会影响肠道微生物群落的组成（Amato et al.，2013；Wu et al.，2017）。大熊猫和小熊猫同属于食肉目，以竹类植物为主要食物，但其肠道微生物组成和食草动物牛的肠道微生物组成差异显著。尽管如此，系统发育亲缘性却不能完全解释大熊猫和小熊猫间肠道微生物的相似性。大熊猫和小熊猫虽分属两个科，但两个物种间肠道微生物组成的相似性高于其与各自近缘种的相似性，而且这两个物种的肠道微生物富集了与纤维素降解和 VB12 生物合成相关的基因，这说明食性相似性是两个物种肠道微生物趋同的主要原因（Huang et al.，2021）。然而，在非洲 33 种大型食草动物研究中，Kartzinel 等（2019）未发现食性多样性和肠道微生物多样性间的显著相关性，而且系统发育亲缘性比食性更能解释肠道微生物组成。生境差异、气候的季节变化可以通过食性变异或者个体生理变异影响肠道微生物群落的时空动态，如大熊猫（Wu et al.，2017）、藏猕猴（Sun et al.，2016）、吼猴（Amato et al.，2014，2013）、梅花鹿（管宇，2019）、东北豹（管宇，2019）等哺乳动物的肠道微生物群落动态。然而，肠道微生物群落组成、多样性，以及其与宿主间的生理、行为、进化的因果关系目前仍无定论（丁赟等，2017）。此外，基于粪便的微生物群落在多大程度上代表动物体内肠道微生物情况仍值得关注（Costea et al.，2017）。

8.3 小　结

基于环境 DNA 的生物多样性和生态系统研究方兴未艾，其应用前景仍有待开发和推广。事实上，更多可能包含环境 DNA 的样品和获取方法可以被探索和开发。例如，空气环境 DNA 可以用来分析空气中的花粉组成（Johnson et al.，2019）从而可以监测植被物候以及引起花粉症的主要物种类型；叮食昆虫消化道中残留的猎物 DNA 可以用来分析当地哺乳动物的组成，尤其是稀有物种的监测（Lynggaard et al.，2019）；通过植物被啃食痕迹上残留的 DNA 获取食草动物的信息（Kudoh et al.，2020），可以用其监测昆虫的动态以及植物和昆虫间的物种相互作用关系；冬季雪上的足迹残留动物的 DNA（Franklin et al.，2019）也可以用于确认某些稀有物种的存在。而对于较为成熟的环境 DNA 类型（水、沉积物、粪便），其应用也可不限于目前主流的研究问题，如水环境 DNA、沉积物环境 DNA、粪便环境 DNA，除监测物种组成、生物量或种间关系外，还可以进行种群遗传多样性和进化分析等（Bálint et al.，2018；Thomsen and Willerslev，2015）。

在技术方面，环境 DNA 的获取和分析远未达到统一标准，如何优化实验设计、控制污染、合理解释结果仍是目前所有环境 DNA 样本类型研究中亟须面对的问题。众多研究者认为，以下列举的这 10 个技术挑战是未来环境 DNA 需重点研究和攻克的问题（Cristescu and Hebert，2018；Pal et al.，2015；Thomsen and Willerslev，2015）：①取样量、生物学重复和技术重复等实验设计相关问题；②条形码引物选取和参考 DNA 数据库；③生物信息分析过程中合适参数的设置；④最优化实验流程；⑤如何标准化分析流程，便于不同研究间的比较；⑥如何利用阳性对照和阴性对照，控制和评估污染；⑦如何确定环境 DNA 的准确起源（如沉积物、水环境 DNA 可能扩散或者渗透导致 DNA 来源不明；粪便中可能包含猎物或者猎物所携带的其他物种 DNA）；⑧如何确定环境 DNA 来源的生活史阶段；⑨探讨影响环境 DNA 质量的物理化学因子；⑩如何充分有效地分析数据（例如，如何获得与生物量、相对多度有关的数据，而不仅仅是物种有和无的信息）。

在应用方面，虽然目前环境 DNA 分析技术仍不完善，但是环境 DNA 因在生物多样性和生态系统功能监测方面的高灵敏性、低分类门槛以及更广的时空研究尺度而在生物多样性管理和保护方面的应用潜力巨大。未来应该在更多的传统生物多样性和生态系统功能监测项目中纳入环境 DNA 分析技术，并积极探索可行的决策系统，将环境 DNA 阳性结果应用到更多的管理决策中。

应用与成果篇

第 9 章　东北虎豹长期定位监测及竞争与共存机制研究*

9.1 前　　言

虎（*Panthera tigris*）与豹（*Panthera pardus*）是全球濒危的大型猫科动物，不仅是全球生物多样性保护的旗舰物种和保护伞物种，还是国际关注的焦点物种。作为生物链顶端物种，虎和豹对维持森林生态系统完整性和生态服务功能具有极为重要的作用（Luo et al.，2004；Sunquist，2010），它们不仅通过捕食调节被捕食者的种群结构，还需要充足的猎物和大面积的栖息地以维持种群的长期存活。因此，在保护虎和豹野外种群的同时，保护了同域生活的其他野生动物及其所在的生态系统。虎作为世界上最大的猫科动物，种群数量已由 21 世纪初的 10 万只减少到目前的不到 5000 只，现存分布区仅占历史分布区的 7%，种群处于濒危状态（Dinerstein et al.，2007；Jhala et al.，2021）。虽然豹比虎有更广阔的地理分布范围，但该物种同样正面临着比大多数其他陆地大型食肉动物更大面积的栖息地丧失风险。在亚洲，豹目前分布的区域不到历史栖息地的 16%，许多处于小种群状态（Farhadinia et al.，2021）。由于濒临灭绝，虎和豹的生存和保护在 20 世纪就已是国际性议题，对所涉国家而言，保护工作开展顺利与否、研究水平的高低也具有重大国际影响（Dinerstein et al.，2007；Walston et al.，2010）。

作为亚洲温带针阔混交林旗舰物种的东北虎和东北豹曾广泛分布于我国东北、俄罗斯远东地区和朝鲜半岛的原始森林（Miquelle et al.，2010a；田瑜等，2009）。但在过去的一个世纪里，东北虎和东北豹种群与分布范围急剧衰退，人为猎杀、猎物匮乏和栖息地破碎是其主要原因（Miquelle et al.，2010b；Tian et al.，2014；李钟汶等，2009）。目前，野生东北虎仅有 500 只左右，90% 以上的个体分布于俄罗斯锡霍特山脉，另一个隔离的小种群分布在中俄边境地区，濒临灭绝（Miquelle et al.，2010a；Wang T M et al.，2016）。野生东北豹则更加濒危，它远不如野生东北虎那么受人关注，长期被忽视甚至被遗忘，21 世纪初调查只发现 25 ~ 35 只残存于俄罗斯滨海边疆区西南部不足 $2500km^2$ 的区域，随时可能有

---

* 本章作者：王天明、葛剑平。

灭绝风险（Hebblewhite et al.，2011）。此外，由于种群和生境缩小、近交衰退和犬瘟热疾病威胁，这些残存野生虎豹的生存质量仍在持续下降（Henry et al.，2009；Sugimoto et al.，2014；Wang et al.，2017，2018）。

我国东北广袤的温带针阔混交林曾是东北虎、东北豹的故乡，是其最主要的历史分布区，分布面积曾达到约 30 万 km^2，约占野生虎和豹（以下简称野生虎豹或虎豹）分布区总面积的 60%（Miquelle et al.，2010a；田瑜等，2009）。20 世纪 90 年代末期，野生虎豹在我国东北基本销声匿迹。21 世纪初，我国东北中俄边境开始出现野生虎豹活动的相关报道。然而，这些报道只是基于零星的观测和短期的调查，对于我国东北境内是否还有野生虎豹长期活动、野生虎豹还有无可能在故土重新定居等关键问题，缺乏科学回答。面对生境的丧失和退化，我国东北虎豹种群恢复和保护需要精确的生态信息，然而在我国这两个大型猫科动物的基础生态学研究非常匮乏。随着我国天然林保护工程的实施和东北虎豹国家公园的建设，当前东北虎豹已在中俄跨境区域形成居群，为我国虎豹种群恢复和生态系统修复提供了重大机遇（Jiang et al.，2017；Wang T M et al.，2016；肖文宏等，2014）。东北虎豹的保护将成为继大熊猫（*Ailuropoda melanoleuca*）保护之后我国生物多样性保护的重要标志。当前我国新型的以国家公园为主体的自然保护地体系已经由以前的区域性或单一物种的保护走向大空间尺度的生态系统视角下的大尺度保护。2016 年，《关于健全国家自然资源资产管理体制试点方案》和《东北虎豹国家公园体制试点方案》相继发布，是中央通过保护老虎推进生态文明建设的重大举措。建立以国家公园体制为主体的新型自然保护地管理体系，特别是大尺度、全覆盖的监测系统的建设将推进我国东北虎种群和栖息地的有效保护和恢复。

大中型动物物种濒危机制的研究是生物多样性研究和保护中的重要课题，也是保护生物学所要解决的三大迫切问题之一（Kelt et al.，2019）。面对大量物种灭绝和濒临灭绝这一严峻的现实，我们对物种尤其是稀有物种和濒危物种的了解仍然相当不足，这使得现有的物种保护缺乏科学依据。东北温带针阔混交林支撑和维持着独特和多样的野生动物区系，特别是濒危的东北虎豹的存在使得该区域成为全球生物多样性关注和研究的热点区域，该区域是建立生物多样性科学研究综合平台的最佳区域，占据着重要的科学地位。因此，在该区域开展生物多样性监测、物种濒危机制以及濒危物种种群恢复途径的研究具有重要的科学价值和现实意义。基于此，北京师范大学在国家林业和草原局支持下，与吉林省林业和草原局、黑龙江省森林工业总局和边防部队等单位组成联合队伍，经过自 2006 年以来的努力，已在我国东北逐步建立了一个东北虎豹生物多样性红外相机长期定位监测网（long-term tiger-leopard observation network based on camera traps in Northeast China，TLON）。2015 年，我们依托该平台完成的《关于实施中国野生东北虎、豹恢复与保护重大生态工程的建议》得到了国家领导人的重要批示，相关建议被列入了“十三五”规划，推动了我国东北虎豹国家公园体制试点建设，相关成果在“改革开放 40 周年成就展”上展出；同年完成的《虎豹回归中国计划的建议》被吉林省人民政府采纳。2017 年完成的《东北虎豹国家公园自然资源监测标准》被国家林业局采纳。有关东北虎和东北豹的研究成果被 *Science* 杂志专题报道，发表在 *Landscape Ecology* 杂志的虎豹研究论文（Wang T M et al.，2016）入选 2017 年施普林格·自然（Springer Nature）集团发布的“可以改变世界的 180 篇年度杰出论文”。

9.2 东北虎豹生物多样性长期定位监测体系

长期定位监测体系的监测目标是从生态系统水平上对东北虎豹、有蹄类猎物及同域分布的其他哺乳动物、森林栖息生境、环境要素和人类活动等进行全面系统的调查和观测，获取长期和系统性的生态监测数据，重点开展东北虎豹等野生动物的种群生态学、行为生态学、繁殖生物学、景观和保护生态学等领域研究，建成一个“动物与植物、宏观与微观、理论与应用”相结合的生物多样性监测网络，并成为具有国际重大影响力的生态学研究平台，同时为东北虎豹国家公园自然资源监测、评估和管理提供科技支撑，为我国国家公园与自然保护地的野生动物等自然资源监测提供示范。

9.2.1 基于公里网格的红外相机监测平台

早期的东北虎豹生物多样性红外相机监测平台始建于 2006 年，位于黑龙江和吉林两省东部，从中俄边境线开始，根据东北虎豹向中国可能的扩散路径，监测区域逐步向中国内陆扩展。经过十几年的发展，目前该平台覆盖了中国东北 5 个国家级自然保护区、13 个林业和草原局，覆盖区域面积约 1.5 万 km^2。

（1）平台设计与数据采集

根据东北虎的主要猎物野猪（*Sus scrofa*）、梅花鹿（*Cervus nippon*）和狍（*Capreolus pygargus*）的家域面积，将监测区按照 3.6km×3.6km 划分成单元网格。如果森林覆盖率达到 90% 以上，就在网格中设置至少 1 台红外相机，相机间平均距离 2.36km。另外，为了提高东北虎豹个体识别和探测率，在东北虎豹国家公园东部虎豹核心分布区（面积约 5400km^2）约 70% 的位点设 2 个相机，双向安放，并在部分区域进行了相机补充，相机间距离大约 1km。2006 ~ 2019 年，我们在监测区内共设置了 910 个相机位点，架设的地点通常选择动物最可能出现的地方，包括兽道、山脊、土路、标记树、兽穴和补盐点等。相机安装在乔木树干上，离地面高度在 0.4 ~ 0.8m，相机的镜头尽量顺着通道方向放置，避免阳光直射，清除镜头前的杂物和小灌木等遮挡物以保证最佳的角度拍摄动物，相机处不放置任何诱饵。使用的相机型号为猎科 Ltl-6210 M 被动式红外触发相机，相机设置为视频模式，长度为 15s，拍摄间隔为 1min，全天 24h 工作，敏感度设为低或中。所有相机加装铁壳和锁链以防被盗。由于研究区域交通不便，每隔 3 ~4 个月检查电池状态和更换数据存储卡。

（2）数据处理和建库

首先将视频初步整理，删除空拍的视频（主要是没有任何动物的视频），然后鉴定有效视频中出现的野生动物、人类活动（包括人和车辆）和家养动物（牛、羊、马、狗和猫等）。随着分析技术发展，2018 年之后的视频数据首先通过人工智能进行处理，然后再人工校正。考虑到同一动物或人类活动在同一相机点短期内可能重复拍摄，对视频进行独立事件判断，判断标准如下：①相同或不同物种的不同个体或车辆的连续视频；②相同物种或车辆的连续视频时间间隔大于 30min；③相同物种或车辆的不连续视频。符合以上任意一条即被定义为一次独立事件。确定独立事件后，将以上数据导入数据库，该数据库记录了每个视频拍摄的日期、时间、物种名、地理位置等信息。目前，我们已经构建东北温带针阔混交林区哺乳动物物种多样性数据库，包括野生东北虎和东北豹个体识别数据库、足迹图片数据库、粪便样品数据库、栖息地（生境）数据库。另外，2015 年，我们与俄罗斯豹地国家公园开展了中俄跨境东北虎豹联合监测与研究，双方签署合作协议，建立了东北虎和东北豹种群的联合数据库（Feng et al.，2017；Vitkalova et al.，2018）。2006 年 7 月 ~2019 年 6 月，基于公里网格的红外相机监测平台共建立 6 个监测点，覆盖了长白山支脉老爷岭、张广才岭和完达山（表 9-1），累计投入红外相机 4000 余台，相机工作 173.6 万多相机工作日，产生视频记录超过 78.5 万条。

表 9-1　东北虎豹生物多样性红外相机监测平台内各监测点基本信息列表

序号	名称	省（自治区、直辖市）	保护状态	面积/km^2	中心经度/（°E）	中心纬度/（°N）	起始年份	截止年份	有效相机位点数/个	工作天数/天
1	东北虎豹国家公园	吉林和黑龙江	国家公园	10300	130.851	43.259	2006	2019	674	1 338 158
2	凤凰山	黑龙江	国家级自然保护区	893	130.952	44.861	2010	2015	67	119 607
3	完达山	黑龙江	国家级自然保护区	2300	133.507	46.657	2014	2019	56	73 130
4	桦南	黑龙江	—	375	131.173	46.365	2014	2019	25	44 664
5	张广才岭	吉林和黑龙江	国家级自然保护区	945	128.255	44.030	2010	2019	78	151 720
6	依兰	吉林	省级自然保护区	130	129.307	43.226	2012	2014	10	8 861

9.2.2 “天地空”一体化生物多样性监测系统和生态大数据云平台

为了克服过去传统红外相机数据采集滞后的缺点，2018 年我们研发和建设了“天地空”一体化生物多样性监测系统和生态大数据云平台，实现了野生动物的大面积实时监测、云端存储和在线访问（图 9-1）。该系统基于“中国广播电视有线网+700MHz 的无线 4G 技术”，单个基站信号覆盖范围平均半径为 20km，在森林茂密的山区实现大面积的无线信号覆盖，实现了数据高速传输、音视频通信等功能。系统集成云存储、人工智能和大数据分析等新技术手段，从野外实时回传东北虎、东北豹、猞猁、梅花鹿、原麝（*Moschus moschiferus*）、黑熊（*Ursus thibetanus*）、棕熊（*Ursus arctos*）等珍稀濒危物种和家

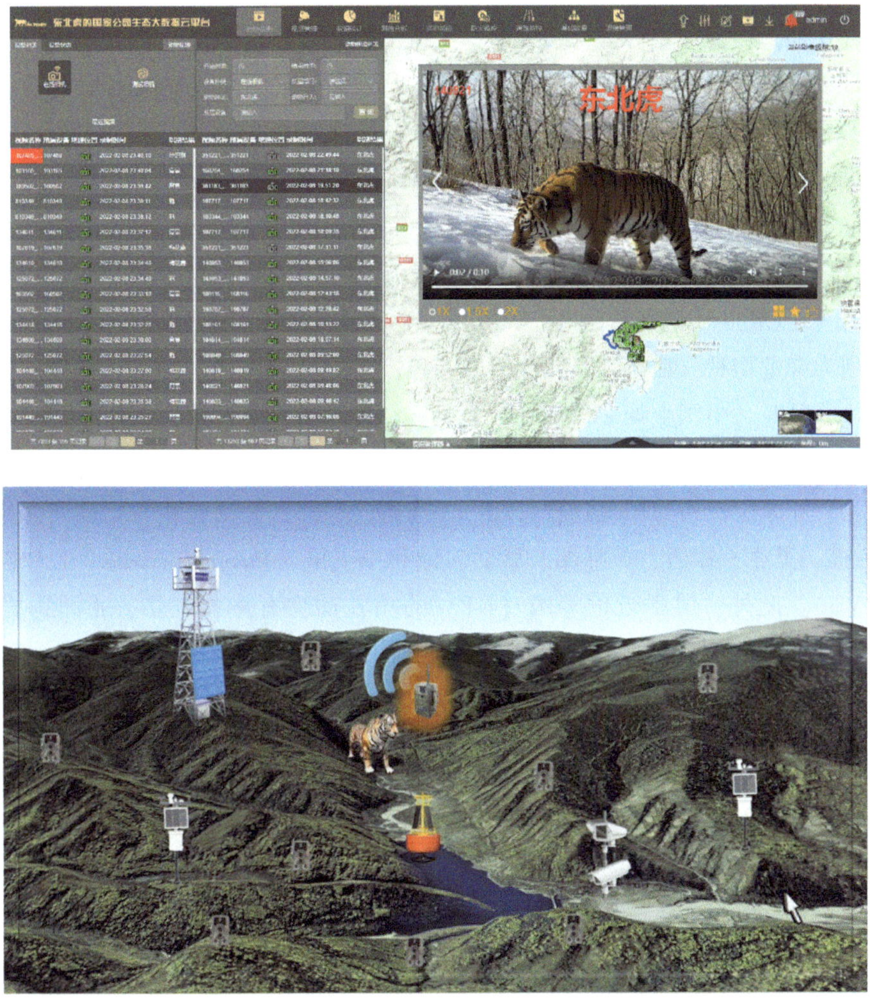

图 9-1　“天空地”一体化生物多样性监测系统和生态大数据云平台

畜、狗等人类干扰的实时影像并进行人工智能分析，实现了集野生动物实时监测、数据无线回传、物种智能识别、种群动态监测和行为分析于一体的创新性野生动物监测体系，实现了“看得见虎豹、管得住人”的全新“互联网+生态”的自然保护地智慧化管理范式，有力地支撑了生物多样性形成与维持机制研究和东北虎豹国家公园的科学建设和精准管理。2018～2021年底，野外安装无线红外相机超过1.5万台，通讯基站93座，覆盖面积1.4万km^2，获取超过1080万个视频，追踪50多只东北虎，视频1.2万多条，60多只东北豹，视频1.4万多条，揭示了中国境内野生虎豹种群的状态和中俄跨境活动情况。

9.3 鸟兽物种多样性监测结果

红外相机拍摄到28种野生兽类，隶属5目12科（表9-2），其中食肉目4科13种，偶蹄目3科6种，啮齿目3科7种，兔形目1科1种，劳亚食虫目1科1种。根据《国家重点保护野生动物名录》，在记录到的野生兽类中，受保护的哺乳动物占所有哺乳动物的53.6%，国家Ⅰ级重点保护野生动物有东北虎、东北豹、紫貂（*Martes zibellina*）、原麝和梅花鹿5种；Ⅱ级有豹猫（*Prionailurus bengalensis*）、猞猁（*Lynx lynx*）、赤狐（*Vulpes vulpes*）、貉（*Nyctereutes procyonoides*）、棕熊、黑熊、黄喉貂（*Martes flavigula*）、水獭（*Lutra lutra*）、马鹿（*Cervus canadensis*）和獐（*Hydropotes inermis*）10种。东北豹被世界自然保护联盟（IUCN）红色物种名录（http://www.iucnredlist.org）列为极危物种（CR），东北虎被列为濒危物种（EN），黑熊、原麝和獐被列为易危物种（VU）、水獭被列为近危物种（NT）。根据《中国生物多样性红色名录：脊椎动物　第一卷　哺乳动物（上中下三册）》（蒋志刚，2021），受威胁哺乳动物共计14种，占监测到物种总数的50%，其中东北虎、东北豹和原麝被列为极危物种（CR）；猞猁、水獭、梅花鹿和马鹿被列为濒危物种（EN）；豹猫、黑熊、棕熊、黄喉貂、紫貂、獐和小飞鼠（*Pteromys volans*）7种被列为易危物种（VU）。此外，属于近危等级（NT）的哺乳动物有赤狐、貉、亚洲狗獾（*Meles leucurus*）、狍和松鼠5种，占所有哺乳动物的17.9%。

表9-2　东北虎豹生物多样性红外相机监测平台物种名录

物种	《国家重点保护野生动物名录》	IUCN 红色物种名录	中国脊椎动物红色名录	出现区域
兽类				
（一）食肉目 Carnivora				
（1）猫科 Felidae				
1. 东北虎 *Panthera tigris altaica*	Ⅰ	EN	CR	1，3～5
2. 东北豹 *Panthera pardus orientalis*	Ⅰ	CR	CR	1

续表

物种	《国家重点保护野生动物名录》	IUCN 红色物种名录	中国脊椎动物红色名录	出现区域
3. 豹猫 *Prionailurus bengalensis*	Ⅱ	LC	VU	1～5
4. 猞猁 *Lynx lynx*	Ⅱ	LC	EN	1，3
（2）犬科 Canidae				
5. 赤狐 *Vulpes vulpes*	Ⅱ	LC	NT	1～5
6. 貉 *Nyctereutes procyonoides*	Ⅱ	LC	NT	1～5
（3）熊科 Ursidae				
7. 棕熊 *Ursus arctos*	Ⅱ	LC	VU	1
8. 黑熊 *Ursus thibetanus*	Ⅱ	VU	VU	1～6
（4）鼬科 Mustelidae				
9. 黄喉貂 *Martes flavigula*	Ⅱ	LC	VU	1～6
10. 紫貂 *Martes zibellina*	Ⅰ	LC	VU	1～3
11. 黄鼬 *Mustela sibirica*		LC	LC	1～6
12. 亚洲狗獾 *Meles leucurus*		LC	NT	1～6
13. 水獭 *Lutra lutra*	Ⅱ	NT	EN	1
（二）偶蹄目 Artiodactyla				
（5）猪科 Suidae				
14. 野猪 *Sus scrofa*		LC	LC	1～6
（6）麝科 Moschidae				
15. 原麝 *Moschus moschiferus*	Ⅰ	VU	CR	1
（7）鹿科 Cervidae				
16. 梅花鹿 *Cervus nippon*	Ⅰ	LC	EN	1，5，6
17. 马鹿 *Cervus canadensis*	Ⅱ	NA	EN	1～5
18. 狍 *Capreolus pygargus*		LC	NT	1～6
19. 獐 *Hydropotes inermis*	Ⅱ	VU	VU	1
（三）啮齿目 Rodentia				
（8）松鼠科 Sciuridae				
20. 松鼠 *Sciurus vulgaris*		LC	NT	1～6
21. 小飞鼠 *Pteromys volans*		LC	VU	1～6
22. 北花松鼠 *Tamias sibiricus*		LC	LC	1～6
（9）仓鼠科 Cricetidae				
23. 棕背䶄 *Myodes rufocanus*		LC	LC	1～6
24. 大仓鼠 *Tscherskia triton*		LC	LC	1～6
（10）鼠科 Muridae				

续表

物种	《国家重点保护野生动物名录》	IUCN 红色物种名录	中国脊椎动物红色名录	出现区域
25. 大林姬鼠 *Apodemus peninsulae*		LC	LC	1～6
26. 黑线姬鼠 *Apodemus agrarius*		LC	LC	1～6
(四) 兔形目 Lagomorpha				
(11) 兔科 Leporidae				
27. 东北兔 *Lepus mandshuricus*		LC	LC	1～6
(五) 劳亚食虫目 Lipotyphla				
(12) 猬科 Erinaceidae				
28. 东北刺猬 *Erinaceus amurensis*		LC	LC	1～6
鸟类 Birds				
(一) 鸡形目 Galliformes				
(1) 雉科 Phasianidae				
1. 花尾榛鸡 *Tetrastes bonasia*	Ⅱ	LC	LC	1～6
2. 环颈雉 *Phasianus colchicus*		LC	LC	1～6
(二) 雁形目 Anseriformes				
(2) 鸭科 Anatidae				
3. 豆雁 *Anser fabalis*		LC	LC	1～5
4. 鸳鸯 *Aix galericulata*	Ⅰ	LC	NT	1～5
(三) 鸽形目 Columbiformes				
(3) 鸠鸽科 Columbidae				
5. 山斑鸠 *Streptopelia orientalis*		LC	LC	1～6
(四) 鸻形目 Charadriiformes				
(4) 鹬科 Scolopacidae				
6. 丘鹬 *Scolopax rusticola*		LC	LC	1，3，4
(五) 鹰形目 Accipitriformes				
(5) 鹰科 Accipitridae				
7. 秃鹫 *Aegypius monachus*	Ⅱ	NT	NT	1
8. 松雀鹰 *Accipiter virgatus*	Ⅱ	LC	LC	1～6
9. 苍鹰 *Accipiter gentilis*	Ⅱ	LC	NT	1，3，4，5
10. 白尾海雕 *Haliaeetus albicilla*	Ⅰ	LC	VU	1
11. 普通鵟 *Buteo japonicus*	Ⅱ	LC	LC	1～5
(六) 鸮形目 Strigiformes				
(6) 鸱鸮科 Strigidae				
12. 长尾林鸮 *Strix uralensis*	Ⅱ	LC	NT	1～5

续表

物种	《国家重点保护野生动物名录》	IUCN 红色物种名录	中国脊椎动物红色名录	出现区域
（七）啄木鸟目 Piciformes				
（7）啄木鸟科 Picidae				
13. 白背啄木鸟 *Dendrocopos leucotos*		LC	LC	1～6
14. 大斑啄木鸟 *Dendrocopos major*		LC	LC	1～5
15. 灰头绿啄木鸟 *Picus canus*		LC	LC	1～5
（八）雀形目 Passeriformes				
（8）鸦科 Corvidae				
16. 松鸦 *Garrulus glandarius*		LC	LC	1～6
17. 灰喜鹊 *Cyanopica cyanus*		LC	LC	1～6
18. 小嘴乌鸦 *Corvus corone*		LC	LC	1～6
19. 大嘴乌鸦 *Corvus macrorhynchos*		LC	LC	1～6
（9）山雀科 Paridae				
20. 沼泽山雀 *Poecile palustris*		LC	LC	1～5
21. 大山雀 *Parus major*		LC	LC	1～5
（10）䴓科 Sittidae				
22. 普通䴓 *Sitta europaea*		LC	LC	1～5
（11）鸫科 Turdidae				
23. 白眉地鸫 *Zoothera sibirica*		LC	LC	1～5
24. 虎斑地鸫 *Zoothera aurea*		LC	LC	1
25. 灰背鸫 *Turdus hortulorum*		LC	LC	1～5
26. 白腹鸫 *Turdus pallidus*		LC	LC	1～6
27. 斑鸫 *Turdus eunomus*		LC	LC	1～5
（12）鹟科 Muscicapidae				
28. 红胁蓝尾鸲 *Tarsiger cyanurus*		LC	LC	1～6
（13）鹡鸰科 Motacillidae				
29. 灰鹡鸰 *Motacilla cinerea*		LC	LC	1～5
（14）燕雀科 Fringillidae				
30. 黑尾蜡嘴雀 *Eophona migratoria*		LC	LC	1
31. 北朱雀 *Carpodacus roseus*	Ⅱ	LC	LC	1
（15）鹀科 Emberizidae				
32. 灰头鹀 *Emberiza spodocephala*		LC	LC	1～6

注：红色名录级别 CR、EN、VU、NT 和 LC 分别为极危、濒危、易危、近危和无危。1. 东北虎豹国家公园；2. 凤凰山；3. 完达山；4. 桦南；5. 张广才岭；6. 依兰。详细的每个物种区域出现情况见图 9-2 和表 9-1。

红外相机拍摄到32种野生鸟类，隶属8目15科，其中鸡形目1科2种，雁形目1科2种，鸽形目1科1种，鸻形目1科1种，鹰形目1科5种，鸮形目1科1种，啄木鸟目1科3种，雀形目8科17种。在记录到的野生鸟类中，国家Ⅰ级重点保护野生动物有白尾海雕（*Haliaeetus albicilla*）和秃鹫（*Aegypius monachus*）2种，Ⅱ级有鸳鸯（*Aix galericulata*）、松雀鹰（*Accipiter virgatus*）、苍鹰（*Accipiter gentilis*）、普通鵟（*Buteo buteo*）、花尾榛鸡（*Tetrastes bonasia*）、北朱雀（*Carpodacus roseus*）和长尾林鸮（*Strix uralensis*）7种。秃鹫被IUCN红色物种名录列为近危物种（NT）。白尾海雕被《中国生物多样性红色名录：脊椎动物．第二卷，鸟类》（张雁云和郑光美，2021）列为易危物种（VU），鸳鸯、秃鹫、苍鹰和长尾林鸮被列为近危物种（NT）。

9.4 东北虎豹共存与濒危机制研究

目前，我们通过天空地一体化生物多样性监测系统和生态大数据云平台调查和分析了野生东北虎豹在中国境内的种群数量、分布、密度和跨境活动规律，系统评价了人类干扰特别是放牧活动对东北虎豹及其猎物多度、分布、行为和扩散的影响；分析了东北虎豹的食性构成和偏好，并通过分析虎豹与其主要猎物梅花鹿、野猪和狍的时空重叠，阐明了它们的捕食策略；从时间、空间和食物资源3个维度分析了东北虎和东北豹的竞争与共存机制；分析了小型和大型食肉动物在人为干扰景观下的时空作用关系，进一步推动了对物种区域共存机制的理解。重要研究进展如下。

9.4.1 东北虎豹种群数量和密度估计

东北虎豹生物多样性长期定位监测平台于2007年6月以及2010年10月分别拍摄到我国第一张自然状态下东北虎以及东北豹的活动照片，证明了我国境内仍然有野生东北虎豹的活动（Feng et al.，2011）。东北虎豹生物多样性长期定位监测平台于2013年11月在距离中俄边界20km的吉林珲春腹地拍摄到1只雌性东北虎携带4只幼崽活动的影像资料，2014年监测到1只雄性东北虎从俄罗斯豹地国家公园向我国腹地迁移的全过程（Wang et al.，2015，2014），表明东北虎种群向我国内陆扩散的趋势。2012年8月～2014年7月，在我国境内共监测到至少26只东北虎和42只东北豹，并记录了部分个体从成功繁殖到子代成年，然后扩散定居的过程（Wang T M et al.，2016）。我们与俄罗斯豹地国家公园对联合监测数据进行分析，表明2014年在约9000km^{2}的中俄边境区域至少存在87只东北豹个体（36只成年雌性、34只成年雄性、8只未知性别成体以及9只亚成体），其中有31只东北豹个体跨境活动；另外，在该区域还同期分布着至少38只东北虎个体，其中至少

14 只东北虎个体拥有“双国籍”（Feng et al.，2017）。空间捕获-再捕获模型（SECR）显示我国境内东北虎密度为 0.20 ~ 0.27 只/100km^2（Wang et al.，2018；Xiao et al.，2016）；东北豹密度为 0.30 ~ 0.42 只/100km^2，显著低于俄罗斯种群的密度（大约 1.40 只/100km^2）。中俄联合监测数据进一步表明部分在我国拍摄的东北豹，其活动中心在俄罗斯（Vitkalova et al.，2018；Wang et al.，2017）。总之，中俄跨境合作研究首次完成了东北豹种群和东北虎 1 个小种群的生存状态评估，为这两个濒危物种的跨境保护提供了重要的科学基础。

9.4.2 人类活动对东北虎豹种群定居的影响

监测数据表明东北虎豹种群虽然有明显向中国内陆扩散的趋势，但大多数个体聚集在中俄边境线附近，林下放牧等各种人类干扰导致猎物短缺，严重制约了东北虎豹种群向中国内陆的扩散和定居（Wang T M et al.，2016；肖文宏等，2014）。研究表明，东北虎的生境利用远离高放牧区、居民点和主要道路，随着梅花鹿多度和森林覆盖率的增加而增加（Wang et al.，2018；Xiao et al.，2018；Yang et al.，2019）。同样地，东北豹的生境利用与猎物的多样性显著相关，其避开道路和居民点，特别是避开放牧地区（Wang et al.，2017）。森林放牧使林下灌草层植物生物量（减少约 24%）显著降低，减少了有蹄类动物灌草层食物资源（王乐等，2019）。地面激光雷达扫描（terrestrial lanser scanning，TLS）数据结果显示林下的长期放牧导致冠层高度、乔木数和蓄积量、冠层（0 ~ 5m）的植被面积指数（VAI）明显低于非放牧林分类型，也导致了林下层林冠间隙和视野能见度显著增加（Li et al.，2022）。大尺度红外相机数据揭示强烈的放牧活动也显著降低了该地区野生哺乳动物的空间分布和多样性，特别是对有蹄类动物的影响最为显著（Feng J W et al.，2021）。总之，长期家畜放牧已导致森林质量和猎物生境退化，尤其是牛显著降低了虎豹最主要的猎物梅花鹿的出现频率（Feng R N et al.，2021）。该研究在猎物恢复、减少人类干扰等方面提出了具体的建议，强调逐步减少森林中的放牧活动和人类干扰，扩大梅花鹿的分布范围和增加种群数量应是优先的保护行动。

9.4.3 东北虎豹食性与捕食策略分析

为了准确获知中国境内东北虎和东北豹的食性，我们应用粪便分析法对采集的虎豹粪便内容物进行分析，确定其食物中猎物组成。同时，结合红外相机技术估计环境中猎物种群多度，确定食性偏好（Dou et al.，2019；Yang et al.，2018）。另外，我们还评估了东北虎与猎物的时空重叠情况，进一步解释东北虎的食物选择机制。研究表明，虽然东北虎豹食性存在不同的季节性变化，但野猪、梅花鹿和狍是对其生物量贡献率（75%以上）较高的猎物。东北虎豹的食物中也包括了家养动物狗和牛，这加剧了人兽冲突和疾病传播（如犬瘟热）的风险（Soh et al., 2014；Sulikhan et al., 2018；Wang T M et al., 2016）。食性偏好分析表明东北虎极度偏好捕食野猪，其次为梅花鹿，对狍无明显偏好，而东北豹偏好狍。东北虎及其主要猎物的时空重叠分析结果显示，虽然梅花鹿与东北虎空间重叠度较高，但两者活动高峰明显错开；而野猪与东北虎虽然空间重叠度较低，但两者活动高峰明显一致。结合食性分析结果，我们认为东北虎与梅花鹿和野猪的这种时空分布模式是其捕食策略的一种权衡（Dou et al., 2019）。

9.4.4 东北虎豹竞争与共存

大型食肉动物种间竞争与共存是保护生物学的核心科学问题。我们应用大尺度红外相机监测数据和野外生境调查数据，首次从空间生态位和时间生态位等方面探究了东北虎豹在人为干扰以及猎物资源驱动下的竞争与共存机制（Li et al., 2019）。双物种占域模型结果表明，东北虎豹在空间上表现出独立的占域关系，并且东北豹广泛利用高海拔和山脊，东北虎则主要出现在低海拔和频繁利用林中土路，进一步促进了二者的共存（Yang et al., 2019）。时间生态位分析表明，东北虎表现为夜行性以及晨昏活动的节律，而东北豹则以昼行性活动为主，因此时间生态位分化是促进东北虎豹景观共存的重要因素（Li et al., 2019）。同时，时空相互作用分析结果也进一步证实了东北虎豹在时空生态位上的分化。东北虎与人类活动表现出较高的空间生态位重叠，但是东北虎白天活动较少，以此对人类活动产生时间上的规避（Xiao et al., 2018），而东北豹则在空间上明显避开人类活动。放牧活动严重限制了东北虎豹和主要猎物的空间利用，并对东北豹产生较大的空间排除作用。总之，有限的生境面积以及这两种大型猫科动物的捕食竞争（Yang et al., 2018）可能加剧二者之间的竞争。综上所述，东北虎豹的共存与竞争机制受到种间干涉性竞争、猎物资源可获得性、人类以及放牧活动等多重因素影响。

9.5 小　结

生物多样性形成与维持机制是现代生态学的核心科学问题。如何对生物多样性进行实时精准地观测是影响生物多样性科学发展的瓶颈，也是国际生态学面临的重大难题。东北虎豹及生物多样性监测平台未来将立足于国际科学前沿和解决国家重大需求中的关键科学问题，充分考虑长期生态学研究的需求，继续应用现代监测技术建设长期观测与研究体系，从生态系统水平上对东北温带针阔混交林的生物多样性进行实时精准观测，获取系统性的监测数据，重点开展重要物种的濒危机制研究，将持续为东北虎豹等濒危物种的跨境保护、景观规划和东北虎豹国家公园的建设提供科学支撑。平台未来将重点开展以下研究。

1）食草动物和食肉动物生物与生态学研究。重点开展食肉和食草动物的种群动态、食性、生境选择、种群遗传学和行为生态学（如觅食行为、警戒行为和通信行为）等方面研究，探索生态系统中食物链、食物网及物种之间的种间相互作用关系，以及多尺度生境丧失、破碎化和退化等对关键动物物种生存的影响。研究重要物种的濒危和种群衰退的遗传学机制、动物濒危的生态学过程及其保护对策。

2）动物群落组装与构建机制研究。探究形态与食性相似的同域物种竞争与共存问题一直是生态学与保护生物学中的热门议题（李治霖等，2021）。空间、时间和营养生态位是物种生态位构建中的 3 个典型维度，独立地描述了动物的生态位置和资源使用。当多个物种共存于同一个群落时，它们在生态位的各个维度上就不可避免地发生相互作用，生态位分化是促进物种共存的重要机制（Donadio and Buskirk，2006）。近年来，红外相机（O'Connell et al.，2010；李晟等，2014）、环境 DNA（Bohmann et al.，2014）、高通量测序（high-throughput sequencing，HTS）与宏条形码（Monterroso et al.，2019；邵昕宁等，2019）等数据采集技术和占域模型以及多物种模拟方法的发展（Richmond et al.，2010；Tobler et al.，2019）极大地促进了哺乳动物种间相互作用研究的发展。未来将采用上述的监测和统计技术，同时从空间、时间和营养生态位多维度探究食肉或食草动物之间的竞争与共存机制。同时，鼓励应用控制性实验探究食肉或食草动物的种间相互作用，从而推动这些物种之间竞争与共存研究向精细化、精准化和全面化发展。通过种间关系的分析，将能够全面系统地识别影响哺乳动物群落组装和种群可持续生存的关键因子，研究结果也将为东北虎豹国家公园动物群落的保护提供科学基础。

3）监测技术创新与系统整合。红外相机技术已经在陆生哺乳动物的研究与保护中得到广泛利用（O'Connell et al.，2010；Steenweg et al.，2017），但近年来红外相机自动监测技术研发进展缓慢。红外相机长期处于记录声音和影像阶段，而在个体标记、声景记录监测、动物体重和移动速度评估、微距和三维立体拍摄等领域少有突破，制约了野生动物研究的发展。自然资源管理物联网系统可对红外相机、定位追踪设备、采样调查和其他传感器信息进行有效整合，结合云计算、大数据分析、机器视觉人工智能和地理信息等技术，使哺乳动物监测研究走向系统化、规范化、体系化，成为未来野生动物研究与保护的必然趋势。目前，"天空地"一体化生物多样性监测系统和生态大数据云平台已集成新技术创新体系，未来将针对野生动物监测需求，研发实时智能红外相机、动物定位项圈、声音传感器等野生动物智能感知设备，研发野生动物个体形态与声音智能识别技术，建设新一代的生物多样性监测系统。

第 10 章　土壤细菌群落的组装*

生物群落的组装指物种聚合形成群落的过程，这个过程经常表现出非随机性。决定一个局域生物群落组成的因素既包括局域过程（环境选择和漂变），又包括大尺度上的生态过程（如扩散和物种形成）。20 世纪 80 年代以来生态学家认识到这一点，并且越来越强调大尺度过程的重要性（Ricklefs，1987；Ricklefs and Schluter，1993；Vellend，2010）。

10.1　关于微生物群落组装的一般性认知

微生物生态学领域的传统观点是：非寄生性微生物不受扩散限制，每种微生物都能扩散到地球上每个角落，而决定局域环境微生物群落结构的主要因素是环境因子的选择（Finlay，2002；Fenchel and Finlay，2004；de Wit and Bouvier，2006；O' Malley，2008）。人们经常引用 Baas-Beckling 的言论——"Everything is everywhere，the environment selects"（各种微生物到处都有，但是环境筛选它们）来总结这个观点。近年来微生物生态学家也开始借鉴新的群落综合理论（Vellend，2010，2016）来解释微生物群落的组装（Nemergut et al.，2013）。在这个概念理论框架中，决定群落组成的力量被归为物种形成、扩散、漂变和选择四类，这与种群遗传学中归纳的解释种群微进化的四类过程（物种形成、基因流、漂变和选择）形成对应。

微生物不受扩散限制的认识在最近几十年受到了一些挑战。关于微生物的生物地理学模式的一些研究试图解释局域群落之间表现出的物种组成差异，这种差异往往随着群落之间地理距离的增加而增加，这个模式被称为距离衰减（distance decay）。可以用地理距离和环境差异这两个因素解释群落之间的物种组成差异。不少研究表明环境差异并不是最重要的解释变量，而地理距离可以在一定程度上解释群落之间物种组成的差异，甚至可以成为主要解释变量，这一事实暗示着微生物也可能存在扩散限制（Papke et al.，2003；Whitaker et al.，2003；Green et al.，2004；Horner-Devine et al.，2004；Reche et al.，2005；Yannarell and Triplett，2005；Martiny et al.，2006；Telford et al.，2006；van der Gucht et al.，2007；Ge et al.，2008；Vos and Velicer，2008；Ptacnik et al.，2010；Caruso et al.，2011；

---

* 本章作者：张全国、张大勇。

Hanson et al., 2012；Nemergut et al., 2013；Ryšánek et al., 2015）。这些生物地理学研究存在若干局限之处。例如，人们很难测量到生态学上所有重要的环境因子，因此环境差异对群落之间物种组成差异的贡献往往被低估；再如，地理距离和环境因子差异性之间往往存在相关性，由于存在这种解释变量之间的非独立性，并不总是容易区分两个解释变量的相对贡献。

毫无疑问，“选择”是微生物群落构成的重要影响因素，传统观点“Everything is everywhere，the environment selects”把选择当成群落组装过程中压倒一切的力量。大多数研究在讨论选择时仅仅考虑了无机环境的筛选作用。也正是基于无机环境筛选的重要性，生物地理学研究通过把群落之间物种组成的变异拆分为环境差异和地理距离解释的部分实现对选择（或稍微具体一点称为“环境过滤”）和扩散限制相对重要性的评估。很多时候群落变异中有相当大的一部分无法被上述两个因素解释，人们通常认为这部分变异有两个归因：①研究工作中未测量的环境变量导致了一部分变异没有被鉴别为环境变异；②随机性过程导致了一部分不可能被解释的变异。经常有研究将这部分未能解释的群落组成变异作为漂变过程重要性的一个衡量指标（经常称为随机性）。这种衡量漂变过程重要性的做法并不靠谱。在一些确定性过程主导的系统中，相同无机环境的群落之间可以产生物种组成上的差异，例如捕食系统存在自发产生的种群振荡现象，同一个捕食系统在不同地点大概率会表现出不同步的种群振荡，这种过程可以影响群落水平上物种组成随时间的变化。竞争过程主导的群落也可以在不同地点形成多稳定平衡状态（multiple stable equilibria）。诸如此类过程导致的群落差异在其形成过程中不排除有随机过程的影响，但确定性的选择过程是决定种群和群落动态的主要力量（Chase and Myers，2011）。这类群落变异在生物地理学研究中无法被归因为（无机）环境变异，而可能被归因为距离效应或者无法解释的变异部分。也就是说，确定性过程导致的群落变异被低估，尤其是涉及生物间相互作用的选择过程在微生物生态学研究中没有得到足够的重视。

2010 年以来，一些中小空间尺度上受控实验的开展有助于人们更好地理解微生物群落的组装过程。其中，有一些实验试图通过规避地理距离和环境差异性之间的非独立性更可靠地检验微生物的扩散限制，例如在户外环境中摆放盛有液体培养基的瓶子，这些瓶子之间的环境差异（培养基不同）以及地理距离都是可以人为控制的，然后观察这些瓶子内新建立的微生物群落之间的差异（Bell，2010；Langenheder and Székely，2011；Comte et al.，2014）。这样的实验适合在较小空间尺度上开展——可以默认在一个研究区域内气候因子是均一的，而瓶子之间的环境差异完全由研究人员控制。

本章介绍我们开展的一些观察和实验研究，这些工作主要在内蒙古草地进行。工作的空间尺度较小，并不是很适合使用经典生物地理学的方差拆分研究。我们采用更多样化的研究途径，试图对土壤微生物群落组装理论给出更全面的验证；也对经典的生物地理学观察途径在回答群落组装机制方面的局限性给出更多的解读。

10.2 观察微生物多样性模式

我们对采自内蒙古草地若干土壤样品的细菌群落进行了分析，在多样性分布模式方面有以下主要发现。第一，局域土壤细菌群落的排序-多度分布与幂函数预期分布最为接近，该模式不受细菌分类阶元水平的影响；在不同细菌类群中一致（图 10-1）。由于幂函数分布更好地覆盖生物多样性近中性模型对物种多度分布的预测，该结果暗示着近中性过程可能在微生物群落构建过程中发挥重要作用（徐冰等，2015b）。第二，物种的区域分布和局域多度之间存在正相关关系，这种相关性随分类阶元的降低有所减弱，说明稀有种和常见种在多样性维持机制上存在差异，选择和漂变的重要性都不能排除（徐冰等，2015a）。第三，在 3 个不同的空间尺度上，物种多样性和生长力之间都没有显著的相关关系，这个模式并不能用经典的竞争共存理论解释（徐冰等，2015b）。第四，土壤细菌种内遗传多样性与其相对多度呈显著的正相关关系，并且这种正相关关系在更大的地理尺度上更明显，暗示着选择是细菌种内多样性维持的重要力量（徐冰等，2015b）。

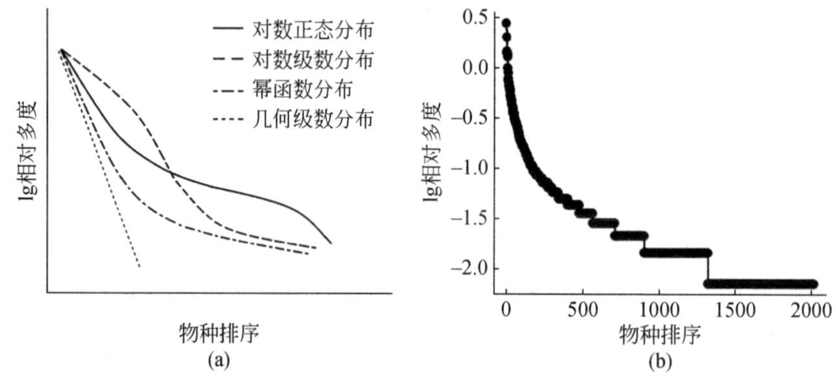

图 10-1　经典物种多度分布模型及我们发现的细菌群落物种多度分布模式

（a）4 种经典物种多度分布模型的模式图；（b）我们在内蒙古草地土壤细菌群落中发现物种多度分布模式，呈现出过长的稀有种“尾巴”；纵轴为以 10 为底的对数刻度

10.3 实验检验扩散限制的重要性

我们从两方面研究土壤微生物是否面临扩散限制这个问题。首先，土壤微生物的主要传播途径应该是空气传播。正是空气传播这个事实的存在强化了很多学者关于微生物没有扩散限制的观点。我们通过一个摆放培养瓶的实验检测空气中处于传播状态的微生物群落

的分布状态。其次，我们针对土壤中的微生物群落组装过程的“终产品”进行一个“繁殖体添加”实验，检验扩散限制的重要性。

(1) 传播阶段的微生物群落：摆放培养瓶实验

个体较小的生物往往种群很大。很大的种群不容易发生种群灭绝，也可以输出很多迁移个体。另外，这些生物（或者其休眠及繁殖形态）因个体小也容易借助空气和水等介质实现被动扩散，这是微生物具有世界性分布这个观点的前提假设（Fenchel and Finlay，2004）。有一些研究证实了若干微生物类群的远距离扩散（Griffin，2007；Perfumo and Marchant，2010；Bowers et al.，2011；Peter et al.，2014），但也有一些工作暗示即使在较小空间尺度上某些微生物类群也是受到扩散限制的（Bell，2010；Langenheder and Székely，2011；Adams et al.，2013；Comte et al.，2014）。

我们在内蒙古的一个草地上进行了一个中小空间尺度的实验，以检测空气传播状态的微生物是否存在不均一的分布。单纯看处于扩散状态的微生物的分布并不能对土壤微生物群落组装中扩散限制是否重要给出一个结论，但是可以一定程度上帮助理解扩散限制（如果存在）发生的具体过程。可以分几种可能的情形进行讨论，如表 10-1 所示。(a) 情形大概是最能产生“Everything is everywhere，the environment selects”组装过程的。(b) 情形下，局域土壤微生物群落可能受到扩散限制——如果局域环境中生态过程发生很快，有很多物种因漂变而灭绝，迁移率较低的物种可能在局域环境中缺席较长时间；也可能不受扩散限制影响——如果局域生态过程发生较慢，所有物种的迁入率相对于局域过程而言已经足够高了（尽管物种之间存在迁移率上的差异）。在（c）情形下，局域土壤微生物群落可能受到扩散限制——但此时的扩散限制并不一定产生距离衰减效应；也可能不受扩散限制——如果局域生态过程发生得很慢。(d) 情形下，局域土壤微生物群落可能受到扩散限制，并且扩散限制会产生距离衰减效应，也可能不受扩散限制。

我们没有采用空气取样并测定空气颗粒吸附微生物群落的方法，因为这个方法需要对很大体积的空气进行取样，无法实现对较小空间尺度（如若干米）上微生物分布的描述，而且所获得样品如果用于提取 DNA 进行测序会受到大量死亡个体的干扰（死亡个体的 DNA 可以续存相当长的一段时间）。我们采用了摆放培养瓶检测自然定居微生物群落的研究途径。这是一种间接对空气中微生物传播体进行取样的方法，但这种方法大概更贴近真实的微生物迁移情形。我们希望知道内蒙古草地的空气传播微生物更符合表 10-1 所列的哪种情形。将装有无菌培养基的培养瓶开口放置于地面上，允许空气微生物定居到培养瓶中（该实验使用的培养瓶为 50mL 离心管）。在 3 个空间尺度上进行了实验，其中最大空间尺度上，3 个实验地点两两之间距离 10km 左右；中等空间尺度上，3 个实验地点两两之间距离 300m 左右；最小空间尺度上，3 个地点两两之间距离 10m 左右。每个实验地点摆放了 30 个培养瓶即 6 种不同培养基×5 个重复（不同培养基区别为碳源不同），每隔一段时间更新部分培养基并取样保存。我们重点分析了 10 天和 17 天以后培养瓶内微生物群落的结构（Hao et al., 2016）。

表 10-1　空气传播阶段微生物存在扩散限制的可能情形，以及通过摆放培养瓶实验检测的几种可能预期结果

情形	传播体微生物群落属性	土壤微生物群落是否受扩散限制	实验中在培养瓶内定居的微生物群落的预期情形
(a)	传播体数量：大 传播体群落距离衰减：无	很可能不受扩散限制	α 多样性较高，群落之间差异很小
(b)	传播体数量：大 传播体群落距离衰减：有	均有可能	α 多样性较高，群落之间表现出距离衰减
(c)	传播体数量：小 传播体群落距离衰减：无	均有可能	α 多样性较低，同一地点的群落之间有较大差异（随机性）；群落之间不表现距离衰减
(d)	传播体数量：小 传播体群落距离衰减：有	均有可能	α 多样性较低，同一地点的群落之间有较大差异（随机性）；群落之间表现出距离衰减

总体而言，环境（培养基）和实验地点对群落组成变异的解释率不到 50%；也就是说，同一地点、同一培养基的重复培养瓶之间有很大的差异。无论在哪个空间尺度上，同一地点的培养瓶之间的微生物物种组成差异稍微小于不同地点之间。这 3 个不同的空间尺度上没有明显区别（距离 10km 的地点之间和距离 10m 的地点之间，培养瓶内定居的微生物群落的差异程度并没有区别）。我们认为，该地区空气中微生物传播体最符合表 10-1 所列的（c）情形。我们推测，在 10km 之内的空间尺度上，空气中微生物的分布没有距离衰减现象。同时，空气中的微生物个体很少，导致在很小的空间尺度（如 10m 以内）上微生物的分布并不均一，这种不均一并非扩散限制存在造成的，而应该是因微生物数量特别小而产生的一个不可避免的后果（想象一片均匀种植的人工林，在 100m 空间尺度上观察树是均一分布的，但在 1m 以内空间尺度上树的分布是不均一的）。

因此，我们针对空气中微生物传播体的间接检测结果暗示土壤微生物群落受到扩散限制的可能性不能排除，但同时说明单纯使用距离衰减这个现象确认扩散限制的存在是不可靠的——没有距离衰减不意味着一定没有扩散限制。

（2）“平衡状态”的微生物群落：繁殖体添加实验

研究传播状态的微生物可以得知微生物的扩散潜能，但并不能确证局域微生物群落是否真的受到扩散限制。群落内物种的随机丢失与物种迁入之间的相对强弱决定了局域群落是否受到扩散限制，所以关于微生物扩散潜能的信息本身不足以判断扩散限制的发生。因此，对局域群落的实地研究也是必要的。

在植物生态学（以及少数的动物生态学）研究中，经常使用“繁殖体添加”（植物生态研究中往往具体为“种子添加”）实验来判断一个局域群落是否为一个饱和群落。在一个饱和群落中，实际存在的物种多样性已经达到了本地环境允许的最高水平，人为迁入物种不会改变群落的物种组成和多样性。一般认为饱和群落的结构主要是由局域生态过程决定的，而非饱和群落受到扩散限制的制约——迁移过程没有输入足够多的物种（Spalding，1909；Foster and Tilman，2003；Myers and Harms，2009；Cornell and Harrison，2014；Germain et al.，2017）。我们借鉴这种繁殖体添加的研究途径，在内蒙古草地研究了土壤微生物群落是否饱和（Zhang F G et al.，2019）。我们在 40°E ~ 44°E、114°N ~ 117°N 的区域内采集了 20 个地点的土样，将其混合的土样作为区域物种库。在该地区选择了 3 个实验地点进行添加实验。将每个实验地点的土壤装入培养管。该实验使用的培养管为切除部分外管的超滤离心管；培养管底的滤膜允许水分和气体通过，但是会阻止微生物穿过（图 10-2）。部分培养管添加了区域物种库的微生物提取物，将另一些没有添加区域物种库微生物提取物的培养管作为对照。将其埋入实验地点原地培养 3 个月。

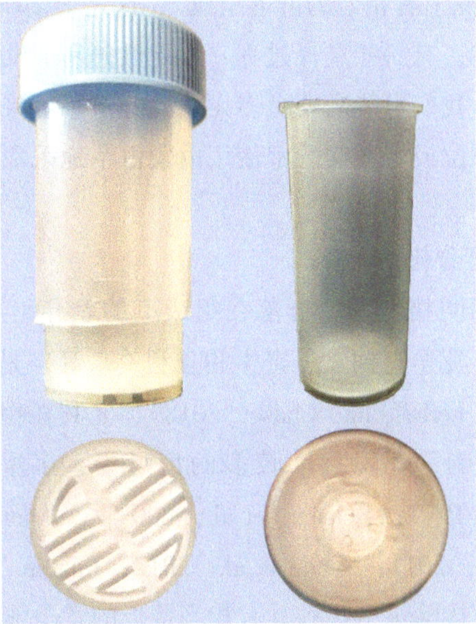

图 10-2　涉及土壤群落回埋培养的实验中使用的培养管

培养管基于超滤离心管改造而成。超滤离心管有内外两个管，图右上部分为内管，内管底部固定有滤膜（图下部为固定滤膜部分的上面观和底部观），我们把外管的下半部分切除，露出内管的底部。土壤装入内管，内管套回于外管中，并旋紧离心管盖封闭上方，该系统将可以通过下方滤膜与环境交换气体和水分（以及溶于水的物质），但不允许微生物通过我们选择了 3 个受到人为干扰较少的区域作为实验地点，因此这项研究主要是针对大致处于平衡态的（或者说“演替成熟”阶段的）群落。我们分析了细菌群落，没有检测其他类群。在这 3 个实验地点，微生物繁殖体添加没有造成细菌群落物种组成发生明显改变，也没有造成物种多样性发生明显改变。如果分析细菌的各个主要门，发现极少数的类群可能存在扩散限制。这些结果表明在外界干扰较少的土壤微生物群落中，扩散限制不是决定群落组成的主要力量。

当然，这个研究方法有一些局限性，对于特别稀有的类群，可能无法真正实现“繁殖体添加”的操作（获得区域物种的实验操作过程中容易导致稀有物种丢失），但恰恰是特别稀有的类群更可能会受到扩散限制的影响（Nemergut et al., 2013）。

10.4 实验推测漂变和选择的重要性

漂变是必然存在的。有时候选择信号会很弱，使得群落组成表现为由随机过程主导（就像中性模型预测的那样）。有时候选择信号很强，例如近似环境条件下的群落在组成上高度趋同。“相似的无机环境中有相似的群落组成”，这是很多研究工作衡量选择信号强弱的分析手段，但如前言所述，有一些选择过程（确定性过程）可以导致近似的无机环境也有不同的群落组成。因此，我们可能需要更多元化的分析手段来研究选择以及漂变信号的强弱。我们在内蒙古草地原位或者在实验室使用内蒙古草地采集的土壤开展了一些实验来探讨这方面的部分问题。

（1）确定性过程和群落分化

没有扩散限制而共享相同物种库的群落在组成上的差异是否可以完全由无机环境决定，这取决于物种间关系（竞争、捕食、寄生和互利关系等）是否会导致多重稳定平衡态或者循环振荡等复杂动态（Leibold and Chase, 2018），尤其在物种库较大、物种之间竞争关系受到“优先效应”影响、环境扰动较多的情形下，多重稳定平衡态更容易出现（Sutherland, 1974；May, 1977；Beisner et al., 2003；Fukami, 2004；Schröder et al., 2005；Fukami and Nakajima, 2011；Shade et al., 2012；Fukami and Nakajima, 2013）。土壤微生物的多样性极高，不排除很多物种具有相当接近的竞争能力，因此土壤微生物群落出现多重稳定平衡态的可能性应该是存在的。

我们开展了一个实验，探讨在土壤微生物系统中存在多重稳定平衡态的可能性（Zhao et al., 2019）。实验的逻辑是这样的：对于物种组成和物种相对多度完全一样的两个群落，我们人为改变部分物种的多度（不引进新物种，也不灭绝任何物种），如果因为人为操纵而变得稍有差异的群落会恢复到同样的状态，意味着不存在多重稳定平衡态。如果这些群落在组成上趋异，那么表明多重稳定平衡态是存在的。

我们把内蒙古草地取样的土壤装入培养管（图 10-2），其中部分培养管内人为增加了单个可培养细菌的培养物（在这个扰动实验中，我们共使用了 6 个可培养细菌），使其数量相对于自然情形上升了若干倍。这些培养管都回埋到取样地点，恢复培养 1 年。如果在这些群落中种间关系是严格的负密度依赖，我们预期经历这种扰动的群落都会恢复到原初状态。在我们的实验中，单一物种密度的上升这一扰动事件导致群落内物种多样性的普遍下降。同时，这些经历了扰动的群落大多维持了不同于对照群落的物种组成，这种分化状态的持续说明物种间相互作用导致群落组成分化可能是普遍存在的。在操纵的 6 个细菌中，有 4 个细菌的数量增加可以导致其近缘物种数量的下降：暗示了竞争过程是导致群落间分化的主要力量之一。这个实验证实了局域种间相互作用可以导致均质环境中群落发生特异性分化，这可能是土壤细菌群落组成差异的重要来源。一些基于方差分解的生物地理学研究把无机环境和距离效应未能解释的变异归为随机性过程是有问题的。

（2）物种灭绝级联效应和非中性动态

一般认为，物种灭绝级联（extinction cascades）效应的发生意味着群落组装不仅仅是物种适应无机环境的结果；相反，种间关系可能是群落组装的主导力量。我们在一个土壤微生物实验中检验了灭绝级联发生的可能性，同时检验在这样的物种丧失过程中物种灭绝的规律是否偏离中性动态的预测——平均而言，当前多度越高的物种在今后一段时间内续存的可能性越大（Zhang F G and Zhang Q G，2015）。稀释扰动是在微生物群落中建立多样性梯度的常用方法。例如，从土壤中通过水提的方法获得微生物群落，将其稀释并接种回已灭菌的土壤中，待土壤微生物恢复生长至平衡状态（Degens，1998；Griffiths et al.，2001）。这种稀释处理会导致稀有物种丧失，而高密度物种则会保存，类似于非选择性收获行为导致的多样性下降，具有一定的现实性。事实上，在使用这种方法建立土壤微生物多样性梯度时，多样性丧失不仅仅发生在稀释过程中，在恢复生长过程也会有一些物种丧失。我们在一个实验中追踪了经历稀释处理后细菌类群的存活情况，发现物种的初始多度和干扰后是否存活之间不存在相关性，说明在我们所研究的这些土壤微生物群落的细菌类群内，中性共存不可能是主导的多样性维持机制。在经历稀释干扰后恢复的细菌群落中，为什么不存在初始密度和存活概率之间的正相关？我们推测至少有两种可能。首先，可能初始密度较高的物种很多是 K 对策物种，它们在相对稳定的环境中占有竞争优势，但是在稀释干扰之后，r 对策物种由于有更高的生长速率而成为优势类群。其次，初始密度较高的物种中有一部分可能因在种间关系中受益而成为高密度物种（例如，更善于抵抗捕食者，具有化感作用等干扰性竞争优势，或者从互利关系中受益更多），而它们未必能很好地适应无机环境。当群落经历稀释扰动时，这些物种间关系被打破，它们的优势随之丧失。细节的分析更支持第二种解释（Zhang F G and Zhang Q G，2015）。由种间关系丧失而导致的灭绝级联效应在微生物系统中也可能很普遍。

（3）土壤微生物物种间关系的具体模式

大多数讨论微生物群落动态中选择、漂变和扩散限制信号的研究都认为选择应该是最重要的力量。但是对于选择的具体机制——特别是物种间相互关系导致的选择——理解很少。微生物之间主要体现为竞争关系，或者捕食是主导力量？这些问题不容易通过对具体物种的种群动态追踪进行研究（Foster and Bell，2012），相反，也往往需要间接地推断。我们开展的几个实验一定程度上增加了对土壤微生物种间关系的认识。

当物种之间竞争多个限制性必需资源时，多个物种有稳定共存的可能。当限制性资源数量减少时，可共存物种数量也会相应减少（Hutchinson，1959；Tilman，1982）。土壤微生物的多样性极高，大概不可能完全有这种经典资源竞争理论解释——1g 土壤组成的系统中不太可能存在成千上万个限制性资源。但我们还是通过一个实验探讨了这个机制的重要性。在内蒙古草地设置了碳资源（葡萄糖）、无机氮资源、无机磷资源 3 个因子的交互施肥实验。添加一个资源相当于把该资源变成了非限制性资源，预期会降低物种多样性。我们发现单独添加碳、单独添加氮以及碳氮同时添加的处理都会降低细菌群落的物种多样性；通过结构方程模型的分析表明氮资源添加发挥了主要作用。但是资源添加导致多样性降低的幅度很小（徐冰，2015；卢函姝，2019）。因此我们推测，对在无机氮资源和其他资源的竞争能力上的差异确实是一些细菌类群可以共存的原因，但是极高多样性维持应该有其他更主要的原因。

我们认为土壤微生物群落内的竞争关系肯定是普遍存在的——尽管不一定像经典竞争模型描述得那样简化。我们在一个物种多样性-生态系统功能关系实验中对微生物竞争关系的主导模式进行了推测。我们将内蒙古一处草地的土壤取回实验室培养，使用稀释干扰的方法建立了一个多样性梯度（Zhang F G and Zhang Q G，2016）。结果发现，多样性更低的群落（丧失了很多原有的物种）的异养呼吸（有机物分解）速率更高。同时，通过人为控制土壤湿度发现，湿度更高的土壤呼吸速率也更快，但是高湿度对呼吸的刺激作用随着时间推移而减弱，并且在维持着较高微生物多样性的土壤中，这种水分刺激作用消失得更快。物种丧失导致土壤呼吸速率加快，这意味着原来自然土壤中微生物的种间关系可能以负相互作用为主——物种多样性丧失导致这些负相互作用消失，而原来分解者受到的制约也随之消失。这种负相互作用可能来自同营养级物种之间的干扰性竞争，也可能来自捕食或寄生关系的存在。这种负相互关系能够解释水分对呼吸的刺激作用消失的原因。在多样性较高（物种间关系得以维持）的土壤中，水分对微生物生长的刺激响应会被随之增加的负相互作用压制下来，例如细菌和真菌的快速生长导致它们的捕食者也增加，或者导致对它们有偏害作用的干扰竞争者增加。这些后续的变化会导致土壤呼吸速率回落及水分刺激作用削弱。而在低多样性（物种关系也丧失很多）的土壤中，水分对微生物生长的刺激作用可能维持更长时间。另外，研究发现，如果水分随时间波动（在低湿度和高湿度之间变化)，土壤呼吸速率会维持更高的水平，可能是因为物种间负相互作用对分解者造成的影响会被环境波动打破。

针对捕食关系是否为细菌群落结构的一个重要影响因素，我们研究了噬菌体和细菌的关系。我们发现，土壤资源增加会导致噬菌体数量上升，但细菌数量不发生明显变化（张粉果等，2015；卢函姝，2019）。对噬菌体构成胁迫的实验处理会导致细菌数量上升（卢函姝，2019），在土壤中添加噬菌体富集物经常会降低细菌数量（王启蒙，2019）。这些初步的研究表明噬菌体的捕食作用是土壤细菌群落组成的重要影响因素。今后应该更深入地研究营养级间的关系在微生物世界中的作用。

10.5 小　　结

我们使用多样化的研究途径探讨了内蒙古草地土壤微生物群落的构建机制。综合来看，我们没有发现扩散限制对细菌群落组装有重要作用；拒绝了漂变是决定细菌群落动态主导力量的可能性；发现了选择在细菌群落组装中不可忽视的作用；强调了物种间相互关系（而不仅仅是无机环境的筛选）的重要性。

第 11 章 进化速率假说的实验验证*

生物多样性由赤道向两极递减，这个不均匀分布模式称为生物多样性纬度梯度，是最引人注目的生物地理学模式之一。19 世纪中叶以来，该模式引发了人们广泛的兴趣，其形成原因引起了生态学家和生物地理学家的广泛讨论。人们尝试使用可能的环境因子（包括温度、区域面积、气候稳定性、降水量和紫外线强度等）解释这一格局时发现，温度与物种多样性之间具有正相关关系，往往温度越高的地区多样性越高（Dowle et al.，2013）。生物多样性纬度分布模式的形成既有进化原因——热带地区有更快的物种形成速率；也有生态原因——热带地区允许更多物种共存（Jablonski et al.，2006）。本章主要关注温度影响种群进化速率的机制。

11.1 温度影响进化速率的生理学和生态学机制

进化速率假说是许多进化生物学家用来解释生物多样性纬度分布模式的首选（Rohde，1992）。该假说指出，低纬度地区的生物多样性更高是因为这里的物种形成速率更快；人们形象地描述为“热带是生物多样性的摇篮”。这一假说也有很多经验证据（Allen and Gillooly，2006；Oppold et al.，2016）。产生进化速率纬度格局的可能原因也被热烈地讨论。人们普遍认为，生物可利用能量和生境大小是最重要的影响因素。辐照能、温度和生境大小等环境变量都在不同纬度间呈现不均匀的分布。由于温度在地球表面的不均匀分布来自辐照能的不均一分布，因此很多研究认为温度是能量的一个衡量指标，而非真正发挥作用的因素。

然而，总结了环境因素影响进化速率的可能机制之后，Rohde（1992）认为温度是最重要的影响因素，从生理学过程的角度来看，温度对种群进化速率的影响机制在逻辑上最可靠，与经验证据最吻合。具体来讲：①热带地区的高温能够缩短世代时间而增加物种的有效进化时间（单位绝对时间内的有效世代数）；②高温可以提高突变速率，进而增加遗传变异——自然选择的原材料；③高温能够加速自然选择过程，这些过程的综合影响会加快物种形成速率，进而提高物种丰富度（图 11-1）。同时，温度通过若干生态学机制影响

* 本章作者：褚晓琳、张全国。

种群进化速率，但是这些生态过程不一定具有普遍一致的影响效果。关于温度的上述 3 个生理学影响，前二者有较多的经验证据，涉及很多生物类群，包括植物、海洋鱼类、鸟类和哺乳动物等（Gillman and Wright，2014；Oppold et al.，2016），但这些证据往往是基于观察类的、建立相关性关系的研究，缺少严格的实验检验。对于第 3 个生理学影响（高温加速自然选择过程），其具体机制的讨论和实验证据的收集都很有限。

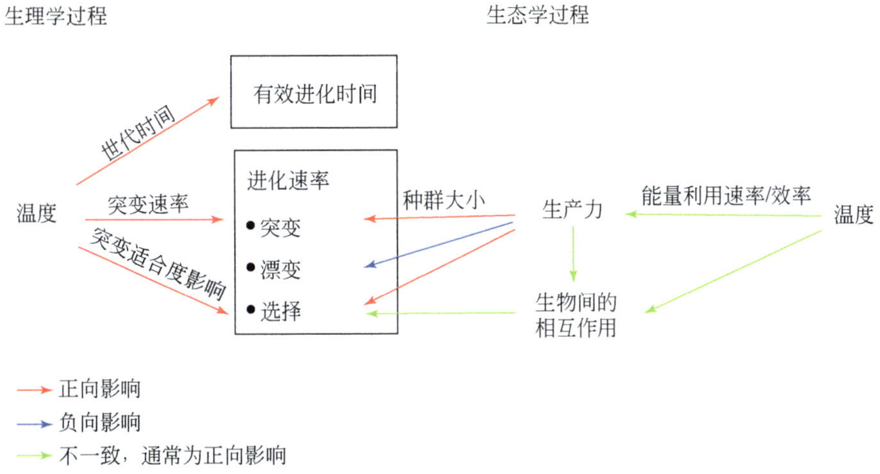

图 11-1　温度影响进化速率的生理学机制和生态学机制

生物多样性的纬度梯度格局是长期尺度上进化的结果，因此物种的世代时间将直接决定其在单位绝对时间内的进化速率。世代时间较短的物种在绝对时间范围内将经历更多的世代数，种群累积的突变数会更多，从而能够为进化提供更多的原材料。高温缩短世代周期的现象在许多类群中得以证实，包括植物、鱼类和昆虫等。例如，高温能够通过影响 DNA 甲基化、可变剪切、蛋白降解等过程使得花期提前而缩短世代时间（Balasubramanian et al.，2006；Susila et al.，2018）。此外，在鱼类和昆虫等生物中，也有证据表明一定范围内的升温会导致个体生长发育速率加快、世代时间缩短（Cossins and Bowler，1987；Gillooly et al.，2002）。

温度影响突变速率实际上在很早之前就被遗传学注意到。在一些以病毒、细菌、真核微生物、植物、昆虫等为实验材料的研究中，人们发现胁迫性的高温具有致突变效应（Drake，1966；Lindgren，1972；Belfield et al.，2021），而在非胁迫温度范围内，温度影响突变速率的研究结果并不一致（Witkin，1953；Ryan and Kiritani，1959），这可能是由于早期实验研究的技术限制：通过特定抗性（如抗生素抗性或病毒抗性）位点的突变发生对突变速率进行计算，因而无法反映全基因组上的突变特征。由于生物在进化过程中所处的环境温度往往都是非胁迫性的，因此深入研究非胁迫性范围内温度对突变速率的影响对于理解生物多样性的纬度梯度分布模式具有重要意义。

此外，温度可能通过影响个体适合度影响选择作用。较为温暖的环境能够允许更多生理变异和结构变异的存在，这将会影响变异所产生的适合度后果，因而影响选择作用（Fischer，1960）。例如，当种群中存在适合度较高的个体时，这些个体能够更好地生长繁殖，而将使其他个体的生长受到抑制，即在该种群中的选择作用更强，种群能够更快地发生适应进化。虽然人们已经对环境影响突变适合度后果达成共识，并且所涉及变量也包括温度，但这些研究仅涉及极少数的胁迫性高温或低温，并没有研究直接关注非胁迫性范围内更为细微的温度差异如何影响突变的适合度后果（Goho and Bell，2000；Baer et al.，2006）。

除以上生理学过程外，物种共存的生态学机制一直以来都被认为是影响生物多样性纬度梯度模式的重要因素之一。例如，基于低纬度地区生物间的相互作用具有重要影响的观点，Schemske 等（2009）指出，热带地区强烈的生物间相互作用能够促进物种的协同进化，使得最优表型经常发生变化，从而加快了适应速率及物种形成速率。温度能够通过影响这些生态学过程影响进化速率，这种影响较为间接，效果也往往不一致（图 11-1）。

首先，温度决定个体的能量利用速率和效率。通常情况下，温度的升高往往伴随着生态系统生产力的提升，这将使种群规模增大，进而增加突变的供应、增强选择作用，减小漂变的影响。一方面，生产力在一定范围内的提高通常会增强生物间的相互作用（种内或种间的），并使其相互作用更为复杂（Huston，1979；Harpole and Tilman，2007）。另一方面，高温下更多的物种数和更复杂的种间关系也使群落更为稳定，这不仅降低了物种灭绝的可能性，还为物种的进一步分化提供了保障（Mougi and Kondoh，2012）。

其次，具有相互关系的物种对温度的偏好性往往不同，因此温度的变化会改变物种间的相互作用。2010 年前后以来，以浮游植物和模式微生物系统为依托的理论和实验工作表明，物种间的竞争关系以及捕食或寄生关系会随环境温度的变化而发生改变（Bestion et al.，2018；Padfield et al.，2020）。此外，其他的生物间相互作用（如互利共生等）也可能由于具有相互关系的物种对温度响应不同而受到温度的影响。关于温度如何影响这些种间关系方面，显然需要开展更多的实验研究。

综上所述，温度可以通过生理学过程和生态学过程影响种群进化速率。人们虽然提出了各种假说试图解释这些过程，但往往是基于观察数据对假说的预测进行验证，对其影响机制的直接实验检验还很少。

我们以模式微生物为研究材料，采用实验进化的研究方法，利用细菌世代周期短、遗传背景清楚、能够冻存并复苏的特点，精准操控温度这一环境变量并建立大量重复实验种群，对进化速率假说进行验证。重点关注非胁迫性温度范围内温度对突变速率、突变适合度后果的影响，并对温度是否影响种群分化进行直接的实验检验。

11.2 温度对突变速率的影响

温度可能直接或间接地影响突变速率。突变的发生主要是由于 DNA 复制过程中发生偶然差错或 DNA 损伤，但未能有效修复的结果（Lodish et al.，2008）。一方面，温度的升高能够加速生物学过程，也会加速 DNA 复制过程，从而增大复制出错率，这会导致绝对时间范围内的突变数量增多。另一方面，代谢速率假说提出，大多数突变都是由于代谢副产物（如氧自由基），即突变速率与单位质量的代谢速率有关（Martin and Palumbi，1993）。以代谢速率假说和传统的分子进化中性理论为基础，代谢生态学家推论得出，在有氧代谢过程中，个体在单位时间内发生的核苷酸替换速率与单位质量的代谢速率呈正相关关系（Gillooly et al.，2005）。

突变累积实验与全基因组测序的结合越来越成为研究突变速率及突变属性的重要手段（Kondrashov and Kondrashov，2010）。突变累积实验的策略如下：由祖先型单克隆建立若干重复传代家系，在平板上不断地划线传代，使得每次传代时的种群都是由单个细胞生长得到的，从而控制整个传代过程中的有效种群极小（图 11-2）。由于进化过程中的有效种群极小，新产生的突变几乎不受选择作用的影响（致死突变除外），能够以近中性的方式固定下来，因此在传代实验结束后，每个家系都能够累积一定数量的自发突变（Halligan and Keightley，2009）。而全基因组测序的应用不仅能够弥补先前研究中基于特定位点评估突变速率的缺陷，还允许人们对全基因组上的突变频谱进行研究（Drake，2012；Foster et al.，2015）。

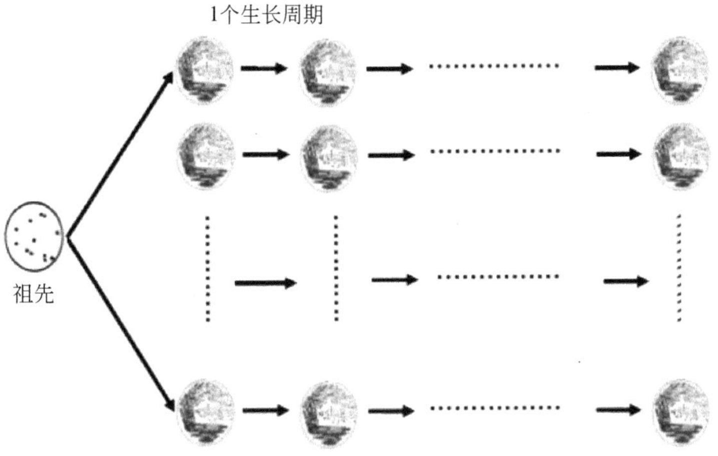

图 11-2 突变累积实验示意图

我们开展了一个突变累积实验来验证温度对突变速率的影响（Chu et al.，2018）。该实验以大肠杆菌突变株 *Escherichia coli* B REL606 *mutS* 为材料，该菌株的生长温度上限和下限分别为19℃和42℃（Bennett and Lenski，1993）。我们分别在25℃、28℃和37℃下开展突变累积实验，在每个温度下分别建立20个传代家系，共计60个家系。对于每个家系，细菌在LB培养基平板上培养1个生长周期（约27个世代）后，随机挑选1个单克隆，在新的平板上划线并培养1个生长周期，如此反复传代，共进行了30次传代。传代实验结束后，通过比对祖先菌株和后代家系的全基因组测序数据，对碱基对替换（base pair substitutions，BPS）突变和小片段插入缺失突变（indel）进行统计分析。结果表明，实验菌株在25℃和28℃下的突变速率（包括BPS和indel）分别为37℃下突变速率的0.63倍和0.62倍。

为了检验代谢生态学理论所做的预测：消耗单位代谢能产生的突变数量恒定，我们也测量了实验菌株在3个温度下的代谢速率，通过测量祖先菌株在LB培养基平板上生长1个传代周期后密闭容器中的氧气消耗情况实现。结果表明，菌株在25℃和28℃下的代谢速率分别是37℃下代谢速率的0.64倍和0.66倍。代谢速率与突变速率对温度的响应十分相似，进一步分析发现，消耗单位摩尔的氧气所产生的核苷酸突变数（25℃、28℃和37℃下分别为1.06×10^6、1.02×10^6和1.08×10^6）在3个温度下非常相似。

突变速率与代谢速率对温度响应的高度相似性暗示着两者之间可能存在着因果关系，即在有氧代谢过程中，当氧化DNA损伤是引起突变产生的主要原因时，突变产生主要由代谢速率决定（Shigenaga et al.，1989；Martin and Palumbi，1993）。当然，该结果也可能仅仅反映二者的相关关系，因为自发突变的两个来源（氧化损伤和复制出错）都有可能表现出与代谢速率类似的温度响应性（Lanfear et al.，2007；Çağlayan and Bilgin，2012）。因此，代谢速率是否能够预测突变速率还需要进一步研究。

这项研究表明温度影响突变速率，并且突变速率与代谢速率对温度的响应表现出高度相似性，为代谢生态学假说提供了实验支持，也为更好地理解温度如何影响进化速率和生物多样性的分布提供了帮助。然而，一项摇蚊的突变累积实验表明，温度对突变速率的影响曲线呈“U”形：突变速率在最适温度条件下更低，当温度升高或降低时，突变速率均呈上升趋势（Waldvogel and Pfenninger，2021）。因此，本章的结论可能具有一定的普适性，但能否将温度对自发突变的影响以及突变速率-代谢速率关系推论到更多的物种中，仍需要更多的研究。例如，真核生物DNA的存在状态与原核生物不同，位于染色体上的真核生物DNA可能由于在细胞内处于相对隔离的状态而受到更小的氧化损伤，这可能会导致这一关系的不适用。

11.3 温度对选择作用的影响

由于高温能够缩短世代时间并提高突变速率，种群中将产生并固定下来更多的有利突变，这将加速选择作用。另外，作为影响个体生理学过程的重要因素，温度可能会直接影响个体的适合度后果，进而加速选择作用及后续的生态进化过程。本章主要关注温度对突变适合度后果的影响，在较为细微的温度梯度下探索温度对有利突变适合度后果的影响及突变适合度后果对资源环境的依赖性，尝试细化温度对选择作用的影响过程。

11.3.1 温度对有利突变适合度后果的影响

长期的适应性进化是由正选择作用驱动的，而正选择又依赖于有利突变的出现。温度对有利突变适合度后果的影响可能通过影响生命活动所依赖的生物化学和生物物理学过程实现，包括酶活反应、配体结合、蛋白质合成及其稳定性的维持等（Gügi et al., 1991；Hochachka and Somero, 2002；DePristo et al., 2005）。这里假设在非胁迫性温度范围内，温度影响突变适合度效应的机制可能有两种情形（图 11-3）。第一，较为温暖的环境能够允许更多生理变异和结构变异的存在，进而可能加速自然选择的作用，即那些在低温下表现为有害的突变在高温下可能表现为中性突变或有利突变（Fischer, 1960）。在这种情况下，有利突变数量会随温度的升高而增加；即有利突变的适合度分布随环境温度的升高向右移动［图 11-3（a）］。第二，高温下更高的基因表达水平和生理过程可能会增强有利突变适合度后果。在这种情况下，强有利（使个体适合度显著提升）突变的数量会随温度的升高而增多，而弱有利（近中性）突变的数量会随温度的升高而减少，即有利突变适合度效应的分布随环境温度的升高表现出“更重”的右尾［图 11-3（b）］。在这两种情形下，都会出现温度升高增强选择作用的结果。

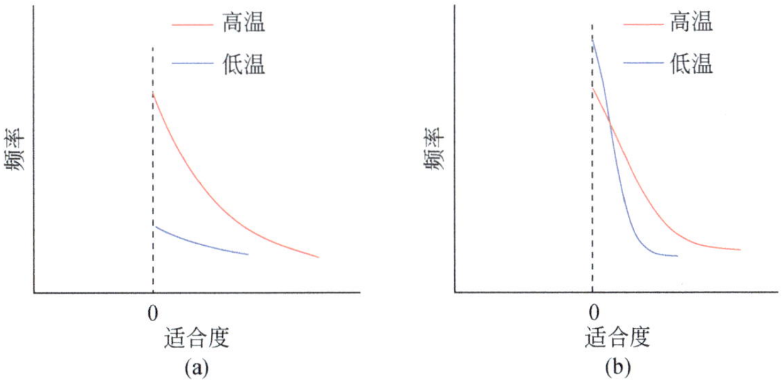

图 11-3 高温增强选择作用示意图

虚线代表祖先型菌株的适合度所在位置；红线代表高温下的有利突变适合度分布；蓝线代表低温下的有利突变适合度分布。(a) 高温通过增加有利突变的数量增强选择作用；(b) 高温通过提高有利突变适合度后果增强选择作用

在突变累积过程中，由于多数自发突变是有害的，因此突变累积家系的适合度会在传

代过程中呈现出逐渐下降的趋势。但在早期的突变累积家系中，若产生的有利突变被固定下来，家系可能会表现出适合度提升，因为有利突变所产生的适合度后果还没有被逐渐累积的有害突变所引起的适合度下降掩盖，因而能够反映有利突变的特征（Dickinson，2008；Trindade et al.，2010）。我们通过在 6 个温度下（21 ~ 41℃，温度梯度为 4℃）测量 60 个早期突变累积家系进化前后的竞争适合度变化情况对“高温增强有利突变的适合度后果”假说进行检验（Chu et al.，2020）。

突变累积家系的适合度后果均值都小于 0，这与多数自发突变为有害突变相符。其中，约 1/4 的突变累积家系表现出适合度优势，即累积突变表现为有利突变。具有适合度优势的家系所占比例并未与测量温度表现出显著的相关性，这意味着有利突变数量没有随测量温度的改变而发生变化。然而，有利突变适合度分布的特征参数与测量温度存在显著的相关性，特别是强有利突变（家系适合度 >0.04、0.05 或 0.06）所占的比例随着测量温度的升高而增大。因此，高温并没有增加整体的有利突变数量，而是增强了有利突变的适合度后果，与图 11-3（b）所描述的情形一致。而对于那些表现出适合度劣势的家系，并未发现其适合度分布与温度之间存在关系，即这些家系所累积的有害突变对温度并不敏感。

高温允许有利突变表现出更高的适合度优势，这可能是由于非胁迫性高温加速个体生理学过程。这一发现为温度升高可能增大选择强度，进而加速进化过程的假说提供了实验证据，能够帮助人们更好地理解为什么高温地区种群适应进化速率更快及种间分化水平更高（Martin and McKay，2004）。同时，对种群内遗传多样性而言，更强的正选择会降低多样性，这一作用与高突变速率所带来的结果相反，这可能是种群内遗传多样性与纬度梯度之间不存在统一模式的原因之一（Vellend and Geber，2005；Hirao et al.，2017）。此外，在全球变暖及病原微生物呈多样化和复杂化的趋势下，本章也提示人们，考虑温度在提高病原体繁殖速率和传播速率的同时应关注温度升高加速病原微生物发生适应进化的可能性（Paaijmans et al.，2009；Altizer et al.，2013）。

在胁迫性的高温下，该结论是否仍然成立需要进行更多的研究，因为蛋白质的稳定性是温度产生胁迫时更为重要的个体适合度影响因素，而生物物理和生物化学过程的速率不再是最重要的（Tokuriki and Tawfik，2009；Dandage et al.，2018）。例如，一项将蛋白质进化的生物物理模型与实验数据相结合的研究发现，胁迫性高温会强化有害突变的适合度后果，这意味着温度的升高使得蛋白质折叠不稳定，增加了负选择的强度，从而限制了适应进化的可能性（Berger et al.，2018）。

11.3.2　温度对突变适合度后果的资源依赖性的影响

突变累积对种群在长期尺度上的适应和续存有重要影响。一方面，有害突变的累积会造成种群适合度下降，从而增加种群灭绝风险（Lynch et al.，1993）。另一方面，中性或弱有害突变的累积能够为种群进化提供更多的原材料，使种群在未来具有更大进化潜力或成为后续变异产生新适应表型的跳板（Blount et al.，2008；Zheng et al.，2019）。值得注意的是，突变累积的适合度后果与检测环境密切相关（Agrawal and Whitlock，2010）。因此，在自然界中，条件依赖性中性突变（在一种环境中表现为中性的适合度影响而在另一环境中表现出有害适合度影响的突变）可能十分常见，并成为产生局域适应的一个重要机制（Kawecki，1997；Anderson et al.，2013）。

突变适合度后果的条件依赖性受到了很多研究的关注，大量研究证实了有害突变在胁迫环境中会造成更大的适合度损失（Szafraniec et al.，2001；Roles and Conner，2008）。然而人们并不清楚，在差异更为细微的环境尺度上，突变适合度后果对环境的依赖性是否仍然存在。对这一问题的回答将有助于理解自然界中种群的适应分化现象，因为种群间的适合度权衡通常涉及对不同环境的适应，而这些环境往往仅有细微的差别，如不同的替代资源（MacArthur，1972）。

温度作为控制几乎所有生理学过程的一个重要因子，可能决定着突变所产生的适合度后果对环境的依赖性。具体来讲，温度升高会加速生物学过程，如果有害突变所造成的影响涉及速率限制性过程（rate-limiting processes），如资源摄取和蛋白质合成，那么其适合度影响可能在高温环境中得到一定程度上的缓解，使得累积了多个有害突变的个体在高温下表现出的适合度损失更小。例如，在资源利用方面可以预测，在低温环境中，突变累积可能对资源利用能力造成很大负面影响，而在高温环境中，由于许多生命过程能够快速发生，因此部分有害突变可能并不会表现出明显的适合度影响。在这种情况下，突变累积个体在低温环境中可能会造成对多种资源利用能力的降低；但是在高温环境中，可能只影响到对一部分资源的利用能力。也就是说，突变累积的适合度后果对资源的依赖性在高温下将会更强一些（Chu and Zhang，2021）。

为了检测温度对突变在不同资源条件下适合度后果的影响，我们在 10 个温度下（23～41℃，温度梯度为 2℃）测量了突变累积家系在 6 种碳资源（果糖、半乳糖、葡萄糖、甘油、麦芽糖和海藻糖）中的适合度。所选的 10 个温度及 6 种碳资源均能支持大肠杆菌的生长（Travisano and Lenski，1996）。实验发现，与祖先菌株的稳定期产量相比，突变累积家系在不同温度和碳资源中表现出了不同的适合度后果；整体而言，在中等温度下家系的适合度下降更少，这与突变所造成的适合度后果在胁迫性环境中更大的发现一致（Cooper et al.，2001），这意味着较好的环境允许更多遗传变异存在，为我们理解位于地理区域中心的种群比边缘种群有更高的遗传多样性提供了帮助（Eckert et al.，2008）。

突变所造成的适合度后果在高温下更有可能会受到资源环境的影响。对突变累积家系间适合度差异的方差分析表明，遗传与环境交互作用随温度的升高而增大，这主要是由于不同基因型在不同碳资源中适合度变化的差异较大，并非由于不同碳资源对不同家系支持程度的高低存在差异（Bell，1990），这意味着虽然多数突变累积家系表现出适合度的丢失，但适合度后果与所处碳资源环境相关（适合度后果表现为碳资源依赖性中性）的家系数量在不同温度下存在差异。具体来讲，突变累积家系在低温下更有可能会在6种碳资源环境下都表现出适合度下降，而在高温下可能仅在部分碳资源中表现出适合度下降。

由于条件依赖性中性突变的累积可能是产生适合度权衡的一个重要进化机制（Reboud and Bell，1997；MacLean and Bell，2002），因此该结果意味着在高温下有更大的可能性会进化出对碳资源利用表现出权衡现象的后代。如果温度对可替代碳资源利用的影响能够扩展到其他的环境因素，如可替代氮资源、不同的复合资源等，那么在温度较高的环境中将更容易出现对生态位利用的分化，这也许能够解释高温地区种群分化程度更高的现象（Dyer et al.，2007；Salisbury et al.，2012）。

种群在较为适宜的环境中累积了大量的中性突变，由于这些突变可能会在高温下造成适合度的下降，因此在全球变暖的背景下，预测种群动态变化时有必要考虑这种突变负荷。此外，实验结果也提示人们，保护多样化的微环境将有助于缓解气候变暖所造成的影响，因为突变所造成的适合度效应在高温下并非是完全有害的，而是取决于特定的环境。

11.4　温度对适应分化的影响

在前面的章节中，我们基于一项大肠杆菌突变累积实验，为温度提高突变速率提供了直接的实验证据；此外，通过测量突变累积家系在一系列温度梯度下的适合度，发现高温能够增强有利突变适合度后果并增加突变适合度后果对资源的依赖性。在这种情况下，正如进化速率假说所做出的预测，物种在高温下可能会发生更快速的适应分化现象，从而使得种群多样性更高、物种形成速率更高（Rohde，1992）。因此，我们以研究适应辐射的模式微生物荧光假单胞菌为材料，对高温增强种群适应分化的预测进行直接的实验检验（Zhang Q G et al.，2018）。

在空间异质的环境中（液体培养基中静置）培养一段时间后，荧光假单胞菌单克隆能够快速分化为多种类型细菌，并且其多样性能够通过负频率依赖机制得以维持（Rainey and Travisano，1998；Meyer and Kassen，2007）。通常来讲，依据细菌在固体培养基上菌落的形态，能够区分3种表型，分别将其命名为平滑型（smooth，SM）、皱缩型（wrinkly spreader，WS）和模糊型（fuzzy spreader，FS）。在液体培养基中，这些类型占据培养瓶的不同部位：平滑型与祖先形态相同，占据培养基液体部位；皱缩型占据空气与培养基接触的表面，并形成一层生物膜；模糊型最初在空气-培养基表面成筏，然后沉降并占据氧气较为缺乏的培养基底部。

荧光假单胞菌温度耐受的上下限分别为 5℃ 和 34℃，进化实验在 8 个温度下（9 ~ 30℃，温度梯度为 3℃）进行。实验由平滑的祖先型单克隆开启，在各温度下每静止培养 2 天后，充分振荡并取 1% 传代到新鲜培养基中培养，共进行 6 次传代（约进化了 60 个世代）。进化结束后，通过测量种群中细菌形态的丰富度和细菌形态多样性对种群多样性进行评估。在该项目中，共识别出 8 种表型，分别为大平滑型、小平滑型、微小平滑型、大皱缩型、中皱缩型、小皱缩型、平滑皱缩型和轮状皱缩型。结果表明，种群中的表型丰富度随进化温度的升高呈增大趋势。此外，种群中表型的多样性（辛普森多样性）也与进化温度表现出正相关关系。

首先，低温下多样性的产生较慢可能是由于突变供应受到限制。通过比较单独进化时和存在基因流时种群的分化程度发现，高温组（27 ~ 30℃）的分化速率不受突变供应的限制，而低温组（9 ~ 24℃）的分化速率受到其限制。种群内的突变供应速率是两个因素（突变速率和种群大小）共同作用的结果。一方面，不同温度下的波动实验结果显示，基于利福平抗性突变的产生所估算的突变速率与温度呈现出正相关关系。另一方面，种群大小随温度的升高表现出了增大的趋势。这两者的综合作用使得低温下的突变供应受到限制。

其次，低温下较低的多样性也可能是由于歧化选择的强度较弱。歧化选择的一个重要特征是新表型能够成功入侵祖先型，但不会将其竞争排除掉。通过在不同温度梯度下测量 21℃ 进化组中若干单克隆的入侵适合度，研究人员发现，随着测量温度的上升，后代家系适合度表现出上升趋势，这意味着歧化选择作用的强度与温度呈正相关。

结合突变累积项目的实验结果，本实验中歧化选择强度随温度升高而增强的可能机制有两个。第一，低温环境下的生化反应速率受限，因此能够表现出适合度优势的有利突变更少。第二，高温可能会引起环境改变，因而为生态位分化创造机会。我们推测，由于 2 种平滑型菌株所占据的生态位与祖先相似，因此低温造成的生理学限制可能对它们的影响更大；当温度较高时，它们可能表现出更高的适合度后果，因而更有竞争力。对于 4 种皱缩型菌株，温度对生态位的影响可能更大，因为它们在培养基中占据的生态位与祖先不同；高温下更大的种群会导致种群对氧资源的竞争更为激烈，因为在氧气丰富的生态位上，皱缩型菌株在形成生物膜时的适合度代价更小。也有可能生理学过程和生态学过程同时发挥作用，但很好地区分这两个过程仍然是具有挑战性的。

通过对进化速率假说的直接检验证明高温能够加速种群的适应分化过程，这是高温下更高的突变供应速率和更强的歧化选择共同作用的结果。此外，由于种群大小随温度升高而增大，这可能会使种群中的中性共存（共存的菌株适合度相近）增多。例如，在荧光假单胞菌系统中，当人为调控种群中不同表型丰富度时，约 2/3 的分化表型表现出中性动态（不同表型间的适合度差异并不显著）（Zhang et al.，2009）。因此，该研究中多样性随温度升高而增加的现象很可能涉及中性多样性的增加。值得注意的是，在能量受限的情况下，由于高温，代谢活动速率增加的同时能量利用效率会降低（Allen et al.，2007），这可能会导致种群减小，进而降低种群分化程度，这一情况是否可能出现也是值得进一步探索的。

11.5 小　　结

进化速率假说是人们在理解生物多样性纬度分布不均匀模式过程中提出的最重要的假说之一。该假说提出热带地区的高物种多样性是由于高温导致较高的物种形成速率，逻辑上最直接有效的具体影响过程包括高温能够缩短世代时间、提高突变速率以及加速选择作用。虽然该假说提出的 3 个影响过程得到了经验证据的支持，但这些证据往往是基于观测性的结果，而缺少直接的实验检验，特别是关于温度对突变速率和选择作用的影响方面。

本章通过实验进化的研究方法，在非胁迫性温度范围内，检验温度对突变速率的影响，探索高温加强选择作用的机制，并对温度如何影响种群分化进行研究。首先，实验发现了高温能够提高实验菌株在全基因组水平上的突变速率，并且温度对代谢速率和突变速率的影响具有高度相似性，为代谢生态学理论提供了实验支持。其次，研究细化了高温加速选择过程的机制：高温环境允许有利突变表现出更高的适合度后果，能够使个体在资源利用上表现出更大的差异。这意味着高温能够增强选择作用，进而加快选择速率，也允许更多生态位特化者的存在，从而加快适应分化速率。最后，研究证实了温度的升高能够提高种群分化速率：高温进化的种群不仅分化出了更多的表型，其表型多样性也更高。这一系列实验不仅为进化速率假说提供了支持，还为高温能够加速种群分化和多样性产生提供了直接的实践证据。此外，本章作者正在开展的“实验集合种群和群落长期进化”项目将对进化速率的温度依赖性给出更全面的实验验证。

在全球气候变暖的背景下，深入理解温度对物种进化速率的影响有助于人们理解和预测未来的宏观进化模式。例如，温度升高导致突变速率提高，而使种群累积更多的突变，这可能会导致种群（特别是小种群）的灭绝风险增加；温度的升高使得种群内的个体适合度差异变大，这可能会导致物种对资源利用的差异增大，从而导致分布区的扩大或种间关系的复杂化；气温升高可能会加速致病菌或病毒的适应速率和分化速率，从而给疾病防控带来更大的挑战。当然，将本章的结果用于理解宏观进化模式和多样性模式时需要额外注意。由于实验进化的研究材料较为简单，在更复杂的个体或系统中，这些结论是否仍然成立仍需要进行更多的验证。

第12章 中国北方森林中部分阔叶树种的历史生物地理学和杂交进化历史*

北方森林作为生态系统的重要组成部分，利用分子标记和基因组学技术与方法对其历史生物地理学开展研究，有助于理解温带森林树种分布格局的形成。同时，杂交物种的形成在植物进化的过程中发挥着非常重要的作用，因此对北方森林物种尤其是部分阔叶树种的杂交进化历史开展相应研究，有助于深入探讨植物多样性的起源与维持，理解温带森林树种分布格局的形成，揭示森林群落的构建机制。本研究团队以温带森林阔叶树种核桃属和栎属物种为主要研究对象开展了系统研究。

12.1 核桃属物种的历史生物地理学研究

核桃属隶属核桃科（Juglandaceae）约有21个现存种，表现为东亚和北美的间断分布，是北方森林阔叶树种的重要代表，同时核桃属中的一些物种也是东亚新近纪孑遗物种的重要组成。新近纪温暖湿润的气候下，新近纪孑遗物种表现为中、高纬度的环北分布，此后渐新世早期的气候变冷使这些物种逐步向低纬度扩张，目前这些物种仅分布在东亚、北美和欧洲西南部（Tiffney，1985；Tiffney and Manchester，2001）。一直以来，东亚被认为是新近纪孑遗物种的一个大的连续避难所（Tiffney，1985），但近年来有研究学者提出异议，认为东亚分布的新近纪孑遗物种分成南北两个大的区系（Donoghue et al.，2001；Milne and Abbott，2002），北方包括中国东北、朝鲜和日本，南方包括中国南部和东南部。Bai等（2016）以亚洲白核桃3个近缘物种（核桃楸、野核桃和日本核桃）为研究对象，采用8个叶绿体基因片段、17个核微卫星和1个核单拷贝基因，并结合生态位模型开展了大尺度的分子谱系生物地理学研究，对上述争议进行评估。结果发现，核桃楸与日本核桃组成北方支系，野核桃组成南方支系，它们的分化时间大约在晚中新世，并推测35°N～45°N东西走向的气候干旱带驱动了白核桃南北类群的隔离分化（图12-1），因此，支持“东亚新近纪孑遗物种具有两个避难所”的生物地理学假说。该研究首次利用分子谱系地理学方法验证了有关东亚新近纪孑遗物种受干旱带影响的生物地理学假说，揭示了孑遗物

* 本章作者：白伟宁、张大勇。

种如何对新近纪以来的地质事件和气候变迁做出响应，重塑了东亚植被在新近纪的历史生物地理学情景。文章发表后，吸引了很多研究者在其他物种中开展类似的工作。

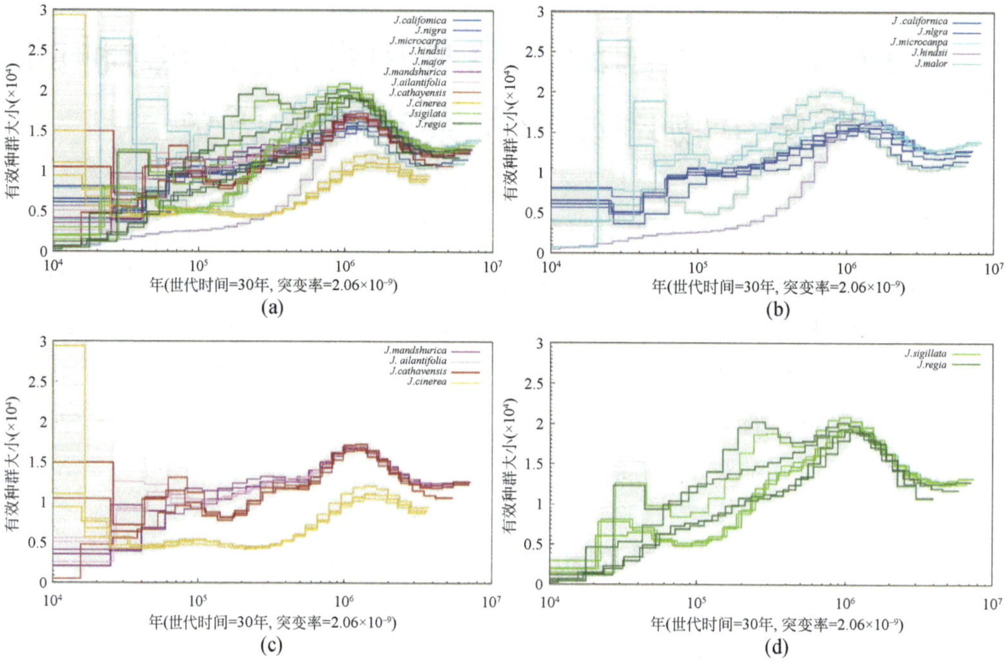

图 12-1　核桃属 11 个物种有效种群大小的历史动态

越来越多的研究表明，第四纪冰期之后，北方温带森林物种并没有整体退到 30°N 以南，而是存留在北方的微避难所，那么存留在这些北方避难所中的森林物种在冰期后的扩散过程中又呈现哪些模式？并受到哪些因素的影响？已有研究表明，北方温带森林物种在冰期后的拓殖过程中，物种的扩散能力在温带森林遗传多样性和种群结构的形成中扮演了重要角色。然而，大多数研究关注具有长距离（跳跃）扩散能力且种群呈几何级数增长的物种（如栎属），较少关注短距离“蔓延式”扩散的物种（如核桃属）。Wang W T 等（2016）以核桃楸为研究对象，探讨冰期后种群扩散模式对核桃楸遗传多样性分布的影响。核桃楸是东亚寒温带落叶森林物种，由于果实较大，缺乏远距离传播种子的能力，因此种子流较弱。Wang W T 等（2016）使用 17 个微卫星位点，对中国北方和朝鲜半岛的 19 个自然分布种群进行遗传多样性和种群结构的测定，同时使用生态位模型对当前及过去气候条件下的潜在栖息地进行预测。结果表明，核桃楸具有明显的种群结构，3 个明显的群体暗示核桃楸在第四纪冰期–间冰期的动荡周期中可能存在多个避难所。生态位模型预测末次盛冰期核桃楸向南部迁移，但是在长白山西部、朝鲜半岛、黄海大陆架仍然存在合适的分布区。相比同域分布的其他寒温带树种，现存的北方种群来源于冰期中的某个避难所谱系。核桃楸在冰期后向高纬度地区的扩张过程中并没有表现出种群瓶颈效应和遗传多样性丧失，也没有表现出遗传多样性随纬度增加而降低的模式，这是由于其冰期后“蔓延式”扩张。该研究强调种子扩散能力对种群动态和遗传多样性恢复的重要作用。

新近纪和第四纪的地质气候变迁虽然对中国北方森林种群的进化历史产生了重要影响，但物种间的内在生物间相互关系（如宿主和病原菌之间的协同进化）也可能发挥重要作用。但亲缘地理学家一直以来只强调外在的环境因素，基本忽略内在的生物因素。如果种群进化历史主要受气候变迁的影响，预期近缘类群间应呈现一致的种群动态模式；而如果进化历史主要受内在的生物间相互作用影响，预期物种或种群间应表现异质性的动态模式。自 2000 年以来，在鸟类以及爬行类物种中，不断报道近缘类群的种群动态模式并没有表现出一致性，提示研究者要关注生物间相互作用对种群进化历史的重要影响。北半球温带森林受第四纪冰期–间冰期的强烈影响，但很多生物学特性也受与其具有紧密相关作用的内在共生微生物的影响，因而温带森林树种是检验上述两个假说的理想材料。Bai 等（2018）采用全基因组测序手段，利用 PSMC 方法对核桃属 11 个物种的种群动态历史进行研究（图 12-2）。结果发现，核桃属物种间甚至物种内不同种群都表现出不同的种群大小

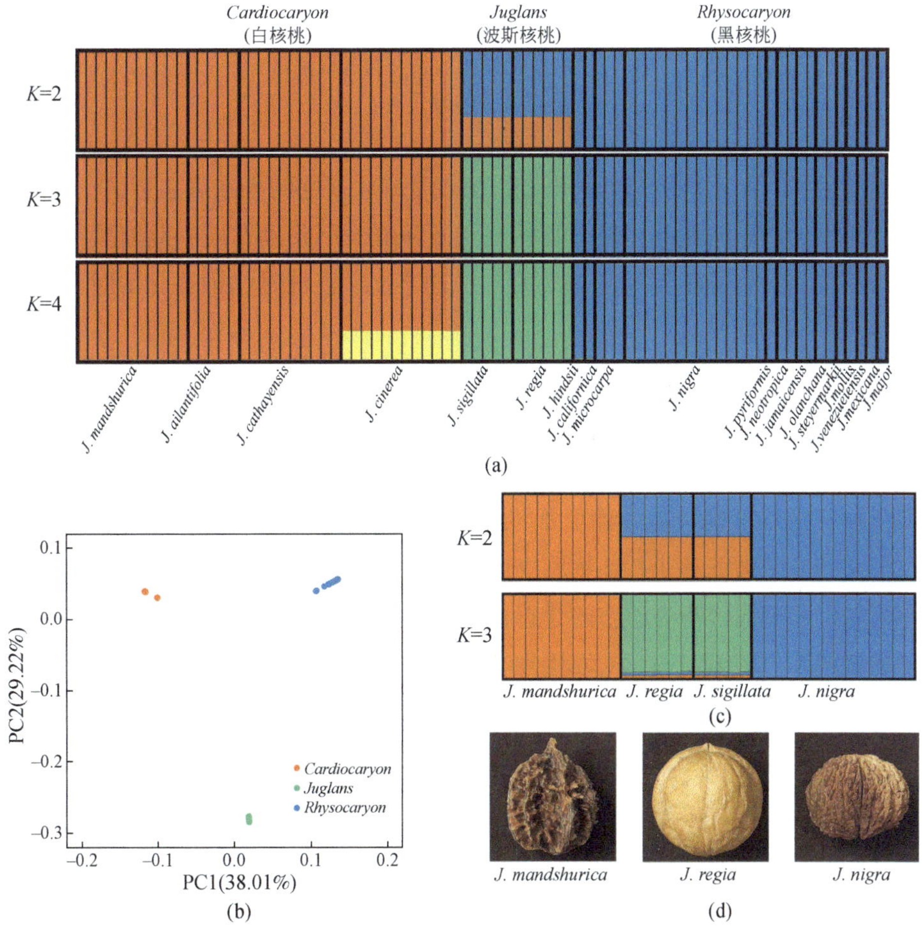

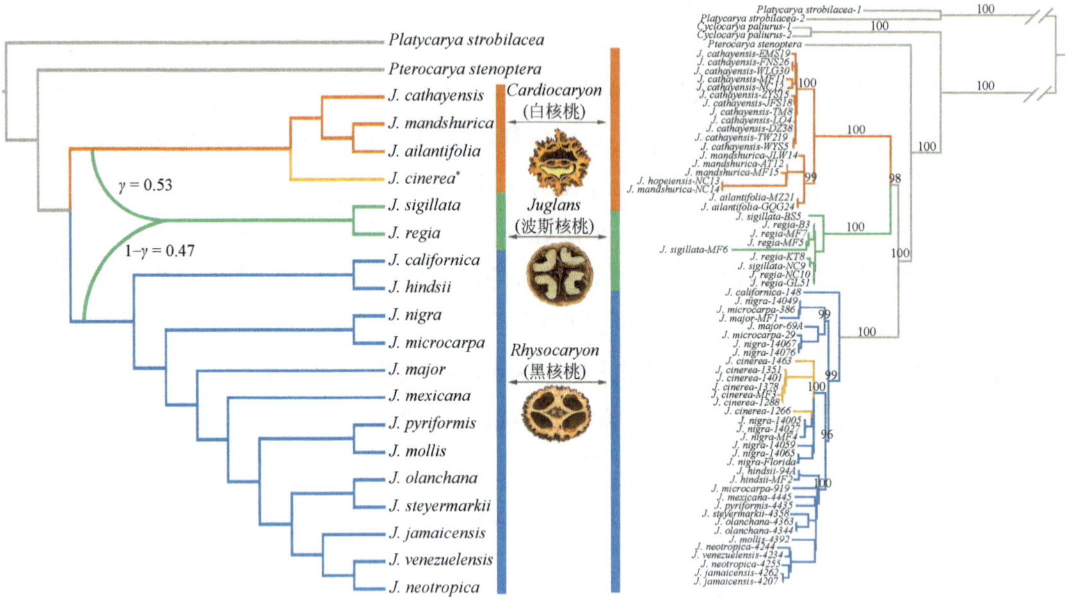

图 12-2　波斯核桃的杂交起源检测

γ 为继承概率；(f) 上数据为支持率，%

随时间变化的模式，揭示核桃属的种群动态虽然受气候变迁的外在因素影响，但内在因素可能发挥更重要的作用。此外，温带森林的有效种群大小并没有人们此前预测的那么大，这可能是由反复、频繁的瓶颈效应造成的，并且导致了核桃属物种分化的时间很短（Bai et al.，2018）。

12.2　核桃属物种的杂交进化历史

波斯核桃（栽培核桃）是一种重要的经济作物，因其高品质的木材和美味的坚果而享誉世界。但由于分子数据和化石证据所提供的信息相互矛盾，目前有关核桃的起源和进化历史仍不清楚。核桃属植物有丰富的化石记录；化石证据表明核桃属植物的起源以及最初分化为黑核桃组和白核桃组两大支发生在 3500 万～4500 万年前的北美。如果核桃的起源与分化如此古老，则意味着黑核桃和白核桃的祖先应该都有足够的机会通过白令陆桥和北大西洋大陆桥迁移到旧大陆，但在欧洲和亚洲的化石记录中人们只发现了白核桃组，并没有发现黑核桃和波斯核桃。

本研究团队对核桃属现存 19 个物种的 2900 个单拷贝核基因进行了分析，虽然仍未能厘清北美黑核桃、亚洲白核桃和波斯核桃物种之间的亲缘关系，但排除了不完全谱系分选作为系统发育关系不确定性的原因，并进一步推测古老的杂交可能是主要原因，即杂交导致了波斯核桃的起源。Zhang B W 等（2019）从黑核桃组、白核桃组和核桃组内选择 3 个物种（核桃楸，美国黑核桃和波斯核桃）进行全基因组的从头组装（de novo）测序，并对其他物种共 80 个个体进行测序深度为 30 倍的全基因组重测序，将这 80 个个体比对到各自的参考基因组，并获取 SNP。利用 19 个物种 80 个个体的全基因组 SNP 数据，进行了杂交检测和物种形成过程的推测，结果显示：①STRUCTURE 聚类分析表明，核桃属分为黑核桃组、白核桃组和核桃组 3 个组（section），波斯核桃所在的核桃组为黑核桃组和白核桃组的杂交类群；②利用 2901 个单拷贝核基因的系统发育网络分析，核桃组为黑核桃组和白核桃组的杂交支系；③基于全基因组 SNP 位点的基因流分析（ABBA-BABA 分析）以及检测杂交个体的杂合贡献度分析（Hyde 软件），均表明波斯核桃与黑核桃和白核桃之间存在强烈的基因流；④使用近似贝叶斯模拟方法进行模型比较和分化时间等参数的估计，估测出波斯核桃的杂交起源时间在 345 万年前，即在上新世–更新世过渡时期（图 12-3）。波斯核桃的杂交起源解释了为什么它缺少较古老的化石证据，分布在欧亚，但 4 个分室的果实特征确实与北美黑核桃相同而不与两个分室的亚洲白核桃相同。该研究结果凸显了杂交在核桃属植物进化过程中发挥的重要作用，为如何有效保护核桃种质资源及预测其对全球气候变化的响应策略提供了科学依据。论文在线发表后，被美国科学促进会（AAAS）新闻发布网等多家科学新闻媒体相继报道。

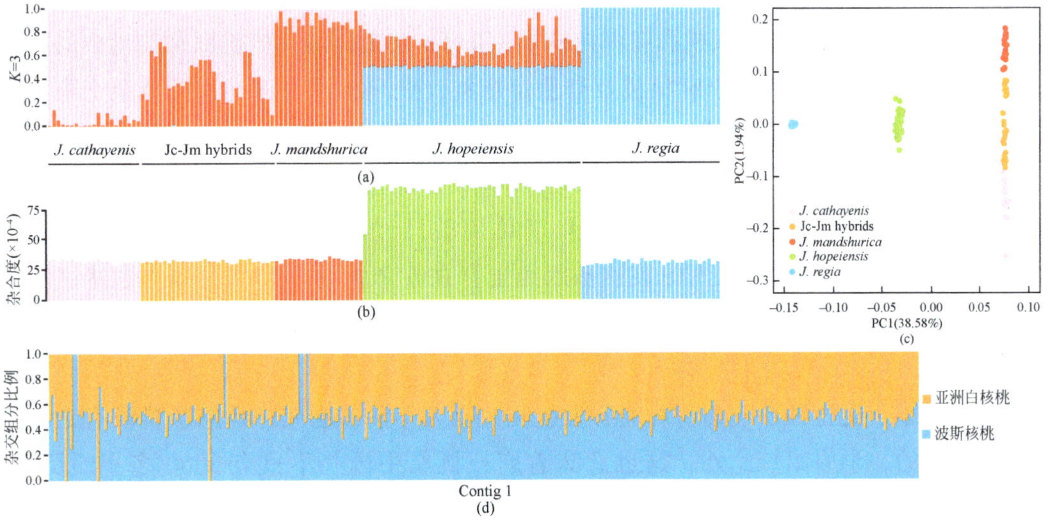

图 12-3　麻核桃及其亲本物种的种群结构和遗传多样性

虽然杂交在物种形成中发挥了重要作用，但也有一些杂交个体不会继续繁殖，而是走向了遗传的死胡同，这些个体由于具有独特的形态特征，常常被研究者误认为是一个独立的物种。麻核桃（*Juglans hopeiensis*），俗名文玩核桃，历史久远，资料记载“起源于汉隋、流行于唐宋、盛行于明清”，因其独特的外形而具有艺术价值，深受人们喜爱。目前，麻核桃仅零星分布于北京、河北和天津的山区，本研究团队在2019年的野外调查中发现，现存的野生麻核桃数量（可能不到100棵）极少。在叶片和果实的形态特征上，麻核桃介于核桃和核桃楸之间（图12-1）。从叶片形态上看，麻核桃的小叶数量为7～15，叶形为长椭圆形，叶表面近乎光滑，叶边缘偶有稀疏细齿；核桃的小叶数量为5～11，叶形为卵状椭圆形，叶表面光滑，叶全缘；核桃楸的小叶数量为7～19，叶形多为长椭圆状披针形，叶表面具短柔毛，叶边缘具细锯齿。从果序和单果形态上看，麻核桃多为单果着生，果实近于球状，果实外部具2条纵棱，果实内部具4室，这些形态特征与核桃相似，但果壳厚实坚硬且顶端具尖、内果皮不规则凹凸和隔膜内具两个空隙这些形态特征又与核桃楸相似。麻核桃与核桃、核桃楸染色体数量相同（$2n=32$），因此过去有研究认为，麻核桃是核桃和核桃楸同倍体杂交物种。但也有研究认为，麻核桃是核桃楸的变种。基于分子数据的研究还尚未解决麻核桃的分类地位及其与属内其他种的系统发育关系（Cheng，1987；Aradhya et al.，2007；Dong et al.，2017；Hu et al.，2017a，2017b；Zhao et al.，2018）。

麻核桃常常与栽培核桃及核桃楸与野核桃的杂交群体（Jc-Jm hybrids）同域分布。麻核桃在野外的繁殖率低，花粉活力仅为8%～30%（Mu et al.，1990；Ma et al.，2014；Chen et al.，2015），坐果率也只有2%～23%（Dai et al.，2014；Zhu et al.，2020）。麻核桃较低的生育力、分布范围与栽培核桃和Jc-Jm hybrids重叠、独特的中间形态，使得本研究团队猜测它可能是由栽培核桃和亚洲白核桃、Jc-Jm杂交群体和核桃楸杂交形成的（图12-4）。Zhang等（2022）基于麻核桃及其假定亲本（栽培核桃与亚洲白核桃杂交群）的151个体的全基因组重测序数据，发现所有的麻核桃个体均为杂交一代（F_1），最初的杂交发生在37万年前（中更新世），这意味着麻核桃存在较强的合子后生殖隔离，并且在37万年前麻核桃的其中一个亲本——栽培核桃就已经在中国分布。此外，Zhang等（2022）发现，栽培核桃和亚洲白核桃基因组上存在6个大的染色体倒位，这些区域的基因富集到与花粉萌发和花粉管生长相关的生物学过程，因而推测可能与麻核桃的合子后生殖隔离密切相关。麻核桃杂交所发生的时间为37万年前［图12-4（b）］，而其他报道的同倍体杂交物种形成的树种通常发生在几百万年前，这或许是麻核桃没有走在物种形成路上的一个原因。此外，这也意味着麻核桃在中国并不只有2000多年的历史，并且麻核桃的亲本之一——栽培核桃在37万年前在中国就已经有分布，这在一定程度上驳斥了由汉使张骞出使西域带回核桃的国外起源学说。虽然麻核桃野生资源如今特别稀少，但这个类群本身不具有保护意义。本章强调杂交个体的持续存在并不能代表一个稳定的杂交谱系或物种，未来应基于基因组学的手段在更多类群中开展区分杂交物种和杂交F_1代个体的工作。

12.3 基因流对核桃属和栎属物种的进化历史的影响

除了上述提及的杂交物种形成，以及杂交导致的子一代群体外，杂交还可以通过基因渐渗作为一种有效的扩散机制。例如，对于种子扩散能力有限的物种，可以通过花粉的长距离扩散产生不对称的杂交和基因渐渗，从而实现其物种的拓殖和分布区的扩展。Chen 等（2021）选择在中国北方广泛分布的两个栎属近缘种——蒙古栎和辽东栎作为研究对象，通过探究其物种分化和杂交进化历史，评估杂交在蒙古栎和辽东栎二者扩散中的作用。蒙古栎和辽东栎是中国北部暖温带落叶阔叶林和针阔混交林的重要组成物种，处于物种形成的初级阶段，是研究冰期物种形成的重要材料。根据前期遗传结构的研究结果（Zeng et al.，2011），纯蒙古栎种群主要分布在东北地区，而纯辽东栎种群除少量分布在东北地区外，主要分布于太行山以西的山西、陕西、甘肃、四川等；另外，东北的辽东栎和太行山以西的辽东栎（简称“西部辽东栎”）已成为两个遗传上明显分化的地理支系，并与蒙古栎形成了遗传关系复杂的蒙古栎-辽东栎复合体。蒙古栎和辽东栎在形态学上十分相似，仅能根据少量的形态差异进行区分。根据《中国高等植物》的记载，辽东栎的壳斗外壁更加光滑，侧脉每边 5 ~ 7 条，蒙古栎的壳斗外壁更加粗糙，侧脉每边 8 ~ 12 条（Zhang，2000）。Chen 等（2021）对整个分布范围内 27 个蒙古栎和辽东栎种群进行了取样，使用 14 个单拷贝核基因和 4 个非编码叶绿体 DNA 区域进行扩增。结果表明，所有个体可聚类为蒙古栎、西部辽东栎和东北辽东栎 3 组。西部辽东栎和蒙古栎由于早期的地理隔离出现了明显的遗传分化。东北辽东栎没有与西部辽东栎种群共享任何叶绿体单倍型，相反，与蒙古栎种群共享大多数叶绿体单倍型，这表明东北辽东栎母系应起源于蒙古栎，而非西部辽东栎。而后，这部分蒙古栎不断被西部辽东栎通过大量的花粉流进行不对称杂交渐渗，形成了东北辽东栎，从而实现了辽东栎由西部向东北部地区的扩散。

核质不一致（cytonuclear discordance）是指细胞核和细胞器（叶绿体和线粒体）之间系统发育模式的不同，是谱系不一致的常见形式。通常地，核质不一致有拓扑结构不一致、枝长不一致和地理结构不一致 3 种类型。拓扑结构不一致是最常见的一种核质不一致现象，是指细胞器和核基因组之间分支结构的差异。枝长不一致是指细胞器基因组有很大程度的分化，而核基因组的分化相对很小或没有，这种不一致经常出现在动物如鸟类、两栖类和爬行类中，但很少在植物中报道。地理结构不一致描述细胞核和细胞器基因揭示的杂交带不具有相似的宽度和形状。其中，拓扑结构不一致在植物系统发育和谱系地理学研究中最常见，但另外两种核质不一致（枝长不一致和地理结构不一致）却很少被人们关注。然而，人们发现即使没有拓扑结构不一致的现象，枝长不一致与地理结构不一致的现象仍可能发生，并对物种的进化历史产生不可忽视的影响。通常认为祖先多态引起的不完全谱系分选、正选择作用、核质不相容以及不对称的花粉和种子流是造成核质不一致现象的主要原因。然而，目前在植物中开展有关核质不一致现象产生的机制和过程的研究还较少。针对这种现状，Xu 等（2021）利用亚洲白核桃 80 个个体的核基因组和叶绿体基因组数据对核质不一致的模式和过程进行了全面系统分析。结果表明，亚洲白核桃类群虽然不存在拓扑结构不一致，但存在另外两种核质不一致（枝长不一致和地理结构不一致）。与核基因组相比，叶绿体基因组具有更久远的分化时间（枝长不一致），叶绿体的杂交带更为狭窄（地理结构不一致）（图 12-4）。我们进一步对包括不完全谱系分选、正选择、核质不相容性和非对称基因流 4 种不同的假说进行了验证。结果表明，不完全谱系分选、正选择和核质不相容性都不足以解释白核桃出现的两种核质不相容模式。但是基因流检测结果表明，亚洲白核桃花粉流显著高于种子流，广泛的花粉流可以有效降低不同谱系之间的分化，并使核基因组之间广泛接触，这可能是造成叶绿体基因组分化久远并且具有狭窄杂交带的主要原因。鉴于核质不一致现象在植物中的普遍性，这一研究提示研究者在未来有关植物核质不一致研究中，需要格外重视不对称基因流的作用。

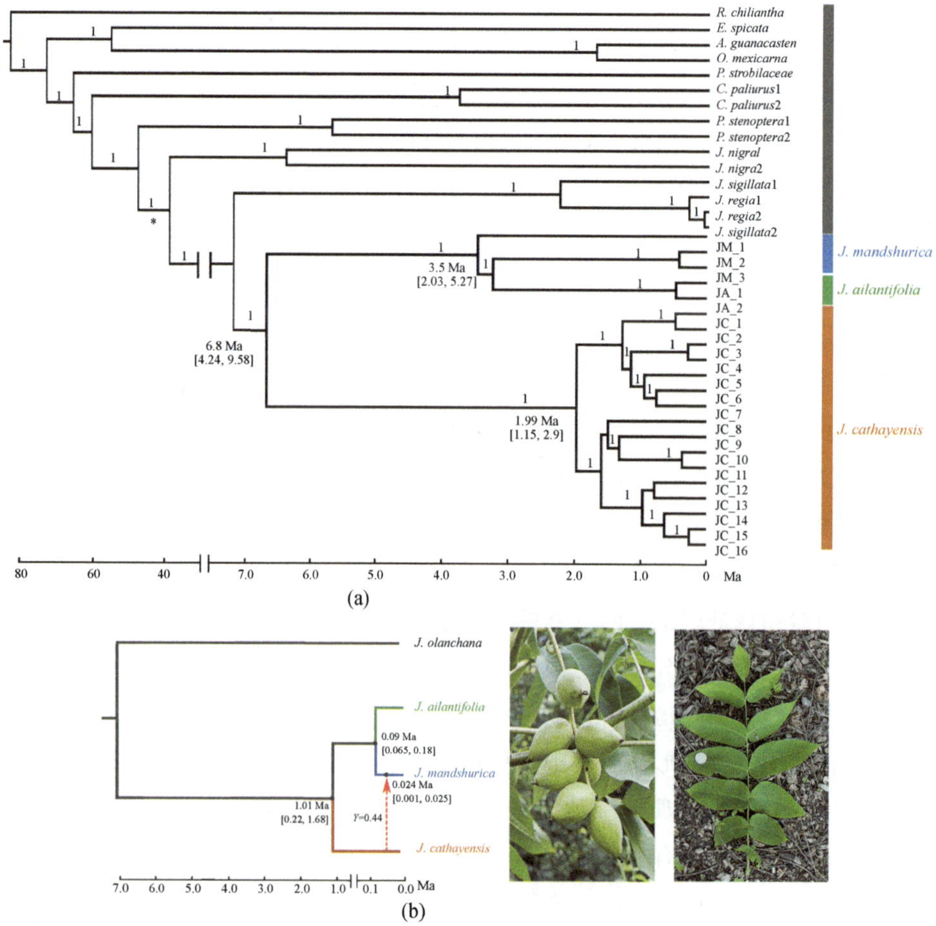

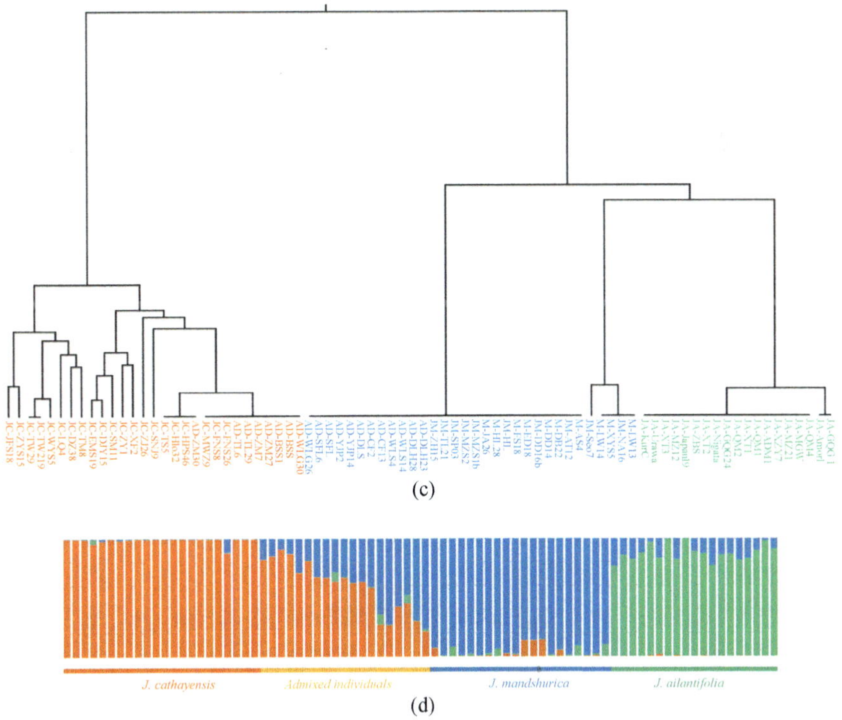

图 12-4　亚洲白核桃的枝长不一致和地理结构不一致

参考文献

成锁占，杨文衡. 1987. 根据同工酶酶谱对核桃属十个种分类学的研究. 园艺学报，14（2）：90-96.
丁赟，吴琦，胡义波，等. 2017. 野生哺乳动物肠道微生物组研究进展与展望. 兽类学报，37：399-406.
管宇. 2019. 基于高通量测序技术对梅花鹿及东北豹、华北豹肠道微生物多样性的研究. 北京：北京师范大学.
洪德元. 2016. 生物多样性事业需要科学、可操作的物种概念. 生物多样性，24：979-999.
蒋志刚. 2021. 中国生物多样性红色名录：脊椎动物 第一卷 哺乳动物（上中下三册）. 北京：科学出版社.
李晟，王大军，肖治术，等. 2014. 红外相机技术在我国野生动物研究与保护中的应用与前景. 生物多样性，22（6）：685-695.
李治霖，多立安，李晟，等. 2021. 陆生食肉动物竞争与共存研究概述. 生物多样性，29（1）：81-97.
李钟汶，邬建国，寇晓军，等. 2009. 东北虎分布区土地利用格局与动态. 应用生态学报，20（3）：713-724.
林佳琪，苏国成，苏文金，等. 2017. 数字 PCR 技术及应用研究进展. 生物工程学报，33（2）：170-177.
卢函姝. 2019. 内蒙古草地土壤微生物群落结构和异养呼吸对碳氮资源添加的响应. 北京：北京师范大学.
马燕，靳丽鑫，张雪梅，等. 2014. 不同麻核桃品种物候期观察和花粉特性研究. 北方园艺（15）：17-21.
穆英林，郗荣庭，吕增仁. 1990. 核桃属部分种的小孢子发生及核型研究. 武汉植物学研究，8（4）：301-310，405-406.
邵昕宁，宋大昭，黄巧雯，等. 2019. 基于粪便 DNA 及宏条形码技术的食肉动物快速调查及食性分析. 生物多样性，27（5）：543-556.
田瑜，邬建国，寇晓军，等. 2009. 东北虎种群的时空动态及其原因分析. 生物多样性，17（3）：211-225.
王乐，冯佳伟，Tseveen A，等，2019. 森林放牧对东北虎豹国家公园东部有蹄类动物灌草层食物资源的影响. 兽类学报，39（4）：386-396.
王启蒙. 2019. 病毒对土壤微生物多度的控制作用. 北京：北京师范大学.
肖文宏，冯利民，赵小丹，等. 2014. 吉林珲春自然保护区东北虎和东北豹及其有蹄类猎物的多度与分布. 生物多样性，22（6）：717-724.
徐冰. 2015. 内蒙古草原土壤细菌生物多样性的研究. 北京：北京师范大学.
徐冰，张全国，卢函姝，等. 2015a. 内蒙古草地土壤细菌生物多样性与生产力的相关关系分析. 北京师范大学学报（自然科学版），51（3）：255-260.
徐冰，张全国，朱璧如，等. 2015b. 内蒙古草地土壤细菌区域分布与局域多度的关系. 北京师范大学学报（自然科学版），51（4）：382-387.
杨小凤，李小蒙，廖万金. 2021. 植物开花时间的遗传调控通路研究进展. 生物多样性，29：825-842.

张春杨. 2011. 梅花鹿采食植物与粪便中组织碎片的关系. 哈尔滨：东北林业大学.

张大勇，姜新华. 1997. 群落内物种多样性发生与维持的一个假说. 生物多样性，5：161-167.

张粉果，朱璧如，张全国，等. 2015. 一个温带草原上土壤病毒和细菌多度对若干环境变化因子的响应. 北京师范大学学报（自然科学版），51（6）：595-601.

张家超. 2018. 肠道微生物组与人类健康. 北京：中国原子能出版社.

张雁云，郑光美. 2021. 中国生物多样性红色名录：脊椎动物. 第二卷，鸟类. 北京：科技出版社.

郑新庆，王倩，黄凌风，等. 2015. 基于碳、氮稳定同位素的厦门筼筜湖两种优势端足类食性分析. 生态学报，35（23）：7589-7597.

朱璧如，张大勇. 2011. 基于过程的群落生态学理论框架. 生物多样性，19：389-399.

朱轶群，王红霞，刘凯，等. 2020. 麻核桃落果规律及影响因素. 北方园艺，（9）：46-54.

Abadie P, Roussel G, Dencausse B, et al. 2012. Strength, diversity and plasticity of postmating reproductive barriers between two hybridizing oak species (*Quercus robur* L. and *Quercus petraea* (Matt) Liebl.). Journal of Evolutionary Biology, 25 (1): 157-173.

Abascal F, Zardoya R, Telford M J. 2010. TranslatorX: multiple alignment of nucleotide sequences guided by amino acid translations. Nucleic Acids Research, 38 (Web Server issue): W7-13.

Abbott R J. 2017. Plant speciation across environmental gradients and the occurrence and nature of hybrid zones. Journal of Systematics and Evolution, 55 (4): 238-258.

Adami C. 1998. Introduction to Artificial Life. New York: Springer.

Adams R I, Miletto M, Taylor J W, et al. 2013. Dispersal in microbes: fungi in indoor air are dominated by outdoor air and show dispersal limitation at short distances. The ISME Journal, 7 (7): 1262-1273.

Agrawal A F, Whitlock M C. 2010. Environmental duress and epistasis: how does stress affect the strength of selection on new mutations?. Trends in Ecology & Evolution, 25 (8): 450-458.

Aguinaldo A M, Turbeville J M, Linford L S, et al. 1997. Evidence for a clade of nematodes, arthropods and other moulting animals. Nature, 387 (6632): 489-493.

Aizawa M, Yoshimaruth H, Saito H, et al. 2007. Phylogeography of a northeast Asian spruce, *Picea jezoensis*, inferred from genetic variation observed in organelle DNA markers. Molecular Ecology, 16: 3393-3405.

Aizawa M, Kim Z S, Yoshimaru H. 2012. Phylogeography of the Korean pine (*Pinus koraiensis*) in northeast Asia: inferences from organelle gene sequences. Journal of Plant Research, 125: 713-723.

Aldhebiani A Y. 2018. Species concept and speciation. Saudi Journal of Biological Sciences, 25 (3): 437-440.

Alexander D H, Novembre J, Lange K. 2009. Fast model-based estimation of ancestry in unrelated individuals. Genome Research, 19 (9): 1655-1664.

Alexander R D. 1963. Animal species, evolution, and geographic isolation. Systematic Zoology, 12 (4): 202-204.

Allen A P, Gillooly J F. 2006. Assessing latitudinal gradients in speciation rates and biodiversity at the global scale. Ecology Letters, 9 (8): 947-954.

Allen A P, Gillooly J F, Brown J H. 2007. Recasting the species-energy hypothesis: the different roles of kinetic and potential energy in regulating biodiversity//Storch D, Marquet P A, Brown J H. Scaling Biodiversity. Cambridge: Cambridge University Press.

Alroy J. 2000. Successive approximations of diversity curves: ten more years in the library. Geology, 28 (11): 1023.

Altenhoff A M, Glover N M, Train C M, et al. 2018. The OMA orthology database in 2018: retrieving evolutionary relationships among all domains of life through richer web and programmatic interfaces. Nucleic Acids Research, 46: D477-D485.

Altenhoff A M, Glover N M, Dessimoz C. 2019. Inferring Orthology and Paralogy. Methods in Molecular Biology, 1910: 149-175.

Altizer S, Ostfeld R S, Johnson P T J, et al. 2013. Climate change and infectious diseases: from evidence to a predictive framework. Science, 341 (6145): 514-519.

Alvarado-Serrano D F, Knowles L L. 2014. Ecological niche models in phylogeographic studies: applications, advances, and precautions. Molecular Ecology Resources, 14: 206946411.

Amato K R, Yeoman C J, Kent A, et al. 2013. Habitat degradation impacts black howler monkey (*Alouatta pigra*) gastrointestinal microbiomes. The ISME Journal, 7 (7): 1344-1353.

Amato K R, Leigh S R, Kent A, et al. 2014. The role of gut microbes in satisfying the nutritional demands of adult and juvenile wild, black howler monkeys (*Alouatta pigra*). American Journal of Physical Anthropology, 155 (4): 652-664.

Amato K R, Leigh S R, Kent A, et al. 2015. The gut microbiota appears to compensate for seasonal diet variation in the wild black howler monkey (*Alouatta pigra*). Microbial Ecology, 69 (2): 434-443.

Anacker B L, Strauss S Y. 2014. The geography and ecology of plant speciation: range overlap and niche divergence in sister species. Proceedings Biological Sciences, 281 (1778): 20132980.

Andersen K, Bird K L, Rasmussen M, et al. 2012. Meta-barcoding of 'dirt' DNA from soil reflects vertebrate biodiversity. Molecular Ecology, 21 (8): 1966-1979.

Anderson E. 1953. Introgressive hybridization. Biological Reviews of the Cambridge Philosophical Society, 28: 280-307.

Anderson J T, Lee C R, Rushworth C A, et al. 2013. Genetic trade-offs and conditional neutrality contribute to local adaptation. Molecular Ecology, 22 (3): 699-708.

Andersson D I, Hughes D. 2010. Antibiotic resistance and its cost: is it possible to reverse resistance?. Nature Reviews Microbiology, 8 (4): 260-271.

Andersson D I, Hughes D. 2011. Persistence of antibiotic resistance in bacterial populations. FEMS Microbiology Reviews, 35 (5): 901-911.

Ando H, Fujii C, Kawanabe M, et al. 2018. Evaluation of plant contamination in metabarcoding diet analysis of a herbivore. Scientific Reports, 8 (1): 15563.

Antonovics J. 1976. The input from population genetics: "the new ecological genetics". Systematic Botany, 1 (3): 233.

Aradhya M K, Potter D, Gao F Y, et al. 2007. Molecular phylogeny of *Juglans* (Juglandaceae): a biogeographic perspective. Tree Genetics & Genomes, 3 (4): 363-378.

Armstrong K F, Ball S L. 2005. DNA barcodes for biosecurity: invasive species identification. Philosophical Transactions of the Royal Society of London Series B, Biological Sciences, 360 (1462): 1813-1823.

Arnold B, Corbett-Detig R B, Hartl D, et al. 2013. RADseq underestimates diversity and introduces genealogical biases due to nonrandom haplotype sampling. Molecular Ecology, 22: 3179-3190.

Arnold L J, Roberts R G, MacPhee R D E, et al. 2011. Paper II-dirt, dates and DNA: OSL and radiocarbon chronologies of perennially frozen sediments in *Siberia*, and their implications for sedimentary ancient DNA studies. Boreas, 40 (3): 417-445.

Atwood K C, Schneider L K, Ryan F J. 1951. Periodic selection in *Escherichia coli*. Proceedings of the National Academy of Sciences of the United States of America, 37 (3): 146-155.

Avise J C, Arnold J, Ball R M, et al. 1987. Intraspecific phylogeography: the mitochondrial DNA bridge between population geneticsans systematics. Annual Review of Ecology and Systematics, 18: 489-522.

Avise J C. 2000. Phylogeography: the History and Formation of Species. Cambridge: Harvard University Press.

Avise J C. 2009. Phylogeography: retrospect and prospect. Journal of Biogeography, 36: 3-15.

Axelrod D J, Al-Shehbaz I, Raven P H. 1996. History of the modern flora of China//Zhang A, Wu S. Floristic-Characteristics and Diversity of East Asian Plants. New York: Springer: 43-55.

Axelrod R, Hamilton W D. 1981. The evolution of cooperation. Science, 211 (4489): 1390-1396.

Azambuja P, Garcia E S, Ratcliffe N A. 2005. Gut microbiota and parasite transmission by insect vectors. Trends in Parasitology, 21 (12): 568-572.

Baack E, Melo M C, Rieseberg L H, et al. 2015. The origins of reproductive isolation in plants. New Phytologist, 207 (4): 968-984.

Baer C F, Phillips N, Ostrow D, et al. 2006. Cumulative effects of spontaneous mutations for fitness in *Caenorhabditis*: role of genotype, environment and stress. Genetics, 174 (3): 1387-1395.

Bai W N, Liao W J, Zhang D Y. 2010. Nuclear and chloroplast DNA phylogeography reveal two refuge areas with asymmetrical gene flow in a temperate walnut tree from East Asia. New Phytologist, 188: 892-901.

Bai W N, Wang W T, Zhang D Y. 2016. Phylogeographic breaks within Asian butternuts indicate the existence of a phytogeographic divide in East Asia. New Phytologist, 209 (4): 1757-1772.

Bai W N, Yan P C, Zhang B W, et al. 2018. Demographically idiosyncratic responses to climate change and rapid Pleistocene diversification of the walnut genus *Juglans* (Juglandaceae) revealed by whole-genome sequences. New Phytologist, 217 (4): 1726-1736.

Baker S, Duy P T, Nga T V T, et al. 2013. Fitness benefits in fluoroquinolone-resistant *Salmonella* Typhi in the absence of antimicrobial pressure. eLife, 2: e01229.

Balasubramanian S, Sureshkumar S, Lempe J, et al. 2006. Potent induction of *Arabidopsis thaliana* flowering by elevated growth temperature. PLoS Genetics, 2 (7): e106.

Barnosky A D, Koch P L, Feranec R S, et al. 2004. Assessing the causes of late Pleistocene extinctions on the continents. Science, 306 (5693): 70-75.

Barraclough T G. 2015. How do species interactions affect evolutionary dynamics across whole communities?. Annual Review of Ecology, Evolution, and Systematics, 46: 25-48.

Barraclough T G, Vogler A P. 2000. Detecting the geographical pattern of speciation from species- level phylogenies. The American Naturalist, 155 (4): 419-434.

Barrett S C H. 2015. Influences of clonality on plant sexual reproduction. Proceedings of the National Academy of Sciences of the United States of America, 112 (29): 8859-8866.

Baumann P, Baumann L, Lai C Y, et al. 1995. Genetics, physiology, and evolutionary relationships of the genus *Buchnera*: intracellular symbionts of aphids. Annual Review of Microbiology, 49: 55-94.

Beaumont M A. 2010. Approximate Bayesian computation in evolution and ecology. Annual Review of Ecology, Evolution, and Systematics, 41: 379-406.

Beaumont M A, Zhang W Y, Balding D J. 2002. Approximate Bayesian computation in population genetics. Genetics, 162 (4): 2025-2035.

Beerli P. 2004. Effect of unsampled populations on the estimation of population sizes and migration rates between sampled populations. Molecular Ecology, 13 (4): 827-836.

Beerli P, Felsenstein J. 2001. Maximum likelihood estimation of a migration matrix and effective population sizes in n subpopulations by using a coalescent approach. Proceedings of the National Academy of Sciences of the United States of America, 98: 4563-4568.

Begon M, Townsend C R, Harper J L. 2006. Ecology: from Individuals to Ecosystems. 4th ed. Malden: Blackwell Publication.

Beichman A C, Huerta- Sanchez E, Lohmueller K E. 2018. Using genomic data to infer historic population dynamics of nonmodel organisms. Annual Review of Ecology, Evolution, and Systematics, 49: 433-456.

Beisner B, Haydon D, Cuddington K. 2003. Alternative stable states in ecology. Frontiers in Ecology and the Environment, 1 (7): 376-382.

Belfield E J, Brown C, Ding Z J, et al. 2021. Thermal stress accelerates *Arabidopsis thaliana* mutation rate. Genome Research, 31 (1): 40-50.

Bell G. 1990. The ecology and genetics of fitness in *Chlamydomonas*. I. Genotype- by- environment interaction among pure strains. Proceedings of the Royal Society of London B Biological Sciences, 240 (1298): 295-321.

Bell G. 2000. The distribution of abundance in neutral communities. The American Naturalist, 155 (5): 606-617.

Bell G. 2001. Neutral macroecology. Science, 293 (5539): 2413-2418.

Bell T. 2010. Experimental tests of the bacterial distance- decay relationship. The ISME Journal, 4 (11): 1357-1365.

Bellemain E, Bermingham E, Ricklefs R E. 2008. The dynamic evolutionary history of the bananaquit (*Coereba flaveola*) in the Caribbean revealed by a multigene analysis. BMC Evolutionary Biology, 8: 240.

Bellemain E, Ricklefs R E. 2008. Are islands the end of the colonization road?. Trends in Ecology & Evolution,

23 (8): 461-468.

Bennett A F, Lenski R E. 1993. Evolutionary adaptation to temperature II. Thermal niches of experimental lines of *Escherichia coli*. Evolution, 47 (1): 1-12.

Bennett K D, Provan J. 2008. What do we mean by' refugia?. Quaternary Science Reviews, 27: 2449-2455.

Bennett K D, Tzedakis P C, Willis K J. 1991. Quaternary refugia of north European trees. Journal of Biogeography, 18: 103.

Bentley B P, Armstrong EE. 2022. Good from far, but far from good: the impact of a reference genome on evolutionary inference. Molecular Ecology Resources, 22 (1): 12-14.

Berendsen R L, Pieterse C M J, Bakker P A H M. 2012. The rhizosphere microbiome and plant health. Trends in Plant Science, 17 (8): 478-486.

Berger D, Stångberg J, Walters R J. 2018. A universal temperature- dependence of mutational fitness effects. www. biorxiv. org/content/10. 1101/268011v1 [2024-12-24].

Bergsten J, Bilton D T, Fujisawa T, et al. 2012. The effect of geographical scale of sampling on DNA barcoding. Systematic Biology, 61 (5): 851-869.

Bestion E, García-Carreras B, Schaum C E, et al. 2018. Metabolic traits predict the effects of warming on phyto-plankton competition. Ecology Letters, 21 (5): 655-664.

Bever J D, Westover K M, Antonovics J. 1997. Incorporating the soil community into plant population dynamics: the utility of the feedback approach. The Journal of Ecology, 85 (5): 561.

Bhaskar A, Rachel Wang Y X, Song Y S. 2015. Efficient inference of population size histories and locus-specific mutation rates from large-sample genomic variation data. Genome Research, 25 (2): 268-279.

Biggs J, Ewald N, Valentini A, et al. 2015. Using eDNA to develop a national citizen science-based monitoring programme for the great crested newt (*Triturus cristatus*). Biological Conservation, 183: 19-28.

Björkman J, Nagaev I, Berg O G, et al. 2000. Effects of environment on compensatory mutations to ameliorate costs of antibiotic resistance. Science, 287 (5457): 1479-1482.

Blair C, Ané C. 2020. Phylogenetic trees and networks can serve as powerful and complementary approaches for analysis of genomic data. Systematic Biology, 69 (3): 593-601.

Blanquart S, Lartillot N. 2006. A Bayesian compound stochastic process for modeling nonstationary and nonhomogeneous sequence evolution. Molecular Biology and Evolution, 23 (11): 2058-2071.

Blischak P D, Chifman J, Wolfe A D, et al. 2018. HyDe: a Python package for genome- scale hybridization detection. Systematic Biology, 67 (5): 821-829.

Blischak P D, Barker M S, Gutenkunst R N. 2020. Inferring the demographic history of inbred species from genome-wide SNP frequency data. Molecular Biology and Evolution, 37 (7): 2124-2136.

Blount Z D, Borland C Z, Lenski R E. 2008. Historical contingency and the evolution of a key innovation in an experimental population of *Escherichia coli*. Proceedings of the National Academy of Sciences of the United States of America, 105 (23): 7899-7906.

Blount Z D, Barrick J E, Davidson C J, et al. 2012. Genomic analysis of a key innovation in an experimental

Escherichia coli population. Nature, 489 (7417): 513-518.

Blount Z D, Lenski R E, Losos J B. 2018. Contingency and determinism in evolution: replaying life's tape. Science, 362 (6415): eaam5979.

Bohan D A, Caron-Lormier G, Muggleton S, et al. 2011. Automated discovery of food webs from ecological data using logic-based machine learning. PLoS One, 6 (12): e29028.

Bohmann K, Evans A, Gilbert M T P, et al. 2014. Environmental DNA for wildlife biology and biodiversity monitoring. Trends in Ecology & Evolution, 29 (6): 358-367.

Boitard S, Rodríguez W, Jay F, et al. 2016. Inferring population size history from large samples of genome-wide molecular data - an approximate Bayesian computation approach. PLoS Genetics, 12 (3): e1005877.

Borenstein E, Meilijson I, Ruppin E. 2006. The effect of phenotypic plasticity on evolution in multipeaked fitness landscapes. Journal of Evolutionary Biology, 19 (5): 1555-1570.

Bouckaert R, Vaughan T G, Barido-Sottani J, et al. 2019. BEAST 2. 5: an advanced software platform for Bayesian evolutionary analysis. PLoS Computational Biology, 15: e1006650.

Bowers R M, Sullivan A P, Costello E K, et al. 2011. Sources of bacteria in outdoor air across cities in the Midwestern United States. Applied and Environmental Microbiology, 77 (18): 6350-6356.

Box G E P, Draper N R. 1987. Empirical Model-Building and Response Surfaces. New York: John Wiley & Sons.

Boyer F, Mercier C, Bonin A, et al. 2016. OBItools: a unix-inspired software package for DNA metabarcoding. Molecular Ecology Resources, 16 (1): 176-182.

Bratley P, Millo J. 1972. Computer recreations. Software: Practice and Experience, 2 (4): 397-400.

Bremond L, Favier C, Ficetola G F, et al. 2017. Five thousand years of tropical lake sediment DNA records from Benin. Quaternary Science Reviews, 170: 203-211.

Browning B L, Browning S R. 2013a. Detecting identity by descent and estimating genotype error rates in sequence data. American Journal of Human Genetics, 93 (5): 840-851.

Browning B L, Browning S R. 2013b. Improving the accuracy and efficiency of identity-by-descent detection in population data. Genetics, 194 (2): 459-471.

Browning S R, Browning B L. 2015. Accurate non-parametric estimation of recent effective population size from segments of identity by descent. The American Journal of Human Genetics, 97 (3): 404-418.

Brown J H, Gillooly J F, Allen A P, et al. 2004. Toward a metabolic theory of ecology. Ecology, 85 (7): 1771-1789.

Buckling A, Rainey P B. 2002. Antagonistic coevolution between a bacterium and a bacteriophage. Proceedings Biological Sciences, 269 (1494): 931-936.

Buckling A, Wei Y, Massey R C, et al. 2006. Antagonistic coevolution with parasites increases the cost of host deleterious mutations. Proceedings Biological Sciences, 273 (1582): 45-49.

Buckling A, Craig Maclean R, Brockhurst M A, et al. 2009. The beagle in a bottle. Nature, 457 (7231): 824-829.

Buddington R K, Sangild P T. 2011. Companion animals symposium: development of the mammalian gastrointestinal tract, the resident microbiota, and the role of diet in early life. Journal of Animal Science, 89 (5): 1506-1519.

Burbrink F T, Chan Y L, Myers E A, et al. 2016. Asynchronous demographic responses to Pleistocene climate change in Eastern Nearctic vertebrates. Ecology Letters, 19: 1457-1467.

Bálint M, Pfenninger M, Grossart H P, et al. 2018. Environmental DNA time series in ecology. Trends in Ecology & Evolution, 33 (12): 945-957.

Cahill J F, Kembel S W, Lamb E G, et al. 2008. Does phylogenetic relatedness influence the strength of competition among vascular plants?. Perspectives in Plant Ecology, Evolution and Systematics, 10 (1): 41-50.

Callahan B J, McMurdie P J, Rosen M J, et al. 2016. DADA2: High-resolution sample inference from Illumina amplicon data. Nature Methods, 13 (7): 581-583.

Cao Z, Liu X, Ogilvie H A, et al. 2019. Practical aspects of phylogenetic network analysis using PhyloNet. bioRxiv: 746362.

Capella-Gutiérrez S, Silla-Martínez J M, Gabaldón T. 2009. trimAl: a tool for automated alignment trimming in large-scale phylogenetic analyses. Bioinformatics, 25 (15): 1972-1973.

Capo E, Debroas D, Arnaud F, et al. 2016. Long-term dynamics in microbial eukaryotes communities: a Palaeolimnological view based on sedimentary DNA. Molecular Ecology, 25 (23): 5925-5943.

Caporaso J G, Kuczynski J, Stombaugh J et al. 2010. QIIME allows analysis of high-throughput community sequencing data. Nature Methods, 7: 335-336.

Carim K J, McKelvey K S, Young M K, et al. 2016. A protocol for collecting environmental DNA samples from streams. https://doi.org/10.2737/RMRS-GTR-355 [2024-12-24].

Carim K J, Bean N J, Connor J M, et al. 2020. Environmental DNA sampling informs fish eradication efforts: case studies and lessons learned. North American Journal of Fisheries Management, 40 (2): 488-508.

Carstens B, Lemmon A R, Lemmon E M. 2012. The promises and pitfalls of next-generation sequencing data in phylogeography. Systematic Biology, 61 (5): 713-715.

Caruso T, Chan Y, Lacap D C, et al. 2011. Stochastic and deterministic processes interact in the assembly of desert microbial communities on a global scale. The ISME Journal, 5 (9): 1406-1413.

Caswell H. 1976. Community structure: a neutral model analysis. Ecological Monographs, 46 (3): 327-354.

Cavender-Bares J, KozakK H, Fine P V A, et al. 2009. The merging of community ecology and phylogenetic biology. Ecology Letters, 12 (7): 693-715.

CBOL Plant Working Group, Hollingsworth P M, Forrest L L, et al. 2009. A DNA barcode for land plants. Proceedings of the National Academy of Sciences of the United States of America, 106 (31): 12794-12797.

Chan J Z, Halachev M R, Loman N J, et al. 2012. Defining bacterial species in the genomic era: insights from the genus *Acinetobacter*. BMC Microbiology, 12: 302.

Chapman R N. 1935. The struggle for existence. Ecology, 16 (4): 656-657.

Charlesworth B, Morgan M T, Charlesworth D. 1993. The effect of deleterious mutations on neutral molecular variation. Genetics, 134 (4): 1289-1303.

Chase J M, Leibold M A. 2003. Ecological Niches: Linking Classical and Contemporary Approaches. Chicago: University of Chicago Press.

Chase J M, Myers J A. 2011. Disentangling the importance of ecological niches from stochastic processes across scales. Philosophical Transactions of the Royal Society of London Series B, Biological Sciences, 366 (1576): 2351-2363.

Chave J. 2004. Neutral theory and community ecology. Ecology Letters, 7 (3): 241-253.

Chen J, Källman T, Gyllenstrand N, et al. 2010. New insights on the speciation history and nucleotide diversity of three boreal spruce species and a Tertiary relict. Heredity, 104 (1): 3-14.

Chen J, Zeng Y F, Zhang D Y. 2021. Dispersal as a result of asymmetrical hybridization between two closely related oak species in China. Molecular Phylogenetics and Evolution, 154: 106964.

Chen M, Jin L, Zhao D, et al. 2015. Study on pollen physiological characteristics in *Juglans hopeiensis* Hu and *Juglans regia*. Northern Horticulture, 23: 42-44.

Chen S C, Zhang L, Zeng J, et al. 2012. Geographic variation of chloroplast DNA in *Platycarya strobilacea* (Juglandaceae). Journal of Systematics and Evolution, 50: 374-385.

Chen W T, Ficetola G F. 2020. Numerical methods for sedimentary-ancient-DNA-based study on past biodiversity and ecosystem functioning. Environmental DNA, 2 (2): 115-129.

Cheng S Z. 1987. Taxonomic studies of ten species of the genus Juglans based onisozymic zymograms. Acta Horticulturae Sinica, 12: 90-96.

Cheng T, Xu C, Lei L, et al. 2016. Barcoding the Kingdom Plantae: new PCR primers for ITS regions of plants with improved universality and specificity. Molecular Ecology Resources, 16 (1): 138-149.

Chesson P. 2000. Mechanisms of maintenance of species diversity. Annual Review of Ecology and Systematics, 31: 343-366.

Chiang C W K, Ralph P, Novembre J. 2016. Conflation of short identity-by-descent segments bias their inferred length distribution. G3, 6 (5): 1287-1296.

Chifman J, Kubatko L. 2014. Quartet inference from SNP data under the coalescent model. Bioinformatics, 30 (23): 3317-3324.

Chikhi L, Sousa V C, Luisi P, et al. 2010. The confounding effects of population structure, genetic diversity and the sampling scheme on the detection and quantification of population size changes. Genetics, 186 (3): 983-995.

Chou J Y, Hung Y S, Lin K H, et al. 2010. Multiple molecular mechanisms cause reproductive isolation between three yeast species. PLoS Biology, 8 (7): e1000432.

Chu X L, Zhang Q G. 2021. Consequences of mutation accumulation for growth performance are more likely to be resource-dependent at higher temperatures. BMC Ecology and Evolution, 21 (1): 109.

Chu X L, Zhang B W, Zhang Q G, et al. 2018. Temperature responses of mutation rate and mutational spectrum in an *Escherichia coli* strain and the correlation with metabolic rate. BMC Evolutionary Biology, 18 (1): 126.

Chu X L, Zhang D Y, Buckling A, et al. 2020. Warmer temperatures enhance beneficial mutation effects. Journal of Evolutionary Biology, 33 (8): 1020-1027.

Clements F E. 1916. Plant Succession: an analysis of the development of vegetation. Washington D. C.: Carnegie Institution of Washington.

Colautti R I, Barrett S C H. 2013. Rapid adaptation to climate facilitates range expansion of an invasive plant. Science, 342 (6156): 364-366.

Comas I, Borrell S, Roetzer A, et al. 2011. Whole-genome sequencing of rifampicin-resistant *Mycobacterium* tuberculosis strains identifies compensatory mutations in RNA polymerase genes. Nature Genetics, 44 (1): 106-110.

Comes H P, Kadereit J W. 1998. The effect of Quaternary climatic changes on plant distribution and evolution. Trends in Plant Science, 3: 432-438.

Comita L S, Muller-Landau H C, Aguilar S, et al. 2010. Asymmetric density dependence shapes species abundances in a tropical tree community. Science, 329 (5989): 330-332.

Comte J, Lindström E S, Eiler A, et al. 2014. Can marine bacteria be recruited from freshwater sources and the air?. The ISME Journal, 8 (12): 2423-2430.

Connell J H. 1971. On the role of natural enemies in preventing competitive exclusion in some marine animals and in rain forest trees// den Boer P J, Gradwell G R. Dynamics of Populations. Wageningen: Centre for Agricultural Publishing and Documentation: 298-313.

Connell J H. 1978. Diversity in tropical rain forests and coral reefs. Science, 199 (4335): 1302-1310.

Cooper T F. 2012. Empirical insights into adaptive landscapes from bacterial experimental evolution//EI S R C. The Adaptive Landscape in Evolutionary Biology. Oxford: Oxford University Press: 169-179.

Cooper V S, Bennett A F, Lenski R E. 2001. Evolution of thermal dependence of growth rate of *Escherichia coli* populations during 20, 000 generations in a constant environment. Evolution, 55 (5): 889-896.

Cornell H V, Harrison S P. 2014. What are species pools and when are they important?. Annual Review of Ecology, Evolution, and Systematics, 45: 45-67.

Cornell H V, Lawton J H. 1992. Species interactions, local and regional processes, and limits to the richness of ecological communities: a theoretical perspective. The Journal of Animal Ecology, 61 (1): 1.

Cornuet J M, Santos F, Beaumont M A, et al. 2008. Inferring population history with DIY ABC: a user-friendly approach to approximate Bayesian computation. Bioinformatics, 24 (23): 2713-2719.

Cornuet J M, Pudlo P, Veyssier J, et al. 2014. DIYABC v2. 0: a software to make approximate Bayesian computation inferences about population history using single nucleotide polymorphism, DNA sequence and microsatellite data. Bioinformatics, 30 (8): 1187-1189.

Cossins A R, Bowler K. 1987. Temperature Biology of Animals. New York: Chapman & Hall.

Costea P I, Zeller G, Sunagawa S, et al. 2017. Towards standards for human fecal sample processing in metagenomic studies. Nature Biotechnology, 35 (11): 1069-1076.

Coyne J A, Orr H A. 1997. "Patterns of speciation in *Drosophila*" revisited. Evolution, 51 (1): 295-303.

Cracraft J. 1983. Species concepts and speciation analysis// Johnston R F. Current Ornithology. New York: Plenum Press: 159-187.

Cristescu M E, Hebert P D N. 2018. Uses and misuses of environmental DNA in biodiversity science and conservation. Annual Review of Ecology, Evolution, and Systematics, 49: 209-230.

Cruaud A, Rønsted N, Chantarasuwan B, et al. 2012. An extreme case of plant-insect codiversification: figs and fig-pollinating wasps. Systematic Biology, 61 (6): 1029-1047.

Cytryn E, Kolton M. 2011. Microbial protection against plant disease//Rosenberg E, Gophna U. Beneficial Microorganisms in Multicellular Life Forms. Berlin: Springer Berlin Heidelberg: 123-136.

Dai S J, Qi J X, Duan C R, et al. 2014. Abnormal development of pollen and embryo sacs contributes to poor fruit set in walnut (*Juglans hopeiensis*). The Journal of Horticultural Science and Biotechnology, 89 (3): 273-278.

Dallinger W H. 1887. The president's address. Journal of the Royal Microscopical Society, 7 (2): 185-199.

Dalquen D A, Zhu T Q, Yang Z H. 2017. Maximum likelihood implementation of an isolation-with-migration model for three species. Systematic Biology, 66 (3): 379-398.

Dandage R, Pandey R, Jayaraj G, et al. 2018. Differential strengths of molecular determinants guide environment specific mutational fates. PLoS Genetics, 14 (5): e1007419.

Darling J A, Blum M J. 2007. DNA-based methods for monitoring invasive species: a review and prospectus. Biological Invasions, 9 (7): 751-765.

Darling J A, Mahon A R. 2011. From molecules to management: adopting DNA-based methods for monitoring biological invasions in aquatic environments. Environmental Research, 111 (7): 978-988.

Darriba D, Posada D. 2015. The impact of partitioning on phylogenomic accuracy. bioRxiv: 023978.

Darwin C, Wallace A. 1858. On the tendency of species to form varieties; and on the perpetuation of varieties and species by natural means of selection. Journal of the Proceedings of the Linnean Society of London. Zoology, 3 (9): 45-62.

Darwin C. 1859. On the Origin of Species by Means of Natural Selection, or the Preservation of Favoured Races in the Struggle for Life. London: John Murray.

Darwin C. 1862. Fertilisation of Orchids. London: John Murray.

Dawid I B, Blackler A W. 1972. Maternal and cytoplasmic inheritance of mitochondrial DNA in *Xenopus*. Developmental Biology, 29 (2): 152-161.

Dawkins R, Krebs J R. 1979. Arms races between and within species. Proceedings of the Royal Society of London Series B, Biological Sciences, 205 (1161): 489-511.

Dayhoff M O, Schwartz R M, Orcutt B C. 1978. Atlas of protein sequence and structure. National Biomedical Research Foundation, 5: 345-352.

de Barba M, Miquel C, Boyer F, et al. 2014. DNA metabarcoding multiplexing and validation of data accuracy for diet assessment: application to omnivorous diet. Molecular Ecology Resources, 14 (2): 306-323.

de Visser J A, Krug J. 2014. Empirical fitness landscapes and the predictability of evolution. Nature Reviews

Genetics, 15: 480-490.

de Vos M G J, Dawid A, Sunderlikova V, et al. 2015. Breaking evolutionary constraint with a tradeoff ratchet. Proceedings of the National Academy of Sciences of the United States of America, 112 (48): 14906-14911.

de Wit R, Bouvier T. 2006. 'Everything is everywhere, but, the environment selects'; what did Baas Becking and Beijerinck really say?. Environmental Microbiology, 8 (4): 755-758.

Deagle B E, Thomas A C, McInnes J C, et al. 2019. Counting with DNA in metabarcoding studies: how should we convert sequence reads to dietary data?. Molecular Ecology, 28 (2): 391-406.

Degens B P. 1998. Decreases in microbial functional diversity do not result in corresponding changes in decomposition under different moisture conditions. Soil Biology and Biochemistry, 30 (14): 1989-2000.

Degnan J H. 2013. Anomalous unrooted gene trees. Systematic Biology, 62 (4): 574-590.

Degnan J H. 2018. Modeling hybridization under the network multispecies coalescent. Systematic Biology, 67 (5): 786-799.

Degnan J H, Rosenberg N A. 2009. Gene tree discordance, phylogenetic inference and the multispecies coalescent. Trends in Ecology & Evolution, 24 (6): 332-340.

Degnan J H, DeGiorgio M, Bryant D, et al. 2009. Properties of consensus methods for inferring species trees from gene trees. Systematic Biology, 58 (1): 35-54.

Dejean T, Valentini A, Miquel C, et al. 2012. Improved detection of an alien invasive species through environmental DNA barcoding: the example of the American bullfrog *Lithobates* catesbeianus. Journal of Applied Ecology, 49 (4): 953-959.

DePristo M A, Weinreich D M, Hartl D L. 2005. Missense meanderings in sequence space: a biophysical view of protein evolution. Nature Reviews Genetics, 6 (9): 678-687.

Dettman J R, Rodrigue N, Melnyk A H, et al. 2012. Evolutionary insight from whole-genome sequencing of experimentally evolved microbes. Molecular Ecology, 21 (9): 2058-2077.

Dewdney A. 1984. Computer recreations: in the game called Core War hostile programs engage in a battle of bits. Scientific American, 5: 14-22.

Dickinson W J. 2008. Synergistic fitness interactions and a high frequency of beneficial changes among mutations accumulated under relaxed selection in *Saccharomyces cerevisiae*. Genetics, 178 (3): 1571-1578.

Dietrich C, Köhler T, Brune A. 2014. The cockroach origin of the termite gut microbiota: patterns in bacterial community structure reflect major evolutionary events. Applied and Environmental Microbiology, 80 (7): 2261-2269.

Dinerstein E, Loucks C, Wikramanayake E, et al. 2007. The fate of wild tigers. BioScience, 57 (6): 508-514.

Ding L, Gan X N, He S P, et al. 2011. A phylogeographic, demographic and historical analysis of the short-tailed pit viper (*Gloydius brevicaudus*): evidence for early divergence and late expansion during the Pleistocene. Molecular Ecology, 20: 1905-1922.

Dobzhansky T. 1937. Genetic nature of species differences. The American Naturalist, 71: 404-420.

Dobzhansky T. 1950. Evolution in the tropics. American Scientist, 38: 209-221.

Doi H, Uchii K, Takahara T, et al. 2015. Use of droplet digital PCR for estimation of fish abundance and biomass in environmental DNA surveys. PLoS One, 10 (3): e0122763.

Domaizon I, Winegardner A, Capo E, et al. 2017. DNA-based methods in paleolimnology: new opportunities for investigating long-term dynamics of lacustrine biodiversity. Journal of Paleolimnology, 58 (1): 1-21.

Donadio E, Buskirk S W. 2006. Diet, morphology, and interspecific killing in Carnivora. The American Naturalist, 167 (4): 524-536.

Dong W P, Xu C, Li W Q, et al. 2017. Phylogenetic resolution in *Juglans* based on complete chloroplast genomes and nuclear DNA sequences. Frontiers in Plant Science, 8: 1148.

Donnelly P, Tavaré S. 1995. Coalescents and genealogical structure under neutrality. Annual Review of Genetics, 29: 401-421.

Donoghue M J, Bell C D, Li J H. 2001. Phylogenetic patterns in Northern Hemisphere plant geography. International Journal of Plant Sciences, 162: S41-S52.

Dou H L, Yang H T, Smith J L D, et al. 2019. Prey selection of Amur tigers in relation to the spatiotemporal overlap with prey across the Sino-Russian border. Wildlife Biology, (1): 1-11.

Douglas J, Jiménez-Silva C L, Bouckaert R. 2022. StarBeast3: adaptive parallelized Bayesian inference under the multispecies coalescent. Systematic Biology, 71 (4): 901-916.

Dowle E J, Morgan-Richards M, Trewick S A, 2013. Molecular evolution and the latitudinal biodiversity gradient. Heredity, 110 (6): 501-510.

Drake J W. 1966. Spontaneous mutations accumulating in bacteriophage T4 in the complete absence of DNA replication. Proceedings of the National Academy of Sciences of the United States of America, 55 (4): 738-743.

Drake J W. 2012. Contrasting mutation rates from specific-locus and long-term mutation-accumulation procedures. G3, 2 (4): 483-485.

Driskell A C, Ané C, Gordon Burleigh J, et al. 2004. Prospects for building the tree of life from large sequence databases. Science, 306 (5699): 1172-1174.

Drummond A J, Rambaut A, Shapiro B, et al. 2005. Bayesian coalescent inference of past population dynamics from molecular sequences. Molecular Biology and Evolution, 22 (5): 1185-1192.

Duan J Y, Chung H, Troy E, et al. 2010. Microbial colonization drives expansion of IL-1 receptor 1-expressing and IL-17-producing gamma/delta T cells. Cell Host & Microbe, 7 (2): 140-150.

Dubilier N, Bergin C, Lott C. 2008. Symbiotic diversity in marine animals: the art of harnessing chemosynthesis. Nature Reviews Microbiology, 6 (10): 725-740.

Dumolin-Lapègue S, Demesure B, Fineschi S, et al. 1997. Phylogeographic structure of white oaks throughout the European continent. Genetics, 146 (4): 1475-1487.

Dyer L A, Singer M S, Lill J T, et al. 2007. Host specificity of Lepidoptera in tropical and temperate forests. Nature, 448 (7154): 696-699.

Díaz-Ferguson EE, Moyer G R. 2014. History, applications, methodological issues and perspectives for the use of environmental DNA (eDNA) in marine and freshwater environments. Revista de Biologia Tropical, 62 (4): 1273-1284.

Eberhard W G. 1996. Female Control: Sexual Selection by Cryptic Female Choice. Princeton: Princeton University Press.

Eckert C G, Samis K E, Lougheed S C. 2008. Genetic variation across species' geographical ranges: the central-marginal hypothesis and beyond. Molecular Ecology, 17 (5): 1170-1188.

Edgar R C. 2004. MUSCLE: multiple sequence alignment with high accuracy and high throughput. Nucleic Acids Research, 32 (5): 1792-1797.

Edwards S V, Beerli P. 2000. Perspective: gene divergence, population divergence, and the variance in coalescence time in phylogeographic studies. Evolution; International Journal of Organic Evolution, 54 (6): 1839-1854.

Edwards S V. 2009. Is a new and general theory of molecular systematics emerging?. Evolution, 63 (1): 1-19.

Ehrlich P R, Raven P H. 1964. Butterflies and plants: a study in coevolution. Evolution, 18 (4): 586-608.

Ellegren H. 2004. Microsatellites: simple sequences with complex evolution. Nature Reviews Genetics, 5 (6): 435-445.

Elworth R A L, Ogilvie H A, Zhu J, et al. 2019. Advances in computational methods for phylogenetic networks in the presence of hybridization//Warnow T. Bioinformatics and Phylogenetics. New York: Springer: 317-360.

Elworth R L, Allen C, Benedict T, et al. 2018. DGEN: a test statistic for detection of general introgression scenarios. bioRxiv: 348649.

Emelyanov V V. 2003. Mitochondrial connection to the origin of the eukaryotic cell. European Journal of Biochemistry, 270 (8): 1599-1618.

Emms D M, Kelly S. 2015. OrthoFinder: solving fundamental biases in whole genome comparisons dramatically improves orthogroup inference accuracy. Genome Biology, 16 (1): 157.

Emms D M, Kelly S. 2019. OrthoFinder: phylogenetic orthology inference for comparative genomics. Genome Biology, 20 (1): 238.

Enard D, Messer P W, Petrov D A. 2014. Genome-wide signals of positive selection in human evolution. Genome Research, 24 (6): 885-895.

Engel P, Moran N A. 2013. The gut microbiota of insects-diversity in structure and function. FEMS Microbiology Reviews, 37 (5): 699-735.

Epp L S, Boessenkool S, Bellemain E P, et al. 2012. New environmental metabarcodes for analysing soil DNA: potential for studying past and present ecosystems. Molecular Ecology, 21 (8): 1821-1833.

Estrada J A, Lutcavage M, Thorrold S R. 2005. Diet and trophic position of Atlantic bluefin tuna (*Thunnus thynnus*) inferred from stable carbon and nitrogen isotope analysis. Marine Biology, 147 (1): 37-45.

Evans N T, Lamberti G A. 2018. Freshwater fisheries assessment using environmental DNA: a primer on the method, its potential, and shortcomings as a conservation tool. Fisheries Research, 197: 60-66.

Evans S N, Shvets Y, Slatkin M. 2007. Non-equilibrium theory of the allele frequency spectrum. Theoretical Population Biology, 71 (1): 109-119.

Ewing G B, Jensen J D. 2016. The consequences of not accounting for background selection in demographic inference. Molecular Ecology, 25 (1): 135-141.

Excoffier L, Dupanloup I, Huerta-Sánchez E, et al. 2013. Robust demographic inference from genomic and SNP data. PLoS Genetics, 9 (10): e1003905.

Excoffier L, Marchi N, Marques D A, et al. 2021. fastsimcoal2: demographic inference under complex evolutionary scenarios. Bioinformatics, 37 (24): 4882-4885.

Fahrig L. 2003. Effects of habitat fragmentation on biodiversity. Annual Review of Ecology, Evolution, and Systematics, 34: 487-515.

Fan D M, Hu W, Li B, et al. 2016. Idiosyncratic responses of evergreen broad-leaved forest constituents in China to the late Quaternary climate changes. Scientific Reports, 6: 31044.

Farhadinia M S, Rostro-García S, Feng L M, et al. 2021. Big cats in borderlands: challenges and implications for transboundary conservation of Asian leopards. Oryx, 55 (3): 452-460.

Farrington H L, Edwards C E, Guan X, et al. 2015. Mitochondrial genome sequencing and development of genetic markers for the detection of DNA of invasive bighead and silver carp (*Hypophthalmichthys nobilis* and H. molitrix) in environmental water samples from the United States. PLoS One, 10 (2): e0117803.

Felsenstein J. 1981. Evolutionary trees from DNA sequences: a maximum likelihood approach. Journal of Molecular Evolution, 17 (6): 368-376.

Felsenstein J. 1985. Confidence limits on phylogenies: an approach using the bootstrap. Evolution, 39 (4): 783-791.

Fenchel T, Finlay B J. 2004. The ubiquity of small species: patterns of local and global diversity. BioScience, 54 (8): 777-784.

Feng J W, Sun Y F, Li H L, et al. 2021. Assessing mammal species richness and occupancy in a Northeast Asian temperate forest shared by cattle. Diversity and Distributions, 27 (5): 857-872.

Feng L M, Wang T M, Mou P, et al. 2011. First image of an Amur leopard recorded in China. Cat News, 55: 9.

Feng L M, Shevtsova E, Vitkalova A, et al. 2017. Collaboration brings hope for the last Amur leopards. Cat News, 65: 20.

Feng R N, Lü X Y, Xiao W H, et al. 2021. Effects of free-ranging livestock on sympatric herbivores at fine spatiotemporal scales. Landscape Ecology, 36 (5): 1441-1457.

Fenner F, Fantini B. 1999. Biological Control of Vertebrate Pest. London: CABI Publishing.

Ficetola G F, Coissac E, Zundel S, et al. 2010. An in silico approach for the evaluation of DNA barcodes. BMC Genomics, 11: 434.

Ficetola G F, Poulenard J, Sabatier P, et al. 2018. DNA from lake sediments reveals long-term ecosystem changes after a biological invasion. Science Advances, 4 (5): eaar4292.

Field K G, Olsen G J, Lane D J, et al. 1988. Molecular phylogeny of the animal Kingdom. Science, 239:

748-753.

Finlay B J. 2002. Global dispersal of free-living microbial eukaryote species. Science, 296 (5570): 1061-1063.

Fischer A G. 1960. Latitudinal variations in organic diversity. Evolution, 14 (1): 64-81.

Fisher R A. 1930. The Genetical Theory of Natural Selection. Oxford: Clarendon Press.

Fisher R A. 1931. XVII. the distribution of gene ratios for rare mutations. Proceedings of the Royal Society of Edinburgh, 50: 204-219.

Flouri T, Jiao X Y, Rannala B, et al. 2020. A Bayesian implementation of the multispecies coalescent model with introgression for phylogenomic analysis. Molecular Biology and Evolution, 37 (4): 1211-1223.

Fontaine M C, Pease J B, Steele A, et al. 2015. Mosquito genomics. Extensive introgression in a malaria vector species complex revealed by phylogenomics. Science, 347 (6217): 1258524.

Foote A D, Thomsen P F, Sveegaard S, et al. 2012. Investigating the potential use of environmental DNA (eDNA) for genetic monitoring of marine mammals. PLoS One, 7 (8): e41781.

Forsythe E S, Nelson A D L, Beilstein M A. 2020. Biased gene retention in the face of introgression obscures species relationships. Genome Biology and Evolution, 12 (9): 1646-1663.

Foster B L, Tilman D. 2003. Seed limitation and the regulation of community structure in oak savanna grassland. Journal of Ecology, 91 (6): 999-1007.

Foster K R, Bell T. 2012. Competition, not cooperation, dominates interactions among culturable microbial species. Current Biology, 22 (19): 1845-1850.

Foster P L, Lee H, Popodi E, et al. 2015. Determinants of spontaneous mutation in the bacterium *Escherichia coli* as revealed by whole-genome sequencing. Proceedings of the National Academy of Sciences of the United States of America, 112 (44): E5990-E5999.

Foster R C. 1988. Microenvironments of soil microorganisms. Biology and Fertility of Soils, 6 (3): 189-203.

Fox J W, Lenski R E. 2015. From here to eternity: the theory and practice of a really long experiment. PLoS Biology, 13 (6): e1002185.

Franklin T W, McKelvey K S, Golding J D, et al. 2019. Using environmental DNA methods to improve winter surveys for rare carnivores: DNA from snow and improved noninvasive techniques. Biological Conservation, 229: 50-58.

Fritschie K J, Cardinale B J, Alexandrou M A, et al. 2014. Evolutionary history and the strength of species interactions: testing the phylogenetic limiting similarity hypothesis. Ecology, 95 (5): 1407-1417.

Fukami T, Nakajima M. 2011. Community assembly: alternative stable states or alternative transient states?. Ecology Letters, 14 (10): 973-984.

Fukami T, Nakajima M. 2013. Complex plant-soil interactions enhance plant species diversity by delaying community convergence. Journal of Ecology, 101 (2): 316-324.

Fukami T. 2004. Community assembly along a species pool gradient: implications for multiple-scale patterns of species diversity. Population Ecology, 46 (2): 137-147.

Futuyma D J. 2013. Evolution. Oxford: Oxford University Press.

Galindo B E, Vacquier V D, Swanson W J. 2003. Positive selection in the egg receptor for abalone sperm lysin. Proceedings of the National Academy of Sciences of the United States of America, 100 (8): 4639-4643.

Gandon S, Day T. 2009. Evolutionary epidemiology and the dynamics of adaptation. Evolution, 63 (4): 826-838.

Gandon S, Buckling A, Decaestecker E, et al. 2008. Host-parasite coevolution and patterns of adaptation across time and space. Journal of Evolutionary Biology, 21 (6): 1861-1866.

Gao L M, Möller M, Zhang X M, et al. 2007. High variation and strong phylogeographic pattern among cpDNA haplotypes in *Taxus wallichiana* (Taxaceae) in China and North Vietnam. Molecular Ecology, 16 (22): 4684-4698.

Garland T, Rose M R. 2009. Experimental Evolution: Concepts, Methods, and Applications of Selection Experiments. Berkeley: University of California Press.

Gaston K J. 1998. Species- range size distributions: products of speciation, extinction and transformation. Philosophical Transactions of the Royal Society of London Series B: Biological Sciences, 353 (1366): 219-230.

Gause G F. 1934. The Struggle for Existence. Baltimore: The Williams & Wilkins Company.

Gaytán Á, Bergsten J, Canelo T, et al. 2020. DNA Barcoding and geographical scale effect: The problems of undersampling genetic diversity hotspots. Ecology and Evolution, 10 (19): 10754-10772.

Ge Y, He J Z, Zhu Y G, et al. 2008. Differences in soil bacterial diversity: driven by contemporary disturbances or historical contingencies?. The ISME Journal, 2 (3): 254-264.

Germain R M, Strauss S Y, Gilbert B. 2017. Experimental dispersal reveals characteristic scales of biodiversity in a natural landscape. Proceedings of the National Academy of Sciences of the United States of America, 114 (17): 4447-4452.

Giarla T C, Esselstyn J A. 2015. The challenges of resolving a rapid, recent radiation: empirical and simulated phylogenomics of philippine shrews. Systematic Biology, 64 (5): 727-740.

Gilbert G S, Webb C O. 2007. Phylogenetic signal in plant pathogen- host range. Proceedings of the National Academy of Sciences of the United States of America, 104 (12): 4979-4983.

Gillman L N, Wright S D. 2014. Species richness and evolutionary speed: the influence of temperature, water and area. Journal of Biogeography, 41 (1): 39-51.

Gillooly J F, Charnov E L, West G B, et al. 2002. Effects of size and temperature on developmental time. Nature, 417 (6884): 70-73.

Gillooly J F, Allen A P, West G B, et al. 2005. The rate of DNA evolution: effects of body size and temperature on the molecular clock. Proceedings of the National Academy of Sciences of the United States of America, 102 (1): 140-145.

Gleason H A. 1926. The individualistic concept of the plant association. Bulletin of the Torrey Botanical Club, 53 (1): 7.

Goho S, Bell G. 2000. Mild environmental stress elicits mutations affecting fitness in *Chlamydomonas*.

Proceedings Biological Sciences, 267 (1439): 123-129.

Gong W, Chen C, Dobeš C, et al. 2008. Phylogeography of a living fossil: Pleistocene glaciations forced *Ginkgo biloba* L. (Ginkgoaceae) into two refuge areas in China with limited subsequent postglacial expansion. Molecular Phylogenetics and Evolution, 48 (3): 1094-1105.

Gonzales E, Hamrick J L, Chang S M. 2008. Identification of glacial refugia in south-eastern North America by phylogeographical analyses of a forest understorey plant, Trillium cuneatum. Journal of Biogeography, 35: 844-852.

Goodwin S, McPherson J D, McCombie W R. 2016. Coming of age: ten years of next-generation sequencing technologies. Nature Reviews Genetics, 17 (6): 333-351.

Gould S B, Waller R F, McFadden G I. 2008. Plastid evolution. Annual Review of Plant Biology, 59: 491-517.

Gould S J. 1989. Wonderful Life: The Burgess Shale and the Nature of History. New York: W. W. Norton.

Gravel D, CanhamC D, Beaudet M, et al. 2006. Reconciling niche and neutrality: the continuum hypothesis. Ecology Letters, 9 (4): 399-409.

Green J L, Holmes A J, Westoby M, et al. 2004. Spatial scaling of microbial eukaryote diversity. Nature, 432 (7018): 747-750.

Griffin D W. 2007. Atmospheric movement of microorganisms in clouds of desert dust and implications for human health. Clinical Microbiology Reviews, 20 (3): 459-477.

Griffiths B S, Ritz K, Wheatley R, et al. 2001. An examination of the biodiversity-ecosystem function relationship in arable soil microbial communities. Soil Biology and Biochemistry, 33 (12/13): 1713-1722.

Gronau I, Hubisz M J, Gulko B, et al. 2011. Bayesian inference of ancient human demography from individual genome sequences. Nature Genetics, 43 (10): 1031-1034.

Gu X, Fu Y X, Li W H. 1995. Maximum likelihood estimation of the heterogeneity of substitution rate among nucleotide sites. Molecular Biology and Evolution, 12 (4): 546-557.

Guo J, Xu W B, Hu Y, et al. 2020. Phylotranscriptomics in Cucurbitaceae reveal multiple whole-genome duplications and key morphological and molecular innovations. Molecular Plant, 13 (8): 1117-1133.

Gusev A, Lowe J K, Stoffel M, et al. 2009. Whole population, genome-wide mapping of hidden relatedness. Genome Research, 19 (2): 318-326.

Gusev A, Palamara P F, Aponte G, et al. 2012. The architecture of long-range haplotypes shared within and across populations. Molecular Biology and Evolution, 29 (2): 473-486.

Gómez A, Lunt D H. 2007. Refugia within refugia: patterns of phylogeographic concordance in the Iberian Peninsula//Weiss S, Ferrand N. Phylogeography of Southern European Refugia. Dordrecht: Springer: 155-158.

Gügi B, Orange N, Hellio F, et al. 1991. Effect of growth temperature on several exported enzyme activities in the psychrotrophic bacterium *Pseudomonas fluorescens*. Journal of Bacteriology, 173 (12): 3814-3820.

Hahn M W, Hibbins M S. 2019. A three-sample test for introgression. Molecular Biology and Evolution, 36 (12): 2878-2882.

Haile J, Holdaway R, Oliver K, et al. 2007. Ancient DNA chronology within sediment deposits: are paleobiological reconstructions possible and is DNA leaching a factor?. Molecular Biology and Evolution, 24 (4): 982-989.

Haile J, Froese D G, MacPhee R D E, et al. 2009. Ancient DNA reveals late survival of mammoth and horse in interior Alaska. Proceedings of the National Academy of Sciences of the United States of America, 106 (52): 22352-22357.

Hall A R, Scanlan P D, Morgan A D, et al. 2011. Host-parasite coevolutionary arms races give way to fluctuating selection. Ecology Letters, 14 (7): 635-642.

Halligan D L, Keightley P D. 2009. Spontaneous mutation accumulation studies in evolutionary genetics. Annual Review of Ecology, Evolution, and Systematics, 40: 151-172.

Hansen A K, Moran N A. 2011. Aphid genome expression reveals host-symbiont cooperation in the production of amino acids. Proceedings of the National Academy of Sciences of the United States of America, 108 (7): 2849-2854.

Hanson C A, Fuhrman J A, Claire Horner-Devine M, et al. 2012. Beyond biogeographic patterns: processes shaping the microbial landscape. Nature Reviews Microbiology, 10 (7): 497-506.

Hao Y Q, Zhao X F, Zhang D Y. 2016. Field experimental evidence that stochastic processes predominate in the initial assembly of bacterial communities. Environmental Microbiology, 18 (6): 1730-1739.

Hardy N B, Otto S P. 2014. Specialization and generalization in the diversification of phytophagous insects: tests of the musical chairs and oscillation hypotheses. Proceedings Biological Sciences, 281 (1795): 20132960.

Hare M P, Nunney L, Schwartz M K, et al. 2011. Understanding and estimating effective population size for practical application in marine species management. Conservation Biology, 25 (3): 438-449.

Harper L R, Handley L L, Hahn C, et al. 2020. Generating and testing ecological hypotheses at the pondscape with environmental DNA metabarcoding: a case study on a threatened amphibian. Environmental DNA, 2 (2): 184-199.

Harpole W S, Tilman D. 2006. Non-neutral patterns of species abundance in grassland communities. Ecology Letters, 9 (1): 15-23.

Harpole W S, Tilman D. 2007. Grassland species loss resulting from reduced niche dimension. Nature, 446: 791-793.

Harris D J. 2003. Can you bank onGenBank?. Trends in Ecology & Evolution, 18: 317-319.

Harris K, Nielsen R. 2013. Inferring demographic history from a spectrum of shared haplotype lengths. PLoS Genetics, 9 (6): e1003521.

Harrison S P, Yu G, Takahara H, et al. 2001. Palaeovegetation. Diversity of temperate plants in east Asia. Nature, 413 (6852): 129-130.

Harrison S, Cornell H. 2008. Toward a better understanding of the regional causes of local community richness. Ecology Letters, 11 (9): 969-979.

He F L, Zhang D Y, Lin K. 2012. Coexistence of nearly neutral species. Journal of Plant Ecology, 5 (1):

72-81.

He X L, Liu L. 2016. Toward a prospective molecular evolution. Science, 352 (6287): 769-770.

Hebblewhite M, Miquelle D G, Murzin A A, et al. 2011. Predicting potential habitat and population size for reintroduction of the Far Eastern leopards in the Russian Far East. Biological Conservation, 144 (10): 2403-2413.

Hebert P D N, Cywinska A, Ball S L, et al. 2003. Biological identifications through DNA barcodes. Proceedings Biological Sciences, 270 (1512): 313-321.

Hehemann J H, Correc G, Barbeyron T, et al. 2010. Transfer of carbohydrate- active enzymes from marine bacteria to Japanese gut microbiota. Nature, 464: 908-912.

Heled J, Drummond A J. 2008. Bayesian inference of population size history from multiple loci. BMC Evolutionary Biology, 8: 289.

Heled J, Drummond A J. 2010. Bayesian inference of species trees from multilocus data. Molecular Biology and Evolution, 27 (3): 570-580.

Heller R, Chikhi L, Siegismund H R. 2013. The confounding effect of population structure on Bayesian skyline plot inferences of demographic history. PLoS One, 8 (5): e62992.

Hembry D H, Weber M G. 2020. Ecological interactions and macroevolution: a new field with old roots. Annual Review of Ecology, Evolution, and Systematics, 51: 215-243.

Henry P, Miquelle D, Sugimoto T, et al. 2009. *In situ* population structure and *ex situ* representation of the endangered Amur tiger. Molecular Ecology, 18 (15): 3173-3184.

Hernandez R D, Kelley J L, Elyashiv E, et al. 2011. Classic selective sweeps were rare in recent human evolution. Science, 331 (6019): 920-924.

Hewitt G. 2000. The genetic legacy of the Quaternary ice ages. Nature, 405 (6789): 907-913.

Hewitt G M. 2004. Genetic consequences of climatic oscillations in the quaternary. Philosophical Transactions of the Royal Society of London Series B, Biological Sciences, 359 (1442): 183-195.

Hewitt G M. 2011. Quaternary phylogeography: the roots of hybrid zones. Genetica, 139: 617-638.

Hey J, Chung Y, Sethuraman A, et al. 2018. Phylogeny estimation by integration over isolation with migration models. Molecular Biology and Evolution, 35 (11): 2805-2818.

Hey J. 2010. Isolation with migration models for more than two populations. Molecular Biology and Evolution, 27 (4): 905-920.

Hey J, Nielsen R. 2004. Multilocus methods for estimating population sizes, migration rates and divergence time, with applications to the divergence of *Drosophila pseudoobscura* and *D. persimilis*. Genetics, 167 (2): 747-760.

Hey J, Nielsen R. 2007. Integration within the Felsenstein equation for improved Markov chain Monte Carlo methods in population genetics. Proceedings of the National Academy of Sciences of the United States of America, 104: 2785-2790.

Hibbins M S, Hahn M W. 2022. Phylogenomic approaches to detecting and characterizing introgression. Genetics, 220 (2): iyab173.

Hickerson M J, Carstens B C, Cavender-Bares J, et al. 2010. Phylogeography's past, present, and future: 10 years after avise, 2000. Molecular Phylogenetics and Evolution, 54: 291-301.

Higgins D G, Sharp P M. 1988. CLUSTAL: a package for performing multiple sequence alignment on a microcomputer. Gene, 73 (1): 237-244.

Hill M, Legried B, Roch S. 2022. Species tree estimation under joint modeling of coalescence and duplication: sample complexity of quartet methods. The Annals of Applied Probability, 32 (6): 1050-5164.

Hills H G, Williams N H, Dodson C H. 1972. Floral fragrances and isolating mechanisms in the genus *Catasetum* (Orchidaceae). Biotropica, 4 (2): 61.

Hipperson H, Dunning L T, Baker W J, et al. 2016. Ecological speciation in sympatric palms: 2. Pre- and post-zygotic isolation. Journal of Evolutionary Biology, 29 (11): 2143-2156.

Hirao A S, Watanabe M, Tsuyuzaki S, et al. 2017. Genetic diversity within populations of an Arctic-alpine species declines with decreasing latitude across the Northern Hemisphere. Journal of Biogeography, 44 (12): 2740-2751.

Hirschfeld L, Hirschfeld H. 1919. Serological differences between the blood of different races. The Lancet, 194 (5016): 675-679.

Ho S Y W, Shapiro B. 2011. Skyline-plot methods for estimating demographic history from nucleotide sequences. Molecular Ecology Resources, 11 (3): 423-434.

Hochachka P W, Somero G N. 2002. Biochemical Adaptation: Mechanism and Process in Physiological Evolution. New York: Oxford University Press.

Hollingsworth P M, Graham S W, Little D P. 2011. Choosing and using a plant DNA barcode. PLoS One, 6 (5): e19254.

Hong D Y, Pan K Y, Yu H. 1998. Taxonomy of the *Paeonia delavayi* complex (Paeoniaceae). Annals of the Missouri Botanical Garden, 85 (4): 554-564.

Hong D Y, Pan K Y, Rao G Y. 2001. Cytogeography and taxonomy of the *Paeonia obovata* polyploid complex (Paeoniaceae). Plant Systematics and Evolution, 227 (3): 123-136.

Hopkins R. 2013. Reinforcement in plants. New phytologist, 197 (4): 1095-1103.

Horner-Devine M C, Lage M, Hughes J B, et al. 2004. A taxa-area relationship for bacteria. Nature, 432: 750.

Hosner P A, Faircloth B C, Glenn T C, et al. 2016. Avoiding missing data biases in phylogenomic inference: an empirical study in the landfowl (Aves: Galliformes). Molecular Biology and Evolution, 33 (4): 1110-1125.

Houle D, Hoffmaster D K, Assimacopoulos S, et al. 1992. The genomic mutation rate for fitness in *Drosophila*. Nature, 359 (6390): 58-60.

Howard D J. 1999. Conspecific sperm and pollen precedence and speciation. Annual Review of Ecology and Systematics, 30: 109-132.

Hu L J, Uchiyama K, Shen H L, et al. 2008. Nuclear DNA microsatellites reveal genetic variation but a lack of phylogeographical structure in an endangered species, *Fraxinus mandshurica*, across north-east China. Annals of Botany, 102: 195-205.

Hu X S, He F L, Hubbell S P. 2006. Neutral theory in macroecology and population genetics. Oikos, 113 (3): 548-556.

Hu Y H, Dang M, Feng X J, et al. 2017a. Genetic diversity and population structure in the narrow endemic Chinese walnut Juglans hopeiensis Hu: implications for conservation. Tree Genetics & Genomes, 13 (4): 91.

Hu Y H, Woeste K E, Zhao P. 2017b. Completion of the chloroplast genomes of five Chinese *Juglans* and their contribution to chloroplast phylogeny. Frontiers in Plant Science, 7: 1955.

Hu Y, Sanders J G, Łukasik P, et al. 2018. Herbivorous turtle ants obtain essential nutrients from a conserved nitrogen-recycling gut microbiome. Nature Communications, 9 (1): 964.

Huang G P, Wang X, Hu Y B, et al. 2021. Diet drives convergent evolution of gut microbiomes in bamboo-eating species. Science China Life Sciences, 64 (1): 88-95.

Hubbell S P. 1979. Tree dispersion, abundance, and diversity in a tropical dry forest. Science, 203 (4387): 1299-1309.

Hubbell S P. 2001. The Unified Neutral Theory of Biodiversity and Biogeography. Princeton: Princeton University Press.

Hubbell S P. 2006. Neutral theory and the evolution of ecological equivalence. Ecology, 87 (6): 1387-1398.

Hudson R R. 1983. Testing the constant-rate neutral allele model with protein sequence data. Evolution, 37 (1): 203-217.

Huerta-Cepas J, Capella-Gutiérrez S, Pryszcz L P, et al. 2014. PhylomeDB v4: zooming into the plurality of evolutionary histories of a genome. Nucleic Acids Research, 42: D897-D902.

Humphreys G, Fleck F. 2016. United Nations meeting on antimicrobial resistance. Bulletin of the World Health Organization, 94 (9): 638-639.

Hunter M E, Dorazio R M, Butterfield J S S, et al. 2017. Detection limits of quantitative and digital PCR assays and their influence in presence-absence surveys of environmental DNA. Molecular Ecology Resources, 17 (2): 221-229.

Huston M. 1979. A general hypothesis of species diversity. The American Naturalist, 113 (1): 81-101.

Hutchinson G E. 1959. Homage to santa *Rosalia* or why are there so many kinds of animals?. The American Naturalist, 93 (870): 145-159.

Höhna S, Landis M J, Heath T A, et al. 2016. RevBayes: Bayesian phylogenetic inference using graphical models and an interactive model-specification language. Systematic Biology, 65 (4): 726-736.

Hülsmann L, Chisholm R A, Hartig F. 2021. Is variation in conspecific negative density dependence driving tree diversity patterns at large scales?. Trends in Ecology & Evolution, 36 (2): 151-163.

Ishizaki S, Abe T, Ohara M. 2013. Mechanisms of reproductive isolation of interspecific hybridization between *Trillium camschatcense* and *T. tschonoskii* (Melanthiaceae). Plant Species Biology, 28 (3): 204-214.

Jablonski D. 2008. Biotic interactions and macroevolution: extensions and mismatches across scales and levels. E-volution; International Journal of Organic Evolution, 62 (4): 715-739.

Jablonski D, Roy K, Valentine J W. 2006. Out of the tropics: evolutionary dynamics of the latitudinal diversity gradient. Science, 314 (5796): 102-106.

Janz N. 2011. Ehrlich and raven revisited: mechanisms underlying codiversification of plants and enemies. Annual Review of Ecology, Evolution, and Systematics, 42: 71-89.

Janzen D H. 1970. Herbivores and the number of tree species in tropical forests. The American Naturalist, 104 (940): 501-528.

Jaramillo C, Rueda M J, Mora G. 2006. Cenozoic plant diversity in the neotropics. Science, 311 (5769): 1893-1896.

Jerde C L, Mahon A R, Chadderton W L, et al. 2011. "Sight-unseen" detection of rare aquatic species using environmental DNA. Conservation Letters, 4 (2): 150-157.

Jerde C L, Chadderton W L, Mahon A R, et al. 2013. Detection of Asian carp DNA as part of a Great Lakes basin-wide surveillance program. Canadian Journal of Fisheries and Aquatic Sciences, 70 (4): 522-526.

Jermy T. 1984. Evolution of insect/host plant relationships. The American Naturalist, 124 (5): 609-630.

Jhala Y, Gopal R, Mathur V, et al. 2021. Recovery of tigers in India: critical introspection and potential lessons. People and Nature, 3 (2): 281-293.

Jia F Z, Lo N, Ho S Y W. 2014. The impact of modelling rate heterogeneity among sites on phylogenetic estimates of intraspecific evolutionary rates and timescales. PLoS One, 9 (5): e95722.

Jiang G S, Wang G M, Holyoak M, et al. 2017. Land sharing and land sparing reveal social and ecological synergy in big cat conservation. Biological Conservation, 211: 142-149.

Jiao X Y, Flouri T, Rannala B, et al. 2020. The impact of cross-species gene flow on species tree estimation. Systematic Biology, 69 (5): 830-847.

Jiao X Y, Flouri T, Yang Z H. 2021. Multispecies coalescent and its applications to infer species phylogenies and cross-species gene flow. National Science Review, 8 (12): nwab127.

Johnson M D, Cox R D, Barnes M A. 2019. Analyzing airborne environmental DNA: a comparison of extraction methods, primer type, and trap type on the ability to detect airborne eDNA from terrestrial plant communities. Environmental DNA, 1 (2): 176-185.

Jones D T, Taylor W R, Thornton J M. 1992. The rapid generation of mutation data matrices from protein sequences. Bioinformatics, 8 (3): 275-282.

Jorns T, Craine J, Towne E G, et al. 2020. Climate structures *Bison* dietary quality and composition at the continental scale. Environmental DNA, 2 (1): 77-90.

Joyce P, Marjoram P. 2008. Approximately sufficient statistics and Bayesian computation. Statistical Applications in Genetics and Molecular Biology, 7 (1): Article26.

Jukes T H, Cantor C R. 1969. Evolution of protein molecules. MammalianProtein Metabolism, 3: 21-132.

Jung H, Marjoram P. 2011. Choice of summary statistic weights in approximate Bayesian computation. Statistical Applications in Genetics and Molecular Biology, 10 (1): 45.

Kainer D, Lanfear R. 2015. The effects of partitioning on phylogenetic inference. Molecular Biology and Evolution, 32 (6): 1611-1627.

Kapli P, Yang Z H, Telford M J. 2020. Phylogenetic tree building in the genomic age. Nature Reviews Genetics, 21 (7): 428-444.

Kartzinel T R, Chen P A, Coverdale T C. et al, 2015. DNA metabarcoding illuminates dietary niche partitioning by African large herbivores. Proceedings of the National Academy of Sciences of the United States of America, 112 (26): 8019-8024.

Kartzinel T R, Hsing J C, Musili P M, et al. 2019. Covariation of diet and gut microbiome in African megafauna. Proceedings of the National Academy of Sciences of the United States of America, 116 (47): 23588-23593.

Katakura H, Hosogai T. 1994. Performance of hybrid ladybird beetles (*Epilachna* spp.) on the host plants of parental species. Entomologia Experimentalis et Applicata, 71 (1): 81-85.

Katoh K, Kuma K I, Toh H, et al. 2005. MAFFT version 5: improvement in accuracy of multiple sequence alignment. Nucleic Acids Research, 33 (2): 511-518.

Kawecki T J, Lenski R E, Ebert D, et al. 2012. Experimental evolution. Trends in Ecology & Evolution, 27 (10): 547-560.

Kawecki T J. 1997. Sympatric speciation *via* habitat specialization driven by deleterious mutations. Evolution, 51 (6): 1751-1763.

Kelt D A, Heske E J, Lambin X, et al. 2019. Advances in population ecology and species interactions in mammals. Journal of Mammalogy, 100 (3): 965-1007.

King R A, Read D S, Traugott M, et al. 2008. Molecular analysis of predation: a review of best practice for DNA-based approaches. Molecular Ecology, 17 (4): 947-963.

Kingman J F C. 1982a. The coalescent. Journal of Applied Probability, 13: 235-248.

Kingman J F C. 1982b. On the genealogy of large populations. Journal of Applied Probability, 19: 27-43.

Kisel Y, McInnes L, Toomey N H, et al. 2011. How diversification rates and diversity limits combine to create large-scale species-area relationships. Philosophical Transactions of the Royal Society of London Series B, Biological Sciences, 366 (1577): 2514-2525.

Knowles L L. 2009. Statistical phylogeography. Annual Review of Ecology, Evolution, and Systematics, 40: 593-612.

Knowles L L, Maddison W P. 2002. Statistical phylogeography. Molecular Ecology, 11 (12): 2623-2635.

Knowlton N, Weigt L A, Solórzano L A, et al. 1993. Divergence in proteins, mitochondrial DNA, and reproductive compatibility across the isthmus of *Panama*. Science, 260 (5114): 1629-1632.

Koenig J E, Spor A, Scalfone N, et al. 2011. Succession of microbial consortia in the developing infant gut microbiome. Proceedings of the National Academy of Sciences of the United States of America, 108: 4578-4585.

Kondrashov F A, Kondrashov A S. 2010. Measurements of spontaneous rates of mutations in the recent past and the near future. Philosophical Transactions of the Royal Society of London Series B, Biological Sciences, 365 (1544): 1169-1176.

Kong S, Kubatko L S. 2021. Comparative performance of popular methods for hybrid detection using genomic data. Systematic Biology, 70 (5): 891-907.

Korneliussen T S, Albrechtsen A, Nielsen R. 2014. ANGSD: analysis of next generation sequencing data. BMC Bioinformatics, 15 (1): 356.

Kozlov A M, Darriba D, Flouri T, et al. 2019. RAxML-NG: a fast, scalable and user-friendly tool for maximum likelihood phylogenetic inference. Bioinformatics, 35 (21): 4453-4455.

Kreft H, Jetz W. 2007. Global patterns and determinants of vascular plant diversity. Proceedings of the National Academy of Sciences of the United States of America, 104 (14): 5925-5930.

Kudoh A, Minamoto T, Yamamoto S. 2020. Detection of herbivory: eDNA detection from feeding marks on leaves. Environmental DNA, 2 (4): 627-634.

Lack D. 1947. Darwin's Finches. Cambridge: Cambridge University Press.

Lamichhaney S, Han F, Webster M T, et al. 2018. Rapid hybrid speciation in Darwin's finches. Science, 359 (6372): 224-228.

Lammers Y, Kremer D, Brakefield P M, et al. 2013. SNP genotyping for detecting the 'rare allele phenomenon' in hybrid zones. Molecular Ecology Resources, 13 (2): 237-242.

Lanan M C, Rodrigues P A, Agellon A, et al. 2016. A bacterial filter protects and structures the gut microbiome of an insect. The ISME Journal, 10: 1866-1876.

Lanfear R, Thomas J A, Welch J J, et al. 2007. Metabolic rate does not calibrate the molecular clock. Proceedings of the National Academy of Sciences of the United States of America, 104 (39): 15388-15393.

Langenheder S, Székely A J. 2011. Species sorting and neutral processes are both important during the initial assembly of bacterial communities. The ISME Journal, 5 (7): 1086-1094.

Larget B R, Kotha S K, Dewey C N, et al. 2010. BUCKy: gene tree/species tree reconciliation with Bayesian concordance analysis. Bioinformatics, 26 (22): 2910-2911.

Lartillot N, Rodrigue N, Stubbs D, et al. 2013. PhyloBayes MPI: phylogenetic reconstruction with infinite mixtures of profiles in a parallel environment. Systematic Biology, 62 (4): 611-615.

LawtonJ H. 1999. Are there general laws in ecology?. Oikos, 84 (2): 177.

Le S Q, Gascuel O. 2008. An improved general amino acid replacement matrix. Molecular Biology and Evolution, 25 (7): 1307-1320.

Leaché A D, Harris R B, Rannala B, et al. 2014. The influence of gene flow on species tree estimation: a simulation study. Systematic Biology, 63 (1): 17-30.

Leblois R, Pudlo P, Néron J, et al. 2014. Maximum-likelihood inference of population size contractions from microsatellite data. Molecular Biology and Evolution, 31 (10): 2805-2823.

Lechner M, Hernandez-Rosales M, Doerr D, et al. 2014. Orthology detection combining clustering and synteny for very large datasets. PLoS One, 9 (8): e105015.

Lee Y K, Mazmanian S K. 2010. Has the microbiota played a critical role in the evolution of the adaptive immune system?. Science, 330: 1768-1773.

Legried B, Molloy E K, Warnow T, et al. 2021. Polynomial-time statistical estimation of species trees under gene duplication and loss. Journal of Computational Biology, 28 (5): 452-468.

Lei M, Wang Q, Wu Z J, et al. 2012. Molecular phylogeography of *Fagus engleriana* (Fagaceae) in subtropical China: limited admixture among multiple refugia. Tree Genetics & Genomes, 8: 1203-1212.

Leibold M A, Chase J M. 2018. Metacommunity Ecology. Princeton: Princeton University Press.

Lenski R E, Ofria C, Pennock R T, et al. 2003. The evolutionary origin of complex features. Nature, 423 (6936): 139-144.

Levin B R, Perrot V, Walker N. 2000. Compensatory mutations, antibiotic resistance and the population genetics of adaptive evolution in bacteria. Genetics, 154 (3): 985-997.

LevineJ M, Bascompte J, Adler P B, et al. 2017. Beyond pairwise mechanisms of species coexistence in complex communities. Nature, 546 (7656): 56-64.

Lewin H A, Robinson G E, Kress W J, et al. 2018. EarthbioGenome project: sequencing life for the future of life. Proceedings of the National Academy of Sciences of the United States of America, 115: 4325-4333.

Lexer C, Mangili S, Bossolini E, et al. 2013. 'next generation' biogeography: towards understanding the drivers of species diversification and persistence. Journal of Biogeography, 40 (6): 1013-1022.

Ley R E, Hamady M, Lozupone C, et al. 2008. Evolution of mammals and their gut microbes. Science, 320 (5883): 1647-1651.

Li H, Durbin R. 2011. Inference of human population history from individual whole-genome sequences. Nature, 475 (7357): 493-496.

Li L, Stoeckert C J, Jr, Roos D S. 2003. OrthoMCL: identification of ortholog groups for eukaryotic genomes. Genome Research, 13 (9): 2178-2189.

Li Q Y, Scornavacca C, Galtier N, et al. 2021. The multilocus multispecies coalescent: a flexible new model of gene family evolution. Systematic Biology, 70 (4): 822-837.

Li S, Hou Z Y, Ge J P, et al. 2022. Assessing the effects of large herbivores on the three-dimensional structure of temperate forests using terrestrial laser scanning. Forest Ecology and Management, 507: 119985.

Li X M, She D Y, Zhang D Y, et al. 2015a. Life history trait differentiation and local adaptation in invasive populations of *Ambrosia artemisiifolia* in China. Oecologia, 177 (3): 669-677.

Li X M, Zhang D Y, Liao W J. 2015b. The rhythmic expression of genes controlling flowering time in southern and northern populations of invasive *Ambrosia artemisiifolia*. Journal of Plant Ecology, 8 (2): 207-212.

Li X W, Yang Y, Henry R J, et al. 2015c. Plant DNA barcoding: from gene to genome. Biological Reviews, 90 (1): 157-166.

Li Y, Stocks M, Hemmilä S, et al. 2010. Demographic histories of four spruce (*Picea*) species of the Qinghai-Tibetan Plateau and neighboring areas inferred from multiple nuclear loci. Molecular Biology and Evolution, 27 (5): 1001-1014.

Li Z L, Wang T M, Smith J L D, et al. 2019. Coexistence of two sympatric flagship carnivores in the human-dominated forest landscapes of Northeast Asia. Landscape Ecology, 34 (2): 291-305.

Liang G. 2007. Is it possible to create life in computer?: book review of《 Digital Genesis-The New Science of Artificial Life》. Studies in Dialectics of Nature, 1: 44-48.

Liao W J, Harder L D. 2014. Consequences of multiple inflorescences and clonality for pollinator behavior and plant mating. The American Naturalist, 184 (5): 580-592.

Liao W J, Yuan Y M, Zhang D Y. 2007. Biogeography and evolution of flower color in *Veratrum* (Melanthiaceae) through inference of a phylogeny based on multiple DNA markers. Plant Systematics and Evolution, 267 (1): 177-190.

Liao W J, Zhu B R, Li Y F, et al. 2019. A comparison of reproductive isolation between two closely related oak species in zones of recent and ancient secondary contact. BMC Evolutionary Biology, 19 (1): 70.

Lin K, Zhang D Y, He F L. 2009. Demographic trade-offs in a neutral model explain death-rate-abundance-rank relationship. Ecology, 90 (1): 31-38.

Lin M X, Zhang S, Yao M. 2019. Effective detection of environmental DNA from the invasive American bullfrog. Biological Invasions, 21 (7): 2255-2268.

Lindgren D. 1972. The temperature influence on the spontaneous mutation rate. Hereditas, 70 (2): 165-177.

Linnaeus C. 1753. Species Plantarum. Stockholm: Laurentius Salvius.

Liu B B, Abbott R J, Lu Z Q, et al. 2014. Diploid hybrid origin of *Ostryopsis intermedia* (Betulaceae) in the Qinghai-Tibet Plateau triggered by Quaternary climate change. Molecular Ecology, 23 (12): 3013-3027.

Liu L, Yu L L. 2011. Estimating species trees from unrooted gene trees. Systematic Biology, 60 (5): 661-667.

Liu L, Yu L L, Pearl D K, et al. 2009. Estimating species phylogenies using coalescence times among sequences. Systematic Biology, 58 (5): 468-477.

Liu L, Yu L L, Edwards S V. 2010. A maximum pseudo-likelihood approach for estimating species trees under the coalescent model. BMC Evolutionary Biology, 10: 302.

Liu S P, Lorenzen E D, Fumagalli M, et al. 2014. Population genomics reveal recent speciation and rapid evolutionary adaptation in polar bears. Cell, 157 (4): 785-794.

Liu X M, Fu Y X. 2015. Exploring population size changes using SNP frequency spectra. Nature Genetics, 47 (5): 555-559.

Liu X M, Fu Y X. 2020. Stairway plot 2: demographic history inference with folded SNP frequency spectra. Genome Biology, 21 (1): 280.

Lodish H, Berk A, Kaiser M, et al. 2008. Molecular Cell Biology. New York: W. H. Freeman.

Lohmueller K E, Albrechtsen A, Li Y R, et al. 2011. Natural selection affects multiple aspects of genetic variation at putatively neutral sites across the human genome. PLoS Genetics, 7 (10): e1002326.

Long C, Kubatko L. 2018. The effect of gene flow on coalescent- based species- tree inference. Systematic Biology, 67 (5): 770-785.

Long Y M, Zhao L F, Niu B X, et al. 2008. Hybrid male sterility in rice controlled by interaction between divergent alleles of two adjacent genes. Proceedings of the National Academy of Sciences of the United States of America, 105 (48): 18871-18876.

Lopes J S, Balding D, Beaumont M A. 2009. PopABC: a program to infer historical demographic parameters. Bioinformatics, 25 (20): 2747-2749.

Lovette I J, Bermingham E. 1999. Explosive speciation in the new world *Dendroica* warblers. Proceedings of the Royal Society of London Series B: Biological Sciences, 266 (1429): 1629-1636.

Lukhtanov V A, Sourakov A, Zakharov E V, et al. 2009. DNA barcoding central Asian butterflies: increasing geographical dimension does not significantly reduce the success of species identification. Molecular Ecology Resources, 9 (5): 1302-1310.

Luo S J, Kim J H, Johnson W E, et al. 2004. Phylogeography and genetic ancestry of tigers (*Panthera tigris*). PLoS Biology, 2 (12): e442.

Lynch M, Bürger R, Butcher D, et al. 1993. The mutational meltdown in asexual populations. Journal of Heredity, 84 (5): 339-344.

Lynggaard C, Nielsen M, Santos- Bay L, et al. 2019. Vertebrate diversity revealed by metabarcoding of bulk arthropod samples from tropical forests. Environmental DNA, 1 (4): 329-341.

Ma Y, Jin L, Zhang X, et al. 2014. Study on phenology observations and pollen characteristics of different*Juglans hopeiensis* Hu cultivars (In Chinese). Northern Horticulture, 15: 17-21.

MacArthur R H, Wilson E O. 1967. The Theory of Island Biogeography. REV-Revised. Princeton: Princeton University Press.

Macarthur R H. 1965. Patterns of species diversity. Biological Reviews, 40: 510-533.

MacArthur R H. 1972. Geographical Ecology. New York: Harper & Row.

MacArthur R, Levins R. 1967. The limiting similarity, convergence, and divergence of coexisting species. The American Naturalist, 101 (921): 377-385.

MacArthur R H. 1958. Population ecology of some warblers of northeastern coniferous forests. Ecology, 39 (4): 599-619.

Machac A, Zrzavý J, Storch D. 2011. Range size heritability in Carnivora is driven by geographic constraints. The American Naturalist, 177 (6): 767-779.

MacLean R C, Bell G. 2002. Experimental adaptive radiation in *Pseudomonas*. The American Naturalist, 160 (5): 569-581.

Maddison W P. 1997. Gene trees in species trees. Systematic Biology, 46 (3): 523-536.

Maisnier-Patin S, Andersson D I. 2004. Adaptation to the deleterious effects of antimicrobial drug resistance mutations by compensatory evolution. Research in Microbiology, 155 (5): 360-369.

Malinsky M, Matschiner M, Svardal H. 2021. Dsuite - Fast D-statistics and related admixture evidence from VCF files. Molecular Ecology Resources, 21 (2): 584-595.

Mallet J. 2005. Hybridization as an invasion of the genome. Trends in Ecology & Evolution, 20 (5): 229-237.

Mallet J. 2007. Hybrid speciation. Nature, 446 (7133): 279-283.

Mallet J. 2008. Hybridization, ecological races and the nature of species: empirical evidence for the ease of speciation. Philosophical Transactions of the Royal Society of London Series B, Biological Sciences, 363 (1506): 2971-2986.

Mallet J, Beltrán M, Neukirchen W, et al. 2007. Natural hybridization in heliconiine butterflies: the species boundary as a continuum. BMC Evolutionary Biology, 7: 28.

Mallet J, Besansky N, Hahn M W. 2016. How reticulated are species?. BioEssays, 38 (2): 140-149.

Mangan S A, Schnitzer S A, Herre E A, et al. 2010. Negative plant-soil feedback predicts tree-species relative abundance in a tropical forest. Nature, 466 (7307): 752-755.

Marandel F, Lorance P, Berthelé O, et al. 2019. Estimating effective population size of large marine populations, is it feasible?. Fish and Fisheries, 20 (1): 189-198.

Margulis L. 1991. Symbiogenesis and symbionticism//Margulis L, Fester R. Symbiosis as a Source of Evolutionary Innovation: Speciation and Morphogenesis. Cambridge: MIT Press: 1-14.

Markin A, Eulenstein O. 2020. Quartet-based inference methods are statistically consistent under the unified duplication-loss-coalescence model. https://doi.org/10.48550/arXiv.2004.04299[2024-12-24].

Martellini A, Payment P, Villemur R. 2005. Use of eukaryotic mitochondrial DNA to differentiate human, bovine, porcine and ovine sources in fecally contaminated surface water. Water Research, 39 (4): 541-548.

Martin A P, Palumbi S R. 1993. Body size, metabolic rate, generation time, and the molecular clock. Proceedings of the National Academy of Sciences of the United States of America, 90 (9): 4087-4091.

Martin P R, McKay J K. 2004. Latitudinal variation in genetic divergence of populations and the potential for future speciation. Evolution, 58 (5): 938-945.

Martiny J B, Bohannan B J M, Brown J H, et al. 2006. Microbial biogeography: putting microorganisms on the map. Nature Reviews Microbiology, 4 (2): 102-112.

Masri L, Branca A, Sheppard A E, et al. 2015. Host-pathogen coevolution: the selective advantage of *Bacillus thuringiensis* virulence and its cry toxin genes. PLoS Biology, 13 (6): e1002169.

Mather N, Traves S M, Ho S Y W. 2020. A practical introduction to sequentially Markovian coalescent methods for estimating demographic history from genomic data. Ecology and Evolution, 10 (1): 579-589.

Matisoo-Smith E, Roberts K, Welikala N, et al. 2008. Recovery of DNA and pollen from New Zealand lake sediments. Quaternary International, 184 (1): 139-149.

May R M. 1977. Thresholds and breakpoints in ecosystems with a multiplicity of stable states. Nature, 269 (5628): 471-477.

MayfieldM M, Levine J M. 2010. Opposing effects of competitive exclusion on the phylogenetic structure of communities. Ecology Letters, 13 (9): 1085-1093.

Mayr E. 1942. Systematics and the Origin of Species from the Viewpoint of a Zoologist. New York: Columbia University Press.

Mayr E. 1999. Systematics and the Origin of Species, from the Viewpoint of a Zoologist. Cambridge: Harvard University Press.

Mayrose I, Friedman N, Pupko T. 2005. A gamma mixture model better accounts for among site rate heterogeneity. Bioinformatics, 21: ii151-ii158.

Mazet O, Rodríguez W, Grusea S, et al. 2016. On the importance of being structured: instantaneous coalescence rates and human evolution: lessons for ancestral population size inference?. Heredity, 116 (4): 362-371.

McCormack J E, Faircloth B C. 2013. Next-generation phylogenetics takes root. Molecular Ecology, 22: 19-21.

McCormack J E, Hird S M, Zellmer A J, et al. 2013. Applications of next- generation sequencing to phylogeography and phylogenetics. Molecular Phylogenetics and Evolution, 66: 526-538.

McFall-Ngai M, Heath-Heckman E A, Gillette AA, et al. 2012. The secret languages of coevolved symbioses: insights from the *Euprymna scolopes-Vibrio fischeri* symbiosis. Seminars in Immunology, 24: 3-8.

McGill B J. 2010. Towards a unification of unified theories of biodiversity: towards a unified unified theory. Ecology Letters, 13: 627-642.

McLaren M R, Willis A D, Callahan B J. 2019. Consistent and correctable bias in metagenomic sequencing experiments. ELife, 8: e46923.

Melnyk A H, Wong A, Kassen R. 2015. The fitness costs of antibiotic resistance mutations. Evolutionary Applications, 8 (3): 273-283.

Meng L H, Yang R, Abbott R J, et al. 2007. Mitochondrial and chloroplast phylogeography of *Picea crassifolia* Kom. (Pinaceae) in the Qinghai-Tibetan Plateau and adjacent Highlands. Molecular Ecology, 16 (19): 4128-4137.

Meyer C P, Paulay G. 2005. DNA barcoding: error rates based on comprehensive sampling. PLoS Biology, 3 (12): e422.

Meyer J R, Kassen R. 2007. The effects of competition and predation on diversification in a model adaptive radiation. Nature, 446 (7134): 432-435.

Millien-Parra V, Jaeger J J. 1999. Island biogeography of the Japanese terrestrial mammal assemblages: an example of a relict fauna. Journal of Biogeography, 26 (5): 959-972.

Milne R I, Abbott R J. 2002. The origin and evolution of tertiary relict floras. Advances in Botanical Research 38: 281-314.

Minh B Q, Schmidt H A, Chernomor O, et al. 2020. IQ-TREE 2: new models and efficient methods for phylogenetic inference in the genomic era. Molecular Biology and Evolution, 37 (5): 1530-1534.

Miquelle D G, Goodrich J M, Kerley LL, et al. 2010a. Science-based conservation of Amur tigers in the Russian Far East and Northeast China//Tilson R, Nyhus P J. Tiger of the World: the Science, Politics, and Conservation of *Panthera tigris*. 2nd ed. Oxford: Elsevier Limited: 403-423.

Miquelle D G, Goodrich J M, Smirnov E N, et al. 2010b. The Amur Tiger: a Case Study of Living on the Edge. Biology and Conservation of Wild Felids. Oxford: Oxford University Press: 325-339.

Miralles L, Dopico E, Devlo-Delva F, et al. 2016. Controlling populations of invasive pygmy mussel (*Xenostrobus securis*) through citizen science and environmental DNA. Marine Pollution Bulletin, 110 (1): 127-132.

Mirarab S, Warnow T. 2015. ASTRAL-Ⅱ coalescent-based species tree estimation with many hundreds of taxa and thousands of genes. Bioinformatics, 31 (12): i44-i52.

Mirarab S, Reaz R, Bayzid M S, et al. 2014. ASTRAL: genome-scale coalescent-based species tree estimation. Bioinformatics, 30 (17): i541-i548.

Mirarab S, Bayzid M S, Warnow T. 2016. Evaluating summary methods for multilocus species tree estimation in the presence of incomplete lineage sorting. Systematic Biology, 65 (3): 366-380.

Molloy E K, Warnow T. 2018. To include or not to include: the impact of gene filtering on species tree estimation methods. Systematic Biology, 67 (2): 285-303.

Monachese M, Burton J P, Reid G. 2012. Bioremediation and tolerance of humans to heavy metals through microbial processes: a potential role for probiotics?. Applied and Environmental Microbiology, 78: 6397-6404.

Monterroso P, Godinho R, Oliveira T, et al. 2019. Feeding ecological knowledge: the underutilised power of faecal DNA approaches for carnivore diet analysis. Mammal Review, 49 (2): 97-112.

Moran N A, Jarvik T. 2010. Lateral transfer of genes from fungi underlies carotenoid production in aphids. Science, 328: 624-627.

Morris S C. 2003. Life's Solution: Inevitable Humans in a Lonely Universe. Cambridge: Cambridge University Press.

Morueta- Holme N, Enquist B J, McGill B J, et al. 2013. Habitat area and climate stability determine geographical variation in plant species range sizes. Ecology Letters, 16 (12): 1446-1454.

Mougi A, Kondoh M. 2012. Diversity of interaction types and ecological community stability. Science, 337 (6092): 349-351.

Moyle L C, Olson M S, Tiffin P. 2004. Patterns of reproductive isolation in three angiosperm Genera. Evolution, 58 (6): 1195-1208.

Mu X L, Wang N F, Li X, et al. 2016. The effect of colistin resistance- associated mutations on the fitness of *Acinetobacter baumannii*. Frontiers in Microbiology, 7: 1715.

Mu Y, Xi R, Lv Z. 1990. Microsporogenesis observation and karyotype analysis of some species in genus *Juglans* L. (In Chinese). Journal of Wuhan Botanical Research, 8: 301-310.

Muegge B D, Kuczynski J, Knights D, et al. 2011. Diet drives convergence in gut microbiome functions across mammalian phylogeny and within humans. Science, 332 (6032): 970-974.

Murray G G R, Soares A E R, Novak B J, et al. 2017. Natural selection shaped the rise and fall of passenger pigeon genomic diversity. Science, 358 (6365): 951-954.

Myers J A, Harms K E. 2009. Seed arrival, ecological filters, and plant species richness: a meta- analysis. Ecology Letters, 12 (11): 1250-1260.

Müller N F, Ogilvie H A, Zhang C, et al. 2021. Joint inference of species histories and gene flow. bioRxiv: 348391.

Nadachowska- Brzyska K, Burri R, Smeds L, et al. 2016. PSMC analysis of effective population sizes in molecular ecology and its application to black- and- white *Ficedula* flycatchers. Molecular Ecology, 25 (5): 1058-1072.

Nadachowska- Brzyska K, Konczal M, Babik W. 2022. Navigating the temporal continuum of effective population size. Methods in Ecology and Evolution, 13 (1): 22-41.

Nakahama N, Furuta T, Ando H, et al. 2021. DNA meta- barcoding revealed that Sika Deer foraging strategies vary with season in a forest with degraded understory vegetation. Forest Ecology and Management, 484: 118637.

Navascués M, Leblois R, Burgarella C. 2017. Demographic inference through approximate- Bayesian- computation skyline plots. PeerJ, 5: e3530.

Nei M. 1976. Mathematical Models of Speciation and Genetic Distance. New York: Academic Press.

Nei M. 2013. Mutation-Driven Evolution. Oxford: Oxford University Press.

Nei M, Nozawa M. 2011. Roles of mutation and selection in speciation: from Hugo de vries to the modern genomic era. Genome Biology and Evolution, 3: 812-829.

Nelson G C, Bennett E, Berhe AA, et al. 2006. Anthropogenic drivers of ecosystem change: an overview. Ecology and Society, 11 (2): art29.

Nemergut D R, Schmidt S K, Fukami T, et al. 2013. Patterns and processes of microbial community assembly. Microbiology and Molecular Biology Reviews, 77 (3): 342-356.

Nesnidal M P, Helmkampf M, Bruchhaus I, et al. 2010. Compositional heterogeneity and phylogenomic inference of metazoan relationships. Molecular Biology and Evolution, 27 (9): 2095-2104.

Nichols R. 2001. Gene trees and species trees are not the same. Trends in Ecology & Evolution, 16 (7): 358-364.

Nielsen R, Beaumont M A. 2009. Statistical inferences in phylogeography. Molecular Ecology, 18: 1034-1047.

Nielsen R, Hubisz M J, Hellmann I, et al. 2009. Darwinian and demographic forces affecting human protein coding genes. Genome Research, 19 (5): 838-849.

Nielsen R, Korneliussen T, Albrechtsen A, et al. 2012. SNP calling, genotype calling, and sample allele frequency estimation from New-Generation Sequencing data. PLoS One, 7 (7): e37558.

Nikoh N, Tanaka K, Shibata F, et al. 2008. *Wolbachia* genome integrated in an insect chromosome: evolution and fate of laterally transferred endosymbiont genes. Genome Research, 18: 272-280.

Nikolic N, Chevalet C. 2014. Detecting past changes of effective population size. Evolutionary Applications, 7 (6): 663-681.

Notredame C, Higgins D G, Heringa J. 2000. T-Coffee: a novel method for fast and accurate multiple sequence alignment. Journal of Molecular Biology, 302 (1): 205-217.

Novick A, Szilard L. 1950. Experiments with the Chemostat on spontaneous mutations of bacteria. Proceedings of the National Academy of Sciences of the United States of America, 36 (12): 708-719.

Novák A, Miklós I, Lyngsø R, et al. 2008. StatAlign: an extendable software package for joint Bayesian estimation of alignments and evolutionary trees. Bioinformatics, 24 (20): 2403-2404.

Nuismer S L, Harmon L J. 2015. Predicting rates of interspecific interaction from phylogenetic trees. Ecology Letters, 18 (1): 17-27.

Nunes M A, Balding D J. 2010. On optimal selection of summary statistics for approximate Bayesian computation. Statistical Applications in Genetics and Molecular Biology, 9: Article34.

Ogilvie H A, Bouckaert R R, Drummond A J. 2017. StarBEAST2 brings faster species tree inference and accurate estimates of substitution rates. Molecular Biology and Evolution, 34 (8): 2101-2114.

Oka H I. 1957. Genic analysis for the sterility of hybrids between distantly related varieties of cultivated rice. Journal of Genetics, 55 (3): 397-409.

Oka H. 1953. The mechanism of sterility in the intervarietal hybrid. Phylogenetic Differentiation of the cultivated rice plant. VI. Japanese Journal of Breeding, 2 (4): 217-224.

Olave M, Meyer A. 2020. Implementing large genomic single nucleotide polymorphism data sets in phylogenetic network reconstructions: a case study of particularly rapid radiations of cichlid fish. Systematic Biology, 69 (5): 848-862.

Oldroyd G E, Murray J D, Poole P S, et al. 2011. The rules of engagement in the legume-rhizobial symbiosis. Annual Review of Genetics, 45: 119-144.

Oliver K M, Russell J A, Moran N A, et al. 2003. Facultative bacterial symbionts in aphids confer resistance to parasitic wasps. Proceedings of the National Academy of Sciences of the United States of America, 100: 1803-1807.

Olsen G J, Lane D J, Giovannoni S J, et al. 1986. Microbial ecology and evolution: a ribosomal RNA approach. Annual Review of Microbiology, 40: 337-365.

Oppold A M, Pedrosa J A M, Bálint M, et al. 2016. Support for the evolutionary speed hypothesis from intraspecific population genetic data in the non-biting midge *Chironomus riparius*. Proceedings Biological Sciences, 283 (1825): 20152413.

Overbeek R, Fonstein M, D' Souza M, et al. 1999. The use of gene clusters to infer functional coupling. Proceedings of the National Academy of Sciences of the United States of America, 96 (6): 2896-2901.

O' Connell A F, Nichols J D, Karanth K U. 2010. Camera Traps in Animal Ecology: Methods and Analyses. Berlin: Springer Science & Business Media.

O' Malley M A. 2008. 'Everything is everywhere: but the environment selects': ubiquitous distribution and ecological determinism in microbial biogeography. Studies in History and Philosophy of Biological and Biomedical Sciences, 39 (3): 314-325.

Paaijmans K P, Read A F, Thomas M B. 2009. Understanding the link between malaria risk and climate. Proceedings of the National Academy of Sciences of the United States of America, 106 (33): 13844-13849.

Padfield D, Castledine M, Buckling A. 2020. Temperature-dependent changes to host-parasite interactions alter the thermal performance of a bacterial host. The ISME Journal, 14 (2): 389-398.

Pal C, Maciá M D, Oliver A, et al. 2007. Coevolution with viruses drives the evolution of bacterial mutation rates. Nature, 450 (7172): 1079-1081.

Pal S, Gregory-Eaves I, Pick F R. 2015. Temporal trends in cyanobacteria revealed through DNA and pigment analyses of temperate lake sediment cores. Journal of Paleolimnology, 54 (1): 87-101.

Palamara P F, Lencz T, Darvasi A, et al. 2012. Length distributions of identity by descent reveal fine-scale demographic history. The American Journal of Human Genetics, 91 (6): 1150.

Palmer M W. 1994. Variation in species richness: Towards a unification of hypotheses. Folia Geobotanica et Phytotaxonomica, 29 (4): 511-530.

Pang X X, Zhang D Y. 2023. Impact of ghost introgression on coalescent-based species tree inference and estimation of divergence time. Systematic Biology, 72 (1): 35-49.

Papke R T, Ramsing N B, Bateson M M, et al. 2003. Geographical isolation in hot spring cyanobacteria. Environmental Microbiology, 5 (8): 650-659.

Pargellis A N. 2001. Digital life behavior in the *Amoeba* world. Artificial Life, 7 (1): 63-75.

Parmesan C, Yohe G. 2003. A globally coherent fingerprint of climate change impacts across natural systems. Nature, 421 (6918): 37-42.

Pascua L L, Hall A R, Best A, et al. 2014. Higher resources decrease fluctuating selection during host-parasite coevolution. Ecology Letters, 17 (11): 1380-1388.

Pashalidou F G, Lambert H, Peybernes T, et al. 2020. Bumble bees damage plant leaves and accelerate flower production when pollen is scarce. Science, 368 (6493): 881-884.

Paterson S, Vogwill T, Buckling A, et al. 2010. Antagonistic coevolution accelerates molecular evolution. Nature, 464 (7286): 275-278.

Patterson N, Moorjani P, Luo Y, et al. 2012. Ancient admixture in human history. Genetics, 192 (3): 1065-1093.

Patton A H, Margres M J, Stahlke A R, et al. 2019. Contemporary demographic reconstruction methods are robust to genome assembly quality: a case study in Tasmanian Devils. Molecular Biology and Evolution, 36 (12): 2906-2921.

Pawlowski J, Apothéloz-Perret-Gentil L, Altermatt F. 2020. Environmental DNA: What's behind the term? Clarifying the terminology and recommendations for its future use in biomonitoring. Molecular Ecology, 29 (22): 4258-4264.

Pease J B, Hahn M W. 2015. Detection and polarization of introgression in a five-taxon phylogeny. Systematic Biology, 64 (4): 651-662.

Perfumo A, Marchant R. 2010. Global transport of thermophilic bacteria in atmospheric dust. Environmental Microbiology Reports, 2 (2): 333-339.

Peter H, Hörtnagl P, Reche I, et al. 2014. Bacterial diversity and composition during rain events with and without Saharan dust influence reaching a high mountain lake in the Alps. Environmental Microbiology Reports, 6 (6): 618-624.

Petit R J, Csaikl U M, Bordács S, et al. 2002. Chloroplast DNA variation in European white oaks Phylogeography and patterns of diversity based on data from over 2600 populations. Forest Ecology and Management, 156: 5-26.

Petit R J, Aguinagalde I, de Beaulieu J L, et al. 2003. Glacial refugia: hotspots but not melting pots of genetic diversity. Science, 300: 1563-1565.

Philippe H, Snell E A, Bapteste E, et al. 2004. Phylogenomics of eukaryotes: impact of missing data on large alignments. Molecular Biology and Evolution, 21 (9): 1740-1752.

Pickrell J K, Pritchard J K. 2012. Inference of population splits and mixtures from genome-wide allele frequency data. PLoS Genetics, 8 (11): e1002967.

Pimentel D. 1968. Population regulation and genetic feedback. Evolution provides foundation for control of herbivore, parasite, and predator numbers in nature. Science, 159 (3822): 1432-1437.

Pompanon F, Deagle B E, Symondson W O C, et al. 2012. Who is eating what: diet assessment using next generation sequencing. Molecular Ecology, 21 (8): 1931-1950.

Portik D M, Wiens J J. 2021. Do alignment and trimming methods matter for phylogenomic (UCE) analyses?. Systematic Biology, 70 (3): 440-462.

Poulin R, KrasnovB R, Mouillot D. 2011. Host specificity in phylogenetic and geographic space. Trends in Parasitology, 27 (8): 355-361.

Poullain V, Gandon S, Brockhurst M A, et al. 2008. The evolution of specificity in evolving and coevolving antagonistic interactions between a bacteria and its phage. Evolution, 62 (1): 1-11.

Price A L, Patterson N J, Plenge R M, et al. 2006. Principal components analysis corrects for stratification in genome-wide association studies. Nature Genetics, 38 (8): 904-909.

Pritchard J K, Stephens M, Donnelly P. 2000. Inference of population structure using multilocus genotype data. Genetics, 155 (2): 945-959.

Provan J, Bennett K D. 2008. Phylogeographic insights into cryptic glacial refugia. Trends in Ecology & Evolution, 23: 564-571.

Ptacnik R, Andersen T, Brettum P, et al. 2010. Regional species pools control community saturation in lake phytoplankton. Proceedings Biological Sciences, 277 (1701): 3755-3764.

Pybus O G, Rambaut A, Harvey P H. 2000. An integrated framework for the inference of viral population history from reconstructed genealogies. Genetics, 155 (3): 1429-1437.

Qian H, Ricklefs R E. 2000. Large-scale processes and the Asian bias in species diversity of temperate plants. Nature, 407 (6801): 180-182.

Qiu Y X, Sun Y, Zhang X P, et al. 2009. Molecular phylogeography of East Asian *Kirengeshoma* (Hydrangeaceae) in relation to Quaternary climate change and landbridge configurations. New Phytologist, 183 (2): 480-495.

Qiu Y X, Fu C X, Comes H P. 2011. Plant molecular phylogeography in China and adjacent regions: tracing the genetic imprints of Quaternary climate and environmental change in the world's most diverse temperate flora. Molecular Phylogenetics and Evolution, 59 (1): 225-244.

Rabiee M, Sayyari E, Mirarab S. 2019. Multi- allele species reconstruction using ASTRAL. Molecular Phylogenetics and Evolution, 130: 286-296.

Raghavan M, Steinrücken M, Harris K, et al. 2015. POPULATION GENETICS. Genomic evidence for the Pleistocene and recent population history of Native Americans. Science, 349 (6250): aab3884.

Rainey P B, Travisano M. 1998. Adaptive radiation in a heterogeneous environment. Nature, 394 (6688): 69-72.

Rannala B, Yang Z H. 2003. Bayes estimation of species divergence times and ancestral population sizes using DNA sequences from multiple loci. Genetics, 164 (4): 1645-1656.

Rannala B, Yang Z H. 2017. Efficient Bayesian species tree inference under the multispecies coalescent. Systematic Biology, 66 (5): 823-842.

Ranwez V, Chantret N N. 2020. Strengths and limits of multiple sequence alignment and filtering methods// Scornavacca C, Delsuc F, Galtier N. Phylogenetics in the Genomic Era. No commercial publisher | Authors open access book.

Rasmussen M D, Kellis M. 2012. Unified modeling of gene duplication, loss, and coalescence using a locus tree. Genome Research, 22 (4): 755-765.

Rawlence N J, Lowe D J, Wood J R, et al, 2014. Using Palaeoenvironmental DNA to reconstruct past environments: progress and prospects. Journal of Quaternary Science, 29 (7): 610-626.

Ray T S. 1991. An Approach to the Synthesis of Life. Redwood City: Addison-Wesley.

Ray T S. 1993. An evolutionary approach to synthetic biology: zen and the art of creating life. Artificial Life, 1: 179-209.

Reboud X, Bell G. 1997. Experimental evolution in *Chlamydomonas*. Ⅲ. Evolution of specialist and generalist types in environments that vary in space and time. Heredity, 78 (5): 507-514.

Reche I, Pulido-Villena E, Morales-Baquero R, et al. 2005. Does ecosystem size determine aquatic bacterial richness?. Ecology, 86 (7): 1715-1722.

Redon R, Ishikawa S, Fitch K R, et al. 2006. Global variation in copy number in the human genome. Nature, 444 (7118): 444-454.

Regan C T. 1926. Organic evolution. British Association for the Advancement of Science, 93: 75-86.

Rensch B. 1959. Evolution above the Species Level. New York: Columbia University Press.

Richmond O M W, Hines J E, Beissinger S R. 2010. Two-species occupancy models: a new parameterization applied to co-occurrence of secretive rails. Ecological Applications, 20 (7): 2036-2046.

Ricklefs R E. 1987. Community diversity: relative roles of local and regional processes. Science, 235 (4785): 167-171.

Ricklefs R E. 2008. Disintegration of the ecological community. The American Naturalist, 172 (6): 741-750.

Ricklefs R E. 2010. Evolutionary diversification, coevolution between populations and their antagonists, and the filling of niche space. Proceedings of the National Academy of Sciences of the United States of America, 107 (4): 1265-1272.

Ricklefs R E. 2011. Applying a regional community concept to forest birds of eastern North America. Proceedings of the National Academy of Sciences of the United States of America, 108 (6): 2300-2305.

Ricklefs R E. 2012. Species richness and morphological diversity of passerine birds. Proceedings of the National Academy of Sciences of the United States of America, 109 (36): 14482-14487.

Ricklefs R E. 2015. Intrinsic dynamics of the regional community. Ecology Letters, 18 (6): 497-503.

Ricklefs R E. 2016. Intrinsic and extrinsic influences on ecological communities. Contributions to Science, (12P1): 27-34.

Ricklefs R E, Cox G W. 1972. Taxon cycles in the west Indian avifauna. The American Naturalist, 106 (948): 195-219.

Ricklefs R E, Cox G W. 1978. Stage of taxon cycle, habitat distribution, and population density in the avifauna of the west Indies. The American Naturalist, 112 (987): 875-895.

Ricklefs R E, Schluter D. 1993. Species Diversity in Ecological Communities: Historical and Geographical Perspectives. Chicago: University of Chicago Press.

Ricklefs R E, Bermingham E. 2002. The concept of the taxon cycle in biogeography. Global Ecology and Biogeography, 11 (5): 353-361.

Ricklefs R E, Bermingham E. 2007. The causes of evolutionary radiations in archipelagoes: passerine birds in the Lesser Antilles. The American Naturalist, 169 (3): 285-297.

Ricklefs R E, Jønsson K A. 2014. Clade extinction appears to balance species diversification in sister lineages of Afro-Oriental passerine birds. Proceedings of the National Academy of Sciences of the United States of America, 111 (32): 11756-11761.

Ricklefs R E, Schwarzbach A E, Renner S S. 2006. Rate of lineage origin explains the diversity anomaly in the world's mangrove vegetation. The American Naturalist, 168 (6): 805-810.

Robinson C V, deLeaniz C G, Consuegra S. 2019. Effect of artificial barriers on the distribution of the invasive signal crayfish and Chinese mitten crab. Scientific Reports, 9 (1): 7230.

Roch S, Nute M, Warnow T. 2019. Long-branch attraction in species tree estimation: inconsistency of partitioned likelihood and topology-based summary methods. Systematic Biology, 68 (2): 281-297.

Rohde K. 1992. Latitudinal gradients in species diversity: the search for the primary cause. Oikos, 65 (3): 514.

Rohwer F, Seguritan V, Azam F, et al. 2002. Diversity and distribution of coral-associated bacteria. Marine Ecology Progress Series, 243: 1-10.

Roles A J, Conner J K. 2008. Fitness effects of mutation accumulation in a natural outbred population of wild radish (*Raphanus raphanistrum*): comparison of field and greenhouse environments. Evolution; International Journal of Organic Evolution, 62 (5): 1066-1075.

Rosenberg E, Zilber-Rosenberg I. 2016. Microbes drive evolution of animals and plants: the hologenome concept. mBio, 7: e01395.

Rosenberg E, Koren O, Reshef L, et al. 2007. The role of microorganisms in coral health, disease and evolution. Nature Reviews Microbiology, 5: 355-362.

Rosner J L. 2014. Ten times more microbial cells than body cells in humans?. Microbe Magazine, 9 (2): 47.

Roxburgh S H, Shea K, Wilson J B. 2004. The intermediate disturbance hypothesis: patch dynamics and mechanisms of species coexistence. Ecology, 85 (2): 359-371.

Russell J B, Muck R E, Weimer P J. 2009. Quantitative analysis of cellulose degradation and growth of cellulolytic bacteria in the rumen. FEMS Microbiology Ecology, 67: 183-197.

Ryan F J, Kiritani K. 1959. Effect of temperature on natural mutation in *Escherichia coli*. Journal of General Microbiology, 20 (3): 644-653.

Ryšánek D, Hrčková K, Škaloud P. 2015. Global ubiquity and local endemism of free-living terrestrial protists: phylogeographic assessment of the streptophyte *Alga Klebsormidium*. Environmental Microbiology, 17 (3):

689-698.

Salisbury C L, Seddon N, Cooney C R, et al. 2012. The latitudinal gradient in dispersal constraints: ecological specialisation drives diversification in tropical birds. Ecology Letters, 15 (8): 847-855.

Sankar S A, Lagier J C, Pontarotti P, et al. 2015. The human gut microbiome, a taxonomic conundrum. Systematic and Applied Microbiology, 38: 276-286.

Santiago E, Novo I, Pardiñas A F, et al. 2020. Recent demographic history inferred by high-resolution analysis of linkage disequilibrium. Molecular Biology and Evolution, 37 (12): 3642-3653.

Sato Y, Jang S, Takeshita K, et al. 2021. Insecticide resistance by a host- symbiont reciprocal detoxification. Nature Communications, 12: 6432.

Sax D F, Stachowicz J J, Brown J H, et al. 2007. Ecological and evolutionary insights from species invasions. Trends in Ecology & Evolution, 22 (9): 465-471.

Sayyari E, Mirarab S. 2016. Fast coalescent-based computation of local branch support from quartet frequencies. Molecular Biology and Evolution, 33 (7): 1654-1668.

Schabacker J C, Amish S J, Ellis B K, et al. 2020. Increased eDNA detection sensitivity using a novel high-volume water sampling method. Environmental DNA, 2 (2): 244-251.

Schaefer H, HardyO J, Silva L, et al. 2011. Testing Darwin's naturalization hypothesis in the Azores. Ecology Letters, 14 (4): 389-396.

Schemske D W, Mittelbach G G, Cornell H V, et al. 2009. Is there a latitudinal gradient in the importance of biotic interactions?. Annual Review of Ecology, Evolution, and Systematics, 40: 245-269.

Schemske D W. 1984. Population structure and local selection in *Impatiens pallida* (Balsaminaceae), a selfing annual. Evolution; International Journal of Organic Evolution, 38 (4): 817-832.

Schiffels S, Durbin R. 2014. Inferring human population size and separation history from multiple genome sequences. Nature Genetics, 46 (8): 919-925.

Schloss P D, Westcott S L, Ryabin T, et al. 2009. Introducing mothur: open- source, platform- independent, community-supported software for describing and comparing microbial communities. Applied and Environmental Microbiology, 75 (23): 7537-7541.

Schmalhausen I. 1949. Factors of evolution: the theory of stabilizing selection. Philadelphia: Blakiston Company.

Schrider D R, Shanku A G, Kern A D. 2016. Effects of linked selective sweeps on demographic inference and model selection. Genetics, 204 (3): 1207-1223.

Schröder A, Persson L, de Roos A M. 2005. Direct experimental evidence for alternative stable states: a review. Oikos, 110 (1): 3-19.

Schweiss K E, Lehman R N, Drymon J M, et al. 2020. Development of highly sensitive environmental DNA methods for the detection of Bull Sharks, *Carcharhinus leucas* (Müller and Henle, 1839), using Droplet Digital™ PCR. Environmental DNA, 2 (1): 3-12.

Scopece G, Musacchio A, Widmer A, et al. 2007. Patterns of reproductive isolation in Mediterranean deceptive orchids. Evolution, 61 (11): 2623-2642.

Sela I, Ashkenazy H, Katoh K, et al. 2015. GUIDANCE2: accurate detection of unreliable alignment regions accounting for the uncertainty of multiple parameters. Nucleic Acids Research, 43 (W1): W7-14.

Sella G, Petrov D A, Przeworski M, et al. 2009. Pervasive natural selection in the *Drosophila* genome?. PLoS Genetics, 5 (6): e1000495.

Sellinger T P P, Abu-Awad D, Tellier A. 2021. Limits and convergence properties of the sequentially Markovian coalescent. Molecular Ecology Resources, 21 (7): 2231-2248.

Sepulveda A J, Nelson N M, Jerde C L, et al. 2020. Are environmental DNA methods ready for aquatic invasive species management?. Trends in Ecology & Evolution, 35 (8): 668-678.

Seto T, Matsuda N, Okahisa Y, et al. 2015. Effects of population density and snow depth on the winter diet composition of Sika Deer. The Journal of Wildlife Management, 79 (2): 243-253.

Shade A, Peter H, Allison S D, et al. 2012. Fundamentals of microbial community resistance and resilience. Frontiers in Microbiology, 3: 417.

Sheth S N, Jiménez I, Angert A L. 2014. Identifying the paths leading to variation in geographical range size in western North American monkeyflowers. Journal of Biogeography, 41 (12): 2344-2356.

Shi Y F, Ren B H, Wang J T, et al. 1986. Quaternary glaciation in China. Quaternary Science Reviews, 5: 503-507.

Shigenaga M K, Gimeno C J, Ames B N. 1989. Urinary 8-hydroxy-2′-deoxyguanosine as a biological marker of *in vivo* oxidative DNA damage. Proceedings of the National Academy of Sciences of the United States of America, 86 (24): 9697-9701.

Shimono A, Ueno S, Gu S, et al. 2010. Range shifts of Potentilla fruticosa on the Qinghai-Tibetan Plateau during glacial and interglacial periods revealed by chloroplast DNA sequence variation. Heredity, 104: 534-542.

Siddall M E, Whiting M F. 1999. Long-branch abstractions. Cladistics-the International Journal of the Willi Hennig Society, 15: 9-24.

Siepielski A M, McPeek M A. 2010. On the evidence for species coexistence: a critique of the coexistence program. Ecology, 91 (11): 3153-3164.

Siepielski A M, Hung K L, Bein E E B, et al. 2010. Experimental evidence for neutral community dynamics governing an insect assemblage. Ecology, 91 (3): 847-857.

Silvertown J. 2004. Plant coexistence and the niche. Trends in Ecology & Evolution, 19 (11): 605-611.

Silvieus A I, Clement W L, Weiblen G D. 2008. Cophylogeny of figs, pollinators, gallers and parasitoids//Tilmon K J. The Evolutionary Biology of Herbivorous Insects: Specialization, Speciation and Radiation. Berkeley: University of California Press: 225-239.

Simpson G G. 1953. The Major Features of Evolution. New York: Columbia University Press.

Smith M L, Hahn M W. 2021. New approaches for inferring phylogenies in the presence of paralogs. Trends in Genetics, 37 (2): 174-187.

Smith B T, McCormack J E, Cuervo A M, et al. 2014. The drivers of tropical speciation. Nature, 515 (7527): 406-409.

Soh Y H, Carrasco L R, Miquelle D G, et al. 2014. Spatial correlates of livestock depredation by Amur tigers in Hunchun, China: Relevance of prey density and implications for protected area management. Biological Conservation, 169: 117-127.

Solis-Lemus C, Coen A, Ane C. 2020. On the identifiability of phylogenetic networks under a pseudolikelihood model. https://doi.org/10.48550/arXiv.2010.01758[2024-12-24].

Solís-Lemus C, Ané C. 2016. Inferring phylogenetic networks with maximum pseudolikelihood under incomplete lineage sorting. PLoS Genetics, 12 (3): e1005896.

Solís-Lemus C, Bastide P, Ané C. 2017. PhyloNetworks: a package for phylogenetic networks. Molecular Biology and Evolution, 34 (12): 3292-3298.

Solís-Lemus C, Yang M Y, Ané C. 2016. Inconsistency of species tree methods under gene flow. Systematic Biology, 65 (5): 843-851.

Spalding V M. 1909. Distribution and movement of desert plants. Washington D. C.: Carnegie Institute of Washington.

Steenweg R, Hebblewhite M, Kays R, et al. 2017. Scaling-up camera traps: monitoring the planet's biodiversity with networks of remote sensors. Frontiers in Ecology and the Environment, 15 (1): 26-34.

Stehlik I. 2003. Resistance or emigration? Response of alpine plants to the ice ages. TAXON, 52: 499-510.

Sterner R W, Elser J J. 2003. Ecological Stoichiometry: the Biology of Elements from Molecules to the Biosphere. Princeton: Princeton University Press.

Stewart J R, Lister A M. 2001. Cryptic northern refugia and the origins of the modern biota. Trends in Ecology & Evolution 16: 608-613.

Stewart J R, Lister A M, Barnes I, et al. 2010. Refugia revisited: individualistic responses of species in space and time. Proceedings Biological Sciences, 277 (1682): 661-671.

Suchard M A, Lemey P, Baele G, et al. 2018. Bayesian phylogenetic and phylodynamic data integration using BEAST 1. 10. Virus Evolution, 4 (1): vey016.

Suchard M A, Redelings B D. 2006. BAli-Phy: simultaneous Bayesian inference of alignment and phylogeny. Bioinformatics, 22 (16): 2047-2048.

Sugimoto T, Aramilev V V, Kerley L L, et al. 2014. Noninvasive genetic analyses for estimating population size and genetic diversity of the remaining Far Eastern leopard (*Panthera pardus Orientalis*) population. Conservation Genetics, 15 (3): 521-532.

Sulikhan N S, Gilbert M, Blidchenko E Y, et al. 2018. Canine distemper virus in a wild far eastern leopard (*Panthera pardus Orientalis*). Journal of Wildlife Diseases, 54 (1): 170-174.

Sun B H, Wang X, Bernstein S, et al. 2016. Marked variation between winter and spring gut microbiota in free-ranging Tibetan Macaques (*Macaca thibetana*). Scientific Reports, 6: 26035.

Sunquist M. 2010. What is a tiger? Ecology and behavior//Tilson R, Nyhus P J. Tiger of the World. The Science, Politics, and Conservation of *Panthera tigris*. 2nd ed. Oxfor: Elsevier Limited: 19-33.

Susila H, Nasim Z, Ahn J H. 2018. Ambient temperature-responsive mechanisms coordinate regulation of flowering time. International Journal of Molecular Sciences, 19 (10): 3196.

Susko E. 2009. Bootstrap support is not first-order correct. Systematic Biology, 58 (2): 211-223.

Sutherland J P. 1974. Multiple stable points in natural communities. The American Naturalist, 108 (964): 859-873.

Svenning J C. 2003. Deterministic Plio-Pleistocene extinctions in the European cool-temperate tree flora. Ecology Letters, 6 (7): 646-653.

Szafraniec K, Borts R H, Korona R. 2001. Environmental stress and mutational load in diploid strains of the yeast *Saccharomyces cerevisiae*. Proceedings of the National Academy of Sciences of the United States of America, 98 (3): 1107-1112.

Sønstebø J H, Gielly L, Brysting A K, et al. 2010. Using next-generation sequencing for molecular reconstruction of past Arctic vegetation and climate. Molecular Ecology Resources, 10 (6): 1009-1018.

Taberlet P, Fumagalli L, Wust-Saucy A G, et al. 1998. Comparative phylogeography and postglacial colonization routes in Europe. Molecular Ecology, 7: 453-464.

Talavera G, Castresana J. 2007. Improvement of phylogenies after removing divergent and ambiguously aligned blocks from protein sequence alignments. Systematic Biology, 56 (4): 564-577.

Tan G, Muffato M, Ledergerber C, et al. 2015. Current methods for automated filtering of multiple sequence alignments frequently worsen single-gene phylogenetic inference. Systematic Biology, 64 (5): 778-791.

Tan S L, Luo Y H, Hollingsworth P M, et al. 2018. DNA barcoding herbaceous and woody plant species at a subalpine forest dynamics plot in Southwest China. Ecology and Evolution, 8 (14): 7195-7205.

Tanaka M M, Valckenborgh F. 2011. Escaping an evolutionary lobster trap: drug resistance and compensatory mutation in a fluctuating environment. Evolution, 65 (5): 1376-1387.

Tang K Y, Xie F, Liu H Y, et al. 2021. DNA metabarcoding provides insights into seasonal diet variations in Chinese mole shrew (*Anourosorex squamipes*) with potential implications for evaluating crop impacts. Ecology and Evolution, 11 (1): 376-389.

Tarango L A, Krausman P R, Valdez R, et al. 2002. Research observation: Desert Bighorn sheep diets in northwestern *Sonora*, *Mexico*. Journal of Range Management, 55 (6): 530.

Tataru P, Nirody J A, Song Y S. 2014. diCal-IBD: demography-aware inference of identity-by-descent tracts in unrelated individuals. Bioinformatics, 30 (23): 3430-3431.

Tatusov R L, Koonin E V, Lipman D J. 1997. A genomic perspective on protein families. Science, 278 (5338): 631-637.

Tavare S. 1986. Some probabilistic and statistical problems in the analysis of DNA sequences. lectures in Mathematics in the Life Sciences, 17: 57-86.

Taylor T, Hallam J. 1998. Replaying the tape: an investigation into the role of contingency in evolution//Adami C, Belew R K, Kitano H, et al. Artif Life Vi. Cambridge: MIT Press: 256-265.

Telford M J, Budd G E, Philippe H. 2015. Phylogenomic insights into animal evolution. Current Biology, 25 (19): R876-R887.

Telford R J, Vandvik V, Birks H B. 2006. Dispersal limitations matter for microbial morphospecies. Science, 312 (5776): 1015.

Templeton A R. 2009. Statistical hypothesis testing in intraspecific phylogeography: nested clade phylogeographical analysis vs. approximate Bayesian computation. Molecular Ecology, 18: 319-331.

Templeton A R, Sing C F. 1993. A cladistic analysis of phenotypic associations with haplotypes inferred from restriction endonuclease mapping. Ⅳ. Nested analyses with cladogram uncertainty and recombination. Genetics, 134 (2): 659-669.

Terhorst J, Kamm J A, Song Y S. 2017. Robust and scalable inference of population history from hundreds of unphased whole genomes. Nature Genetics, 49 (2): 303-309.

Thawornwattana Y, Dalquen D, Yang Z H. 2018. Coalescent analysis of phylogenomic data confidently resolves the species relationships in the *Anopheles gambiae* species complex. Molecular Biology and Evolution, 35 (10): 2512-2527.

Theis K R, Dheilly N M, Klassen J L, et al. 2016. Getting the hologenome concept right: an eco-evolutionary framework for hosts and their microbiomes. mSystems, 1 (2): e00028-16.

Thomas A C, Jarman S N, Haman K H, et al. 2014. Improving accuracy of DNA diet estimates using food tissue control materials and an evaluation of proxies for digestion bias. Molecular Ecology, 23 (15): 3706-3718.

Thomas A C, Deagle B E, Eveson J P, et al. 2016. Quantitative DNA metabarcoding: improved estimates of species proportional biomass using correction factors derived from control material. Molecular Ecology Resources, 16 (3): 714-726.

Thompson J N. 1994. The Evolutionary Process. Chicago: The University of Chicago Press.

Thompson J N, Cunningham B M. 2002. Geographic structure and dynamics of coevolutionary selection. Nature, 417: 735-738.

Thomsen P F, Willerslev E. 2015. Environmental DNA-An emerging tool in conservation for monitoring past and present biodiversity. Biological Conservation, 183: 4-18.

Thomsen P F, Elias S, Gilbert M T, et al. 2009. Non-destructive sampling of ancient insect DNA. PLoS One, 4 (4): e5048.

Thomsen P F, Kielgast J, Iversen LL, et al. 2012. Detection of a diverse marine fish fauna using environmental DNA from seawater samples. PLoS One, 7 (8): e41732.

Thuiller W. 2007. Biodiversity: climate change and the ecologist. Nature, 448 (7153): 550-552.

Tian B, Liu R R, Wang L Y, et al. 2009. Phylogeographic analyses suggest that a deciduous species (*Ostryopsis davidiana* Decne., Betulaceae) survived in northern China during the Last Glacial Maximum. Journal of Biogeography, 36: 2148-2155.

Tian Y, Wu J G, Wang T M, et al. 2014. Climate change and landscape fragmentation jeopardize the population viability of the Siberian tiger (*Panthera tigris* altaica). Landscape Ecology, 29 (4): 621-637.

Tiffney B H. 1985. Perspectives on the origin of the floristic similarity between eastern Asia and eastern North America. Journal of the Arnold Arboretum, 66: 73-94.

Tiffney B H, Manchester S R. 2001. The use of geological and paleontological evidence in evaluating plant phylogeographic hypotheses in the Northern Hemisphere tertiary. International Journal of Plant Sciences, 162: S3-S17.

Tiley G P, Poelstra J W, dos Reis M, et al. 2020. Molecular clocks without rocks: new solutions for old problems. Trends in Genetics, 36 (11): 845-856.

Tilman D. 1982. Resource Competition and Community Structure. Princeton: Princeton University Press.

Tilman D. 1994. Competition and biodiversity in spatially structured habitats. Ecology, 75 (1): 2-16.

Tilman D. 2004. Niche tradeoffs, neutrality, and community structure: a stochastic theory of resource competition, invasion, and community assembly. Proceedings of the National Academy of Sciences of the United States of America, 101 (30): 10854-10861.

Tobler M W, Kéry M, Hui F K C, et al. 2019. Joint species distribution models with species correlations and imperfect detection. Ecology, 100 (8): e02754.

Tokuriki N, Tawfik D S. 2009. Stability effects of mutations and protein evolvability. Current Opinion in Structural Biology, 19 (5): 596-604.

Travisano M, Lenski R E. 1996. Long-term experimental evolution in *Escherichia coli*. Ⅳ. Targets of selection and the specificity of adaptation. Genetics, 143 (1): 15-26.

Travisano M, Mongold J A, Bennett A F, et al. 1995. Experimental tests of the roles of adaptation, chance, and history in evolution. Science, 267 (5194): 87-90.

Treangen T J, Salzberg S L. 2011. Repetitive DNA and next-generation sequencing: computational challenges and solutions. Nature Reviews Genetics, 13 (1): 36-46.

Tricou T, Tannier E, de Vienne D M. 2022. Ghost lineages highly influence the interpretation of introgression tests. Systematic Biology, 71 (5): 1147-1158.

Trindade S, Perfeito L, Gordo I. 2010. Rate and effects of spontaneous mutations that affect fitness in mutator *Escherichia coli*. Philosophical Transactions of the Royal Society of London Series B, Biological Sciences, 365 (1544): 1177-1186.

Tsuji S, Takahara T, Doi H, et al. 2019. The detection of aquatic macroorganisms using environmental DNA analysis: a review of methods for collection, extraction, and detection. Environmental DNA, 1 (2): 99-108.

Turner A, Beales J, Faure S, et al. 2005. The pseudo-response regulator *Ppd-H1* provides adaptation to photoperiod in barley. Science, 310: 1031-1034.

Turner C B, Blount Z D, Lenski R E. 2015. Replaying evolution to test the cause of extinction of one ecotype in an experimentally evolved population. PLoS One, 10 (11): e0142050.

Tzedakis P C, Emerson B C, Hewitt G M. 2013. Cryptic or mystic? Glacial tree refugia in northern Europe. Trends in Ecology & Evolution, 28: 696-704.

Vachaspati P, Warnow T. 2015. ASTRID: accurate species TRees from internode distances. BMC Genomics, 16: S3.

Vallejo-Marín M, Hiscock S J. 2016. Hybridization and hybrid speciation under global change. New Phytologist,

211 (4): 1170-1187.

van der Gucht K, Cottenie K, Muylaert K, et al. 2007. The power of species sorting: local factors drive bacterial community composition over a wide range of spatial scales. Proceedings of the National Academy of Sciences of the United States of America, 104 (51): 20404-20409.

van der Niet T, Peakall R, Johnson S D. 2014. Pollinator-driven ecological speciation in plants: new evidence and future perspectives. Annals of Botany, 113: 199-211.

van Hofwegen D J, Hovde C J, Minnich S A. 2016. Rapid evolution of citrate utilization by *Escherichia coli* by direct selection requires citT and dctA. Journal of Bacteriology, 198 (7): 1022-1034.

van Valen L. 1973. A new evolutionary law. Evolutionary Theory, 1: 1-30.

Vellend M. 2010. Conceptual synthesis in community ecology. The Quarterly Review of Biology, 85 (2): 183-206.

Vellend M. 2016. The Theory of Ecological Communities. Princeton: Princeton University Press.

Vellend M, Geber M A. 2005. Connections between species diversity and genetic diversity. Ecology Letters, 8 (7): 767-781.

Vellend M, Orrock L. 2009. Ecological and Genetic Models of Diversity: Lessons across Disciplines. The Theory of Island Biogeography Revisited. Princeton: Princeton University Press: 439-462.

Vestheim H, Jarman S N. 2008. Blocking primers to enhance PCR amplification of rare sequences in mixed samples: a case study on prey DNA in Antarctic krill stomachs. Frontiers in Zoology, 5: 12.

Vitkalova A V, Feng L M, Rybin A N, et al. 2018. Transboundary cooperation improves endangered species monitoring and conservation actions: a case study of the global population of Amur leopards. Conservation Letters, 11 (5): e12574.

Vitousek P M, Mooney H A, Lubchenco J, et al. 1997. Human domination of earth's ecosystems. Science, 277 (5325): 494-499.

Vos M, Velicer G J. 2008. Isolation by distance in the spore-forming soil bacterium *Myxococcus xanthus*. Current Biology, 18 (5): 386-391.

Wagner C E, Harmon L J, Seehausen O. 2014. Cichlid species- area relationships are shaped by adaptive radiations that scale with area. Ecology Letters, 17 (5): 583-592.

Waldvogel A M, Pfenninger M. 2021. Temperature dependence of spontaneous mutation rates. Genome Research, 31 (9): 1582-1589.

Wall D P, Fraser H B, Hirsh A E. 2003. Detecting putative orthologs. Bioinformatics, 19 (13): 1710-1711.

Walston J, Robinson J G, Bennett E L, et al. 2010. Bringing the tiger back from the brink- the six percent solution. PLoS Biology, 8 (9): e1000485.

Wang A Y, Peng Y Q, Harder L D, et al. 2019. The nature of interspecific interactions and co-diversification patterns, as illustrated by the fig microcosm. New Phytologist, 224: 1304-1315.

Wang J, Street N R, Scofield D G, et al. 2016. Variation in linked selection and recombination drive genomic divergence during allopatric speciation of European and American aspens. Molecular Biology and Evolution, 33

(7): 1754-1767.

Wang L Y, Abbott R J, Zheng W, et al. 2009. History and evolution of alpine plants endemic to the Qinghai-Tibetan Plateau: *Aconitum gymnandrum* (Ranunculaceae). Molecular Ecology, 18: 709-721.

Wang T M, Yang H T, Xiao W H, et al. 2014. Camera traps reveal *Amur tiger* breeding in NE China. Cat News, 61: 18-19.

Wang T M, Feng L M, Mou P, et al. 2015. Long-distance dispersal of an Amur tiger indicates potential to restore the North-East China/Russian Tiger Landscape. Oryx, 49: 578-579.

Wang T M, Feng L M, Mou P, et al. 2016. Amur tigers and leopards returning to China: direct evidence and a landscape conservation plan. Landscape Ecology, 31 (3): 491-503.

Wang T M, Feng L M, Yang H T, et al. 2017. A science-based approach to guide Amur leopard recovery in China. Biological Conservation, 210: 47-55.

Wang T M, Andrew Royle J, Smith J L D, et al. 2018. Living on the edge: opportunities for Amur tiger recovery in China. Biological Conservation, 217: 269-279.

Wang W T, Xu B, Zhang D Y, et al. 2016. Phylogeography of postglacial range expansion in Juglans mandshurica (Juglandaceae) reveals no evidence of bottleneck, loss of genetic diversity, or isolation by distance in the leading-edge populations. Molecular Phylogenetics and Evolution, 102: 255-264.

Wang Z F, Jiang Y Z, Bi H, et al. 2021. Hybrid speciation *via* inheritance of alternate alleles of parental isolating genes. Molecular Plant, 14 (2): 208-222.

Waples R S, Do C. 2010. Linkage disequilibrium estimates of contemporary Ne using highly variable genetic markers: a largely untapped resource for applied conservation and evolution. Evolutionary Applications, 3 (3): 244-262.

Warren W C, Jasinska A J, García-Pérez R, et al. 2015. The genome of the vervet (*Chlorocebus aethiops Sabaeus*). Genome Research, 25 (12): 1921-1933.

Watanabe H, Tokuda G. 2010. Cellulolytic systems in insects. Annual Review of Entomology, 55: 609-632.

Waterhouse R M, Seppey M, Simão F A, et al. 2018. BUSCO applications from quality assessments to gene prediction and phylogenomics. Molecular Biology and Evolution, 35 (3): 543-548.

Weese D J, Heath K D, Dentinger B T M, et al. 2015. Long-term nitrogen addition causes the evolution of less-cooperative mutualists. Evolution, 69 (3): 631-642.

Wegmann D, Leuenberger C, Neuenschwander S, et al. 2010. ABCtoolbox: a versatile toolkit for approximate Bayesian computations. BMC Bioinformatics, 11: 116.

Wei L, Li Y F, Zhang H, et al. 2015. Variation in morphological traits in a recent hybrid zone between closely related *Quercus liaotungensis* and *Q. mongolica* (Fagaceae). Journal of Plant Ecology, 8 (2): 224-229.

Weiblen G D. 2002. How to be a fig wasp. Annual Review of Entomology, 47: 299-330.

Weinreich D M, Chao L. 2005. Rapid evolutionary escape by large populations from local fitness peaks is likely in nature. Evolution, 59 (6): 1175-1182.

Weinreich D M, Delaney N F, Depristo M A, et al. 2006. Darwinian evolution can follow only very few mutational paths to fitter proteins. Science, 312 (5770): 111-114.

Wen D Q, Nakhleh L. 2018. Coestimating reticulate phylogenies and gene trees from multilocus sequence data. Systematic Biology, 67 (3): 439-457.

Wen D Q, Yu Y, Nakhleh L. 2016. Bayesian inference of reticulate phylogenies under the multispecies network coalescent. PLoS Genetics, 12 (5): e1006006.

Wen D Q, Yu Y, Zhu J F, et al. 2018. Inferring phylogenetic networks using PhyloNet. Systematic Biology, 67 (4): 735-740.

Whelan S, Goldman N. 2001. A general empirical model of protein evolution derived from multiple protein families using a maximum-likelihood approach. Molecular Biology and Evolution, 18 (5): 691-699.

Whitaker R J, Grogan D W, Taylor J W. 2003. Geographic barriers isolate endemic populations of hyperthermophilic Archaea. Science, 301 (5635): 976-978.

Whittaker R H. 1953. A consideration of climax theory: the climax as a population and pattern. Ecological Monographs, 23 (1): 41-78.

Whittaker R H. 1956. Vegetation of the great smoky mountains. Ecological Monographs, 26 (1): 1-80.

Whittaker R H. 1967. Gradient analysis of vegetation. Biological Reviews, 42 (2): 207-264.

Wiens J J, Morrill M C. 2011. Missing data in phylogenetic analysis: reconciling results from simulations and empirical data. Systematic Biology, 60 (5): 719-731.

Wilke C O, Adami C. 2002. The biology of digital organisms. Trends in Ecology & Evolution, 17 (11): 528-532.

Willerslev E, Davison J, Moora M, et al. 2014. Fifty thousand years of Arctic vegetation and megafaunal diet. Nature, 506 (7486): 47-51.

Willson J, Roddur M S, Warnow T. 2021. Comparing methods for species tree estimation with gene duplication and loss// Martín-Vide C, Vega-Rodríguez M A, Wheeler T. Algorithms for Computational Biology. Cham: Springer International Publishing: 106-117.

Wilson E O. 1961. The nature of the taxon cycle in the Melanesian ant fauna. The American Naturalist, 95 (882): 169-193.

Witkin E M. 1953. Effects of temperature on spontaneous and induced mutations in *Escherichia coli*. Proceedings of the National Academy of Sciences of the United States of America, 39 (5): 427-433.

Woldt A, McGovern A, Lewis T, et al. 2020. Quality Assurance Project Plan: eDNA Monitoring of Bighead and Silver Carps. U. S, Fish and Wildlife Service USFWS Great Lakes Region 3, Bloomington.

Wood S, Smith K, Banks J, et al. 2013. Molecular genetic tools for environmental monitoring of New Zealand's aquatic habitats, past, present and the future. New Zealand Journal of Marine and Freshwater Research, 47 (1): 90-119.

Woolhouse M E J, Webster J P, Domingo E, et al. 2002. Biological and biomedical implications of the co-evolution of pathogens and their hosts. Nature Genetics, 32 (4): 569-577.

Wright S. 1931. Evolution in mendelian populations. Genetics, 16 (2): 97-159.

Wright S. 1932. The roles of mutation, inbreeding, crossbreeding and selection in evolution. https://www.researchgate.net/publication/221959695_The_Roles_of_Mutation_Inbreeding_Crossbreeding_and_Selection_in_Evolution[2024-12-24].

Wu Q, Wang X, Ding Y, et al. 2017. Seasonal variation in nutrient utilization shapes gut microbiome structure and function in wild giant pandas. Proceedings Biological Sciences, 284 (1862): 20170955.

Xi Z X, Liu L, Davis C C. 2016. The impact of missing data on species tree estimation. Molecular Biology and Evolution, 33 (3): 838-860.

Xiao W H, Feng L M, Mou P, et al. 2016. Estimating abundance and density of Amur tigers along the Sino-Russian border. Integrative Zoology, 11 (4): 322-332.

Xiao W H, Hebblewhite M, Robinson H, et al. 2018. Relationships between humans and ungulate prey shape Amur tiger occurrence in a core protected area along the Sino-Russian border. Ecology and Evolution, 8 (23): 11677-11693.

Xiong M Y, Shao X N, Long Y, et al. 2016. Molecular analysis of vertebrates and plants in scats of leopard cats (*Prionailurus bengalensis*) in southwest China. Journal of Mammalogy, 97 (4): 1054-1064.

Xu B, Yang Z H. 2016. Challenges in species tree estimation under the multispecies coalescent model. Genetics, 204 (4): 1353-1368.

Xu L L, Yu R M, Lin X R, et al. 2021. Different rates of pollen and seed gene flow cause branch-length and geographic cytonuclear discordance within Asian butternuts. New Phytologist, 232: 388-403.

Yan Z, Smith M L, Du P, et al. 2022. Species tree inference methods intended to deal with incomplete lineage sorting are robust to the presence of paralogs. Systematic Biology, 71 (2): 367-381.

Yang F S, Li Y F, Ding X, et al. 2008. Extensive population expansion of *Pedicularis longiflora* (Orobanchaceae) on the Qinghai-Tibetan Plateau and its correlation with the Quaternary climate change. Molecular Ecology, 17 (23): 5135-5145.

Yang H T, Dou H L, Baniya R K, et al. 2018. Seasonal food habits and prey selection of Amur tigers and Amur leopards in NorthEast China. Scientific Reports, 8 (1): 6930.

Yang H, Han S, Xie B, et al. 2019. Do prey availability, human disturbance and habitat structure drive the daily activity patterns of Amur tigers (*Panthera tigris* altaica)?. Journal of Zoology, 307 (2): 131-140.

Yang J, Jiang H C, Dong H L, et al. 2015. Sedimentary archaeal *AmoA* gene abundance reflects historic nutrient level and salinity fluctuations in Qinghai Lake, Tibetan Plateau. Scientific Reports, 5: 18071.

Yang Z H, Rannala B. 2012. Molecular phylogenetics: principles and practice. Nature Reviews Genetics, 13 (5): 303-314.

Yang Z H, Flouri T. 2022. Estimation of cross-species introgression rates using genomic data despite model unidentifiability. Molecular Biology and Evolution, 39 (5): msac083.

Yang Z. 1994. Maximum likelihood phylogenetic estimation from DNA sequences with variable rates over sites: approximate methods. Journal of Molecular Evolution, 39 (3): 306-314.

Yannarell A C, Triplett E W. 2005. Geographic and environmental sources of variation in lake bacterial community composition. Applied and Environmental Microbiology, 71 (1): 227-239.

Yedid G, Ofria C A, Lenski R E. 2008. Historical and contingent factors affect re-evolution of a complex feature lost during mass extinction in communities of digital organisms. Journal of Evolutionary Biology, 21 (5): 1335-1357.

Yin J, Zhang C, Mirarab S. 2019. ASTRAL-MP: scaling ASTRAL to very large datasets using randomization and parallelization. Bioinformatics, 35 (20): 3961-3969.

Yoccoz N G. 2012. The future of environmental DNA in ecology. Molecular Ecology, 21 (8): 2031-2038.

Yoshida T, Jones L E, Ellner S P, et al. 2003. Rapid evolution drives ecological dynamics in a predator-prey system. Nature, 424 (6946): 303-306.

Yoshida T, Ellner S P, Jones L E, et al. 2007. Cryptic population dynamics: rapid evolution masks trophic interactions. PLoS Biology, 5 (9): e235.

Young A D, Gillung J P. 2020. Phylogenomics: principles, opportunities and pitfalls of big-data phylogenetics. Systematic Entomology, 45 (2): 225-247.

Yu Y, Nakhleh L. 2015. A maximum pseudo-likelihood approach for phylogenetic networks. BMC Genomics, 16: S10.

Yu Y, Degnan J H, Nakhleh L. 2012. The probability of a gene tree topology within a phylogenetic network with applications to hybridization detection. PLoS Genetics, 8 (4): e1002660.

Yu Y, Barnett R M, Nakhleh L. 2013. Parsimonious inference of hybridization in the presence of incomplete lineage sorting. Systematic Biology, 62: 738-751.

Yu Y, Dong J R, Liu K J, et al. 2014. Maximum likelihood inference of reticulate evolutionary histories. Proceedings of the National Academy of Sciences of the United States of America, 111 (46): 16448-16453.

Zeng Y F, Liao W J, Petit R J, et al. 2010. Exploring species limits in two closely related Chinese oaks. PLoS One, 5 (11): e15529.

Zeng Y F, Liao W J, Petit R J, et al. 2011. Geographic variation in the structure of oak hybrid zones provides insights into the dynamics of speciation. Molecular Ecology, 20 (23): 4995-5011.

Zhang B W, Xu L L, Li N, et al. 2019. Phylogenomics reveals an ancient hybrid origin of the Persian walnut. Molecular Biology and Evolution, 36 (11): 2451-2461.

Zhang C, Ogilvie H A, Drummond A J, et al. 2018a. Bayesian inference of species networks from multilocus sequence data. Molecular Biology and Evolution, 35 (2): 504-517.

Zhang C, Rabiee M, Sayyari E, et al. 2018b. ASTRAL-Ⅲ polynomial time species tree reconstruction from partially resolved gene trees. BMC Bioinformatics, 19: 153.

Zhang C, Scornavacca C, Molloy E K, et al. 2020. ASTRAL-Pro: quartet-based species-tree inference despite paralogy. Molecular Biology and Evolution, 37 (11): 3292-3307.

Zhang D Z, Rheindt F E, She H S, et al. 2021. Most genomic loci misrepresent the phylogeny of an avian radiation because of ancient gene flow. Systematic Biology, 70 (5): 961-975.

Zhang F G, Zhang Q G. 2015. Patterns in species persistence and biomass production in soil microcosms recovering from a disturbance reject a neutral hypothesis for bacterial community assembly. PLoS One, 10 (5): e0126962.

Zhang F G, Zhang Q G. 2016. Microbial diversity limits soil heterotrophic respiration and mitigates the respiration response to moisture increase. Soil Biology and Biochemistry, 98: 180-185.

Zhang F G, Bell T, Zhang Q G. 2019. Experimental testing of dispersal limitation in soil bacterial communities with a propagule addition approach. Microbial Ecology, 77 (4): 905-912.

Zhang L S, Chen F, Zhang X T, et al. 2020. The water lily genome and the early evolution of flowering plants. Nature, 577: 79-84.

Zhang Q G, Buckling A, Godfray H C J. 2009. Quantifying the relative importance of niches and neutrality for co-existence in a model microbial system. Functional Ecology, 23 (6): 1139-1147.

Zhang Q G, Lu H S, Buckling A. 2018. Temperature drives diversification in a model adaptive radiation. Proceedings Biological Sciences, 285 (1886): 20181515.

Zhang Q, Chiang T Y, George M, et al. 2005. Phylogeography of the Qinghai-Tibetan Plateau endemic *Juniperus przewalskii* (Cupressaceae) inferred from chloroplast DNA sequence variation. Molecular Ecology, 14 (11): 3513-3524.

Zhang W P, Cao L, Lin X R, et al. 2022. Dead-end hybridization in walnut trees revealed by large-scale genomic sequence data. Molecular Biology and Evolution, 39 (1): msab308.

Zhang Y. 2000. Higher Plants of China//Fu L K C T, Lang K Y, Hong T, et al. Fagaceae. Qingdao: Qingdao Publishing House: 177-254.

Zhao P, Zhou H J, Potter D, et al. 2018. Population genetics, phylogenomics and hybrid speciation of *Juglans* in China determined from whole chloroplast genomes, transcriptomes, and genotyping-by-sequencing (GBS). Molecular Phylogenetics and Evolution, 126: 250-265.

Zhao X F, Hao Y Q, Zhang D Y, et al. 2019. Local biotic interactions drive species-specific divergence in soil bacterial communities. The ISME Journal, 13 (11): 2846-2855.

Zheng J, Payne J L, Wagner A. 2019. Cryptic genetic variation accelerates evolution by opening access to diverse adaptive peaks. Science, 365 (6451): 347-353.

Zheng Y C, Janke A. 2018. Gene flow analysis method, the D-statistic, is robust in a wide parameter space. BMC Bioinformatics, 19 (1): 10.

Zhou S L, Zou X H, Zhou Z Q, et al. 2014. Multiple species of wild tree peonies gave rise to the 'king of flowers', *Paeonia suffruticosa* Andrews. Proceedings Biological Sciences, 281 (1797): 20141687.

Zhou S R, Zhang D Y. 2008. A nearly neutral model of biodiversity. Ecology, 89 (1): 248-258.

Zhou S R, Peng Z C, Zhang D Y. 2015. Dispersal limitation favors more fecund species in the presence of fitness-equalizing demographic trade-offs. The American Naturalist, 185 (5): 620-630.

Zhu J F, Nakhleh L. 2018. Inference of species phylogenies from bi-allelic markers using pseudo-likelihood. Bioinformatics, 34 (13): i376-i385.

Zhu J F, Wen D Q, Yu Y, et al. 2018. Bayesian inference of phylogenetic networks from bi-allelic genetic markers. PLoS Computational Biology, 14 (1): e1005932.

Zhu J F, Liu X H, Ogilvie H A, et al. 2019. A divide-and-conquer method for scalable phylogenetic network inference from multilocus data. Bioinformatics, 35 (14): i370-i378.

Zhu S, Degnan J H. 2017. Displayed trees do not determine distinguishability under the network multispecies coalescent. Systematic Biology, 66 (2): 283-298.

Zhu T Q, Yang Z H. 2012. Maximum likelihood implementation of an isolation-with-migration model with three species for testing speciation with gene flow. Molecular Biology and Evolution, 29 (10): 3131-3142.

Zhu T Q, Yang Z H. 2021. Complexity of the simplest species tree problem. Molecular Biology and Evolution, 38 (9): 3993-4009.

Zhu Y, Wang H, liu K, et al. 2020. Regularity and influence factors of fruits drop in *Juglans hopeiensis* Hu (In Chinese). Northern Horticulture 9: 46-54.

Zilber-Rosenberg I, Rosenberg E. 2008. Role of microorganisms in the evolution of animals and plants: the hologenome theory of evolution. FEMS Microbiology Reviews, 32 (5): 723-735.

Zobel M, Davison J, Edwards M E, et al. 2018. Ancient environmental DNA reveals shifts in dominant mutualisms during the late Quaternary. Nature Communications, 9: 139.

Çağlayan M, Bilgin N. 2012. Temperature dependence of accuracy of DNA polymerase I from *Geobacillus anatolicus*. Biochimie, 94 (9): 1968-1973.